JN194293

Rによる

心理・調査データ解析

第2版

緒賀郷志 著

東京図書

◆本書は下記の R と RStudio の version で作成されている.

R version 3.5.1（2018–07–02）
©2008 The R Foundation for Statistical Computing
RStudio version 1.1.463
©2009–2018 RStudio, Inc.
なお R 本体や読み込んで使用するパッケージのバージョンによっては，本書記載の出力結果と
比べて，小数点以下 4 ケタ程度の部分での数値の違いは起こりうる.

本書に出ている製品名・商標についてはそれぞれの権利者が所有している.
YGPI，および，YG 性格検査® は，日本心理テスト研究所株式会社の登録商標です.

◎この本で扱っているデータは，東京図書 Web サイト（http://www.tokyo-tosho.co.jp）のこの本
の紹介ページからダウンロードすることができます.

　本書は，心理学研究で得られるデータの分析方法を，R を使って学んでいくことを狙いとして書かれたものである．とくに，大学に入って統計的手法を使って心理学のデータの分析をはじめて試みようとする人のために書かれた．このような狙いをもった良書としては，小塩真司氏による評判の高い著書『SPSS と Amos による心理・調査データ解析 第 3 版』『研究事例で学ぶ SPSS と Amos による心理・調査データ解析 第 2 版』がある．すでにその本を手に入れられている方もいるだろう．本書は，小塩氏の了解を得て，これらの本と小塩氏の HP を原案（底本）として，統計処理に優れたソフトウェアである R の活用方法を初めて R に触れる人向けに解説している．

■初版との違い

　初版では，メニューで選んでデータ分析を行える R コマンダーを記載していたが，この 10 年近くのあいだで，スクリプトで効率的作業が可能な RStudio という GUI が普及したため，R コマンダー編は割愛し，すべて RStudio で分析する方法を解説した．

　また分散分析では，井関龍太氏の開発した関数 ANOVA 君を用いて，初心者がすぐに分散分析と多重比較ができるように記載をした．加えて，初版では割愛した共分散分析（SEM）を，lavaan パッケージで実行するやり方を追加している．

■本書の範囲──はじめて触れる人へ

　本書は，はじめて R を使ってデータの分析をしてみようと思っている人のために書かれている．なにごともはじめてすることには，期待と不安の両方がある．可能な限り，本書では，自分が使うことができたという期待がかなえられる喜びが得られるように，またはじめて触れていく不安を小さくできるように，そしてわかりやすく慣れ親しんでいくことができるように，書きすすめたつもりである．

　そのため，本書でとりあげるのは，基本の操作と一通りの統計的分析手法の手順のみである．さらに，R は柔軟な環境であるために，いろいろなやり方や手順が複数あるのだが，そのなかでもできるだけ単純な操作の仕方に絞って記載している．人によってはものたりないと感じるかもしれな

いが，混乱をしないように操作方法は絞っている．とはいっても，この本だけでも，大学の卒業論文で必要とされるような分析ができるようになるだろう．

　ただし，学生が実際に卒業論文を書くときに必要な事柄で，本書ではカバーしきれていない点が3つある．まず**心理学理論**である．さまざまな心理学の知見や理論は領域によってさまざまである．これらは研究を進めていくときに非常に大事なポイントである．データを解析して，こんなところに有意な結果がでましたというだけでは研究とはいえない．得られた結果が，過去の理論から説明できるものであるのか，あるいは過去の理論を修正し，発展させるものであるのか，その結果をどのように一般化して何がいえるのか，そのような考察を指導教員を含めた他の研究者たちにどのように納得させるのかが研究としての大事な点である．

　次に本書ではRを使っての分析の仕方を解説しているのだが，その背後にある**心理統計学**そのものについて十分には触れられていない．統計学をまだ勉強していない人は，ぜひ本書でデータを分析する楽しみを知ることで，その背後にある統計学への興味と関心を膨らませて勉強をしてほしい．

　最後の点は，**論文の詳しい書き方**である．問題と目的，仮説，方法，結果，考察，文献，それぞれの部分において書き方の作法がある．図表の書き方にも作法がある．それらについても最終的に論文を仕上げるときには必要な知識である．

　上記の3点については本書でほとんど触れられていないため，本書に記載した推薦図書や参考図書から好奇心をもって積極的に学んでもらいたい．

2019年8月

緒賀　郷志

■『SPSS と Amos による心理・調査データ解析 第 3 版』との相違点について

　前述したとおり，この本の統計的な解説や使用データについては，『SPSS と Amos による心理・調査データ解析 第 3 版』（第 12 章については『研究事例で学ぶ SPSS と Amos による心理・調査データ解析 第 2 版』の第 2 章）をベースにしているが，利用するソフトウェアの機能の違いや，分析での扱いに対しての著者（緒賀）の考え方で小塩氏といくつか相違があることから，解説において内容を省略したり，逆に変更や，追加をしたりしている．主だったところでは，

★有意水準について，「未満」の表記 $<$ を，伝統的な「以下」の意味として統一している．また $p<.001$ を除き，p 値をそのまま記述した．

★分散分析について，3 要因分散分析の説明を，初心者には難しいと判断し，省略した．

★判別分析，ロジスティック回帰分析，コレスポンデンス分析，多重応答分析についても，省略した．

といった部分だが，この他にも，いくつかの細かな点で緒賀の判断で手を入れており，そうした部分では，できるだけ，そのように変更をした理由なり意見をつけ加えておいた．こうした変更は，もちろん小塩氏の承諾も受けたうえで行なったが，そうした部分も含めてこの本全体の文責は，緒賀が負っていることを付記しておく．

　最後に，本書をただ読むだけでなく，実際に作業をしながら読み進めてもらいたい．そのためには，最初に，付録に記載した通りに，R と，RStudio と，追加パッケージをダウンロードし，インストールしてから進めてもらいたい．

　なお，この本で扱われているデータおよび R のスクリプトは東京図書のホームページからダウンロードできる．

目　次

はじめに（第 2 版にあたって）　iii

第 1 章　R の基礎と心理統計の基本事項　　1

Section 1　R の基礎 ・・・・・・・・・・・・・・・・・・ 2
 1-1　始め方と終わり方　　2
 1-2　計算式と代入について　　3
 1-3　関数とオブジェクトについて　　7
 1-4　R script の活用　　9
Section 2　覚えておきたい基礎知識 ・・・・・・・ 11
 2-1　尺度水準　　11
 2-2　「質的データ」と「量的データ」　　12
 2-3　「離散変量」と「連続変量」　　12
 2-4　「独立変数」と「従属変数」　　13
 2-5　どの分析を選択するか　　14
 2-6　統計的に有意　　15
 2-7　有意水準は「危険率」ともいう　　17
 ●演習問題　　21

第 2 章　データ入力と分布・基礎統計量　　23

Section 1　R を使ってみる ・・・・・・・・・・・・・・ 24
 1-1　R project を立ち上げよう　　24
 1-2　データ入力　　26
 1-3　欠損値について　　32
 1-4　合計得点を出す　　33
Section 2　R でグラフや図を描いてみる ・・・・ 34
 2-1　ヒストグラム：hist 関数　　34
 2-2　箱ひげ図：boxplot 関数　　36
Section 3　代表値と散布度の算出 ・・・・・・・・ 38
 3-1　代表値と散布度の指標の概略と特徴　38
 3-2　代表値の算出　　39
 3-3　散布度の算出　　40
 3-4　describe 関数の利用　　41
Section 4　R script と作業結果の保存 ・・・・・・ 44
 4-1　R script の確認　　44
 4-2　レポートの作成・保存　　44
 4-3　RStudio の振り返り　　47
 ●演習問題　　48

第 3 章　相関と相関係数　　49

Section 1　変数間の関連と散布図 ・・・・・・・・ 50
 1-1　クロス表（分割表）　　50
 1-2　散布図　　51
 1-3　散布図を描く　　52
 1-4　男女別に散布図を描く　　53
Section 2　相　関 ・・・・・・・・・・・・・・・・・・・・・ 54

2-1	相関のとらえかた	54
2-2	相関係数を用いる際の注意点	57
2-3	相関係数の算出と無相関の検定	58
2-4	順位相関係数の算出	60

Section 3　層別の相関 · · · · · · · · · · · · · · · 61
3-1	層別（男女別）に相関係数を算出する	61
3-2	机の上を片づけよう	61
●演習問題		62

第 4 章　χ^2 検定　クロス表の分析　　65

Section 1　相違を調べる方法 · · · · · · · · · · · · 66
1-1	相違に関する，いろいろな検定方法	66
1-2	検定方法の選び方	67

Section 2　1 変量の χ^2 検定 · · · · · · · · · · · · · 69
2-1	χ^2 検定とは	69
2-2	クロス表（分割表）	69

Section 3　2 変量の χ^2 検定 · · · · · · · · · · · · · 73

3-1	R での行列の作り方：matrix 関数	73
3-2	χ^2 検定を行なう：chisq.test 関数	74
3-3	フィッシャーの直接確率計算法： fisher.test 関数	75
3-4	クロス表ができあがっていない場合の 2 変量の χ^2 検定	77
●演習問題		81

第 5 章　t 検定　2 変数の相違を見る　　83

Section 1　t 検定 · 84
1-1	t 検定の 2 つの種類	84
1-2	t 検定を行う際には	84

1-3	対応のない t 検定	85
1-4	対応のある t 検定	90
●演習問題		93

第 6 章　分散分析　3 変数以上の相違の検討　　95

Section 1　分散分析とは · · · · · · · · · · · · · · · · 96
1-1	要因配置	96
1-2	分散分析のデザイン	98
1-3	多重比較	99

Section 2　1 要因の分散分析 · · · · · · · · · · · · 101
2-1	1 要因の分散分析（被験者間計画）	101
2-2	1 要因の分散分析 （被験者内計画：sA 型）	106

Section 3　2 要因の分散分析（1）· · · · · · · · · 110
3-1	2 要因の分散分析	110
3-2	主効果と交互作用	110
3-3	2 要因の分散分析 （どちらも被験者間要因：ABs 型）	112
3-4	データ入力と分析	113
3-5	交互作用の分析（単純主効果の検定）	117

Section 4　2 要因の分散分析（2）· · · · · · · · · 119
4-1	2 要因分散分析（混合計画：AsB 型）	119
●演習問題		124

第7章 重回帰分析 連続変数間の因果関係 129

Section 1 多変量解析とは ・・・・・・・・・・・・ 130
1-1 どのような手法があるのか 130
1-2 予測・整理のパターン 131
1-3 多変量解析を使用する際の注意点 133
Section 2 重回帰分析 ・・・・・・・・・・・・・・・・ 134
2-1 重回帰分析の前に：単回帰分析 134
2-2 重回帰分析とは 134
2-3 授業難易度・私語・理解度が授業評価に与える影響 135
2-4 Rによる重回帰分析 136
2-5 充実感への影響要因を見る 140
2-6 重回帰分析を行う際の注意点 143
●演習問題 147

第8章 クラスタ分析 151

Section 1 クラスタ分析の実際 ・・・・・・・・・・ 152
1-1 クラスタ分析とデンドログラム 152
1-2 調査協力者の分類 155
●演習問題 161

第9章 因子分析 潜在因子からの影響を見る 163

Section 1 因子分析の考え方 ・・・・・・・・・・・ 164
1-1 因子分析とは 164
1-2 共通因子と独自因子 164
1-3 共通因子を見つけることが因子分析の目的 165
Section 2 直交（バリマックス）回転 ・・・・・ 166
2-1 データの読み込み 167
2-2 因子数の決定 167
2-3 因子分析の実行と結果の読みとり 168
Section 3 斜交回転 ・・・・・・・・・・・・・・・・・・ 173
3-1 斜交回転（プロマックス回転による因子分析） 174
●演習問題 177

第10章 因子分析を使いこなす 179

Section 1 尺度作成のポイント ・・・・・・・・・ 180
1-1 因子分析は何度も行う 180
1-2 尺度を作成する 180
1-3 尺度を作成する際の因子分析の手順 181
Section 2 尺度作成の実際 ・・・・・・・・・・・・ 184
2-1 幼児性尺度の作成 184
2-2 因子分析の前に 186
2-3 因子数の決定 188
2-4 1回目の因子分析（項目の選定） 189

2-5 　2回目の因子分析(因子構造の明確化)　190
2-6 　3回目の因子分析　192
2-7 　因子を解釈する　193
Section 3　尺度の信頼性の検討 ‥‥‥‥‥ 195
3-1 　α係数の算出　195
3-2 　下位尺度得点の算出　198
3-3 　数値で調査協力者を分類する　200
3-4 　新しい変数が加わったデータセット
　　 の保存　201

Section 4　確認的因子分析 ‥‥‥‥‥‥ 202
4-1 　確認的因子分析の実行　202
4-2 　適合度の確認　204
Section 5　主成分分析 ‥‥‥‥‥‥‥‥ 205
5-1 　主成分分析の目的　205
5-2 　どんなときに主成分分析を使うのか　206
5-3 　主成分分析の分析例　206
●演習問題　210

第11章　共分散構造分析　213

Section 1　パス解析とは ‥‥‥‥‥‥ 214
1-1 　パス図を描く　214
1-2 　パス図の例　215
1-3 　測定方程式と構造方程式　217
1-4 　共分散構造分析　218
Section 2　共分散構造分析（1） ‥‥‥‥ 219
2-1 　測定変数を用いたパス解析（分析例1）　219
2-2 　データの読み込みと分析手順　220
2-3 　モデル式の指定と共分散構造分析の
　　 実行　220
2-4 　共分散構造分析の結果の出力　220
Section 3　共分散構造分析（2） ‥‥‥‥ 223
3-1 　潜在変数間の因果関係（分析例2）　223

3-2 　データの読み込みと分析手順　225
3-3 　モデル式の指定と共分散構造分析の
　　 実行　225
3-4 　モデルの評価　225
3-5 　モデルの改良　228
Section 4　共分散構造分析（3） ‥‥‥‥ 231
4-1 　双方向の因果関係（分析例3）　231
4-2 　パス図の描画と方程式の記述と実行
　　　　233
4-3 　モデルの改良　237
Section 5　共分散構造分析（4） ‥‥‥‥ 239
5-1 　相違を調べる方法（分析例4）　239
●演習問題　245

第12章　心理学論文作成の実際　友人関係スタイルと注目・賞賛欲求　247

Section 1　分析の背景 ‥‥‥‥‥‥‥ 248
1-1 　研究の目的　248
1-2 　項目内容と調査の方法　248
1-3 　分析のアウトライン　250

Section 2　友人関係尺度の分析 ‥‥‥‥ 251
2-1 　項目分析と因子分析　251
2-2 　因子得点の算出　256
Section 3　調査協力者のグループ分け ‥‥ 258
3-1 　因子得点の特徴（基本統計量と相関）258

3-2　グループ分け（クラスタ分析）　259

3-3　グループの特徴を調べる
　　　（χ^2 検定と 1 要因分散分析）　261

3-4　注目・賞賛欲求の群間比較
　　　（1 要因分散分析）　265

付 録　R と RStudio の導入　271

A–1　R のダウンロードとインストール ···· 271

A–2　RStudio のダウンロードとインストール ·· 274

A–3　RStudio の起動とパッケージの追加 ·· 277

A–4　R に関する情報について ········· 279

あとがき（第 2 版）　281

事項索引　282

R 操作設定項目索引　285

◎カバー・表紙：高橋　敦（LONGSCALE）

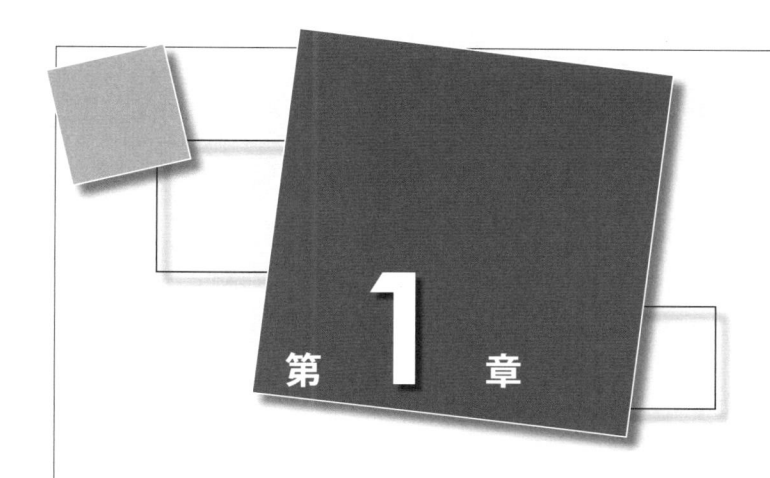

第 **1** 章

R の基礎と
心理統計の基本事項

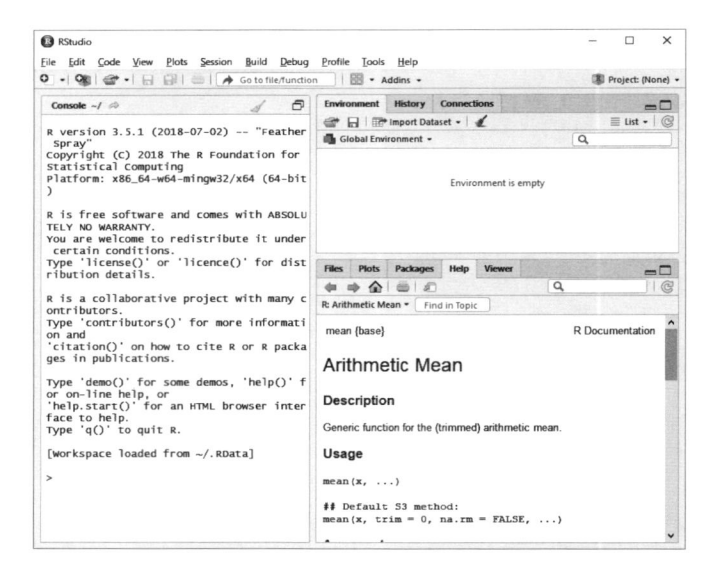

Section 1

R の基礎

R と RStudio（含む追加パッケージ）のダウンロードとインストールは終えている（付録 p.271 ～を参照）ことを前提で進める★.　　　　　　　　★以下，Windows 10 上の R3.5.1 で解説を行なっている.

1−1 始め方と終わり方

■ RStudio の起動方法

スタートメニューから RStudio をクリックする.

■ RStudio の終了方法

右上の✖をクリックする. あるいは，上端の左端に表示されている「**File**」→「**Quit Session**」を選ぶ.

なにかの作業をした場合の終了時には，下のパネル［Save workspace image to ~/.Rdata?］が出てくる.

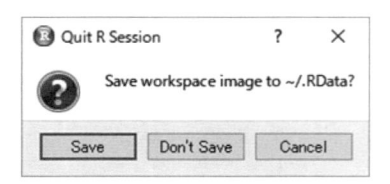

R の上で計算に使ったデータなどをそのまま残して，次に起動したときに同じ環境にもどりたいときは，ｰ Save ｰ を選べばいいし，ｰ Don't Save ｰ を選んで，保存しなくてもよい.

1–2 計算式と代入について

データを分析するとは，結局はいろいろな計算をしていくことである．まずは，Rを単純な電卓として使うことで，RStudioのコンソール画面に慣れてみよう．コンソール画面とは左側の「Console」と一番上に表示されているパネルである．

■単純な計算式

3たす5，8ひく2，2かける4，3わる3．これらは簡単な計算であるが，Rではどうすればいいだろう．足し算は「＋」記号，引き算は「－」記号，掛け算は「＊（アスタリスク）」記号，割り算は「／（スラッシュ）」記号を用いる．

実際の画面を見てもらいたい．

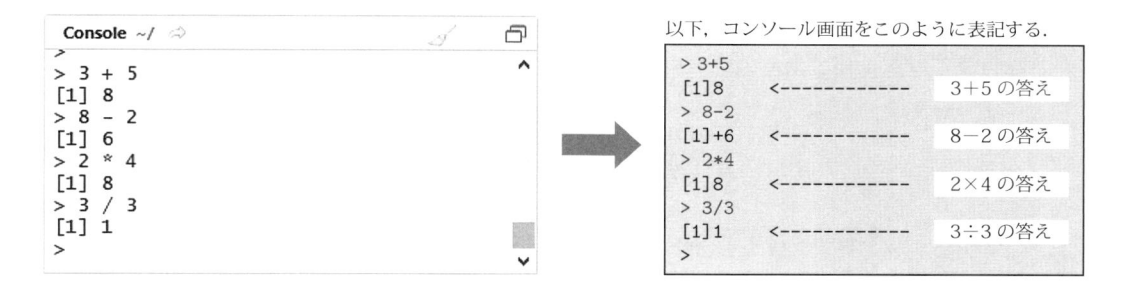

以下，コンソール画面をこのように表記する．

```
> 3+5
[1]8          <------------    3＋5の答え
> 8-2
[1]+6         <------------    8－2の答え
> 2*4
[1]8          <------------    2×4の答え
> 3/3
[1]1          <------------    3÷3の答え
>
```

プロンプト記号「＞」のあとに，計算式を入れてエンターキーを押すと，その答がでてくる（[1]は無視する）．

> **ポイント**：日本語入力（IME）を切って，英語で入力すること．日本語入力のまま（全角）で打ちこむとエラーとなって表示されない．通常，Windowsの日本語入力のままだと，漢字キーを押すことで，日本語入力のオンとオフが切り替わる．英数キーを使うと，英数文字だが全角文字での入力になって，エラーとなることがあるので，注意すること．

3の2乗や，3の3乗などのべき乗には，「＾（ハット）」記号をもちいる（ ⌨ は通常キーボード上段の右端側にある）．

```
> 3^2
[1] 9      <------------    3^2 の答え
> 3^3
[1] 27     <------------    3^3 の答え
>
```

ほかにも基本的な演算子はあるが，いまはここまでわかっていればよいだろう．さて，ふつう計算をするときには「（ ）」を使うこともあるが，Rでも普通に「（ ）」が使える（くり返すが，英数半角文字で入力すること）．

これをRで計算してみて，5が得られることを確かめてみよう．

(3+2)^2/(6-1)   <------------ $(3+2)^2 \div (6-1)$

■代入：＜－を覚えよう

簡単な電卓にもメモリーキーがあるように，ある数値をRに覚えさせておくことができる．電卓との違いは，覚えさせておく先に，自分で自由に名前をつけられることである．形は以下のとおり．＜－は，Mの右側にある＜と，－（数字の0の右隣）を組み合わせて打ちこむ．

代入先の名前 ＜－ 代入する元

たとえば，aという名前に，3を代入し，bという名前に，2を代入してみよう．そして，aとbを足したものをcに代入してみよう．

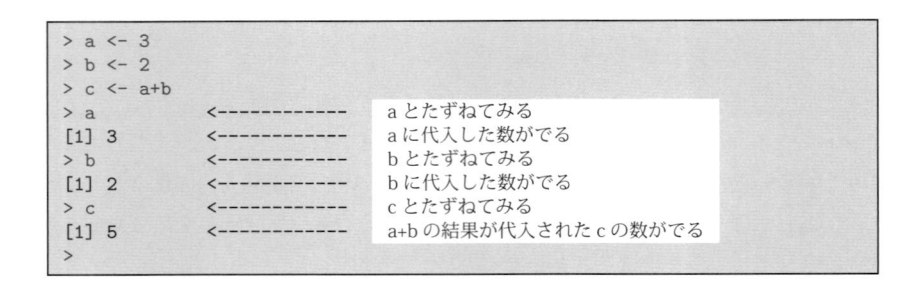

```
> a <- 3
> b <- 2
> c <- a+b
> a        <------------   a とたずねてみる
[1] 3      <------------   a に代入した数がでる
> b        <------------   b とたずねてみる
[1] 2      <------------   b に代入した数がでる
> c        <------------   c とたずねてみる
[1] 5      <------------   a+b の結果が代入された c の数がでる
>
```

ポイント：Rでは，大文字を小文字を使い分けている．小文字aと大文字のAは別ものである．

代入して作られたモノである**オブジェクト** object は，その名前をプロンプトのあとに打ちこめば，代入されたモノや計算式の結果が返されてくる．ちなみに，何も代入していないものは存在してい

ない．試しに d を打ちこんでみると，下のようにエラーを返してくる．

```
> d
Error: object 'd' not found
> |
```

メモ：オブジェクトとは

オブジェクトとは，物，対象，目的物という意味である．Rではこのオブジェクトに数値や数式などが入ることで，作業がしやすくなる．なにかが格納されているモノの名称だと理解するとよいだろう．

■リスト：ls( ) を覚えよう

作ったオブジェクトを確認するためには，ls( ) を打ちこむ．

ls は，**list** の略文字である．「( )」を忘れないようにする．a，b，c というオブジェクトができていることがわかる．なお「ls(」と入力した時点で，自動的にあとの「)」が表示される．

```
> ls()
[1] "a"  "b"  "c"   <------------   現在までに作ったオブジェクト
```

この時，あとの「)」を消して，「ls(」のみで実行すると
```
> ls(
+ |
```
このようになる．

> ＋の表示（プロンプト）は「入力した言葉が完結していないので，続きを入れてほしい」と言っている．この場合は入れ忘れた「)」を入力してエンターキーを押すことで，先ほどと同じ結果になる．
> ＋が出ている段階で，とり消しをしたかったら Esc を押せばよい．

■ Environment：右上パネルを見てみよう

RStudio ではここにオブジェクト名とその値が表示されるので，適宜確認するとよい．

■とり除く：rm( ) を覚えよう

Rの中にある，オブジェクトをとり除いて捨てる操作を覚える．とり除くは英語で**remove**である．このまま remove( ) でもよいが，略した rm( ) を覚える．( ) の中には，とり除きたいオブジェクト名を入れる．2つ以上の複数のオブジェクトを同時にとり除きたいときは，オブジェクト名とオブジェクト名のあいだに「,」（カンマ記号）を入れる．

```
> ls()
[1] "a" "b" "c"  -------------
> rm(a,b)
> ls()
[1]"c"           <-----------   オブジェクト a，b が消去された
```

■すべてをとり除く呪文：rm (list ＝ ls( )) を覚えよう

とりあえず，これはこの呪文だと覚えておこう．下のように，すべてのオブジェクトがなくなる（character(0) は「すべてない」という意味ととっておく）．

```
> ls()
[1] "a" "b" "c"
> rm(list ls())
> ls()
character(0)     -------------   オブジェクトが何もなくなった！
```

右上パネルの「Environment」は空白になっているのが確認できるだろう．

■スクリプトの履歴

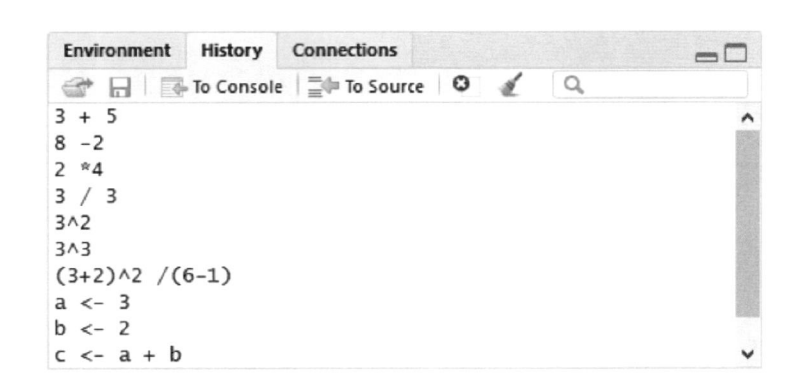

今まで打ち込んだスクリプトの履歴は右上パネルの「History」で確認できる．

また，これらの履歴は，その行をクリック選択して，「To Console」「To Source」をクリックすることで，それぞれの画面にコピー転送できる．

1-3 関数とオブジェクトについて

関数 function とは，ある計算を行なうなどオブジェクトに対し何らかの処理をする式である．高校時代の数学で，f(x) という表記に見おぼえがあるだろう．R でも同じような形で記述される．

関数名（引数）

すでに，ls( )，rm( ) をみてきたが，これらはすべて関数（ls 関数，rm 関数）である．カッコの中には「引数」として，オブジェクトをいれる．rm( ) ならば，とり除きたいオブジェクトを入れたように，である．さて，オブジェクトは，1 つの数値のみでなく，真偽の結果，文字列，数値の集まりなど，いろいろなデータの固まりを代入できる．こうして，データの処理が関数を使うことでとてもやりやすくなる．

先ほどは，例としてオブジェクト a のなかに数値の 3 を 1 個のみ入れた．今回は，複数の数値を入れることにしよう．たとえば，a のなかに，1 と 2 と 3 の 3 つの数値を入れるとしよう．

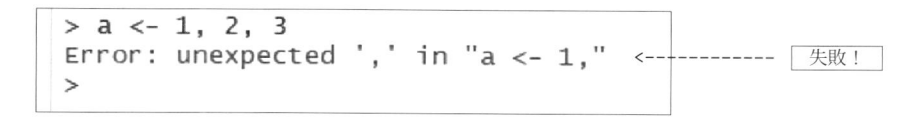

```
> a <- 1, 2, 3
Error: unexpected ',' in "a <- 1,"   <------------   失敗！
>
```

エラーがでた．これは，1，2，3 をまとめて入れると指示しなかったからである．

数値をまとめる，いいかえると「くっつける」ことは **combine** するということである．頭文字を使った **c 関数**を覚えてほしい．

```
> a <- c(1,2,3)
> a
[1] 1 2 3          <------------   3つの数がセットで入れられた！
```

オブジェクト a の中に，いくつデータがはいっているかを知りたいとしよう．この場合，a には一連の数がはいっているので，この一連の数の「長さ」length を知りたいということになる．そこで，length 関数を使う．

```
> a
[1] 1 2 3
> length(a)
[1] 3             <------------   aの中のデータの数が出力された！
```

さて，aの中に入っている一連の数の「総和」sumを求めたいとしよう．総和なので，1＋2＋3の値である6という数値が返ってほしい．Excelになじんでいる人だったらすぐにわかるだろうが，sum関数を使う．

```
> sum(a)
[1] 6          <------------    aの中のデータの合計が求められた！
```

ここまでくれば，オブジェクトaのなかにある一連の数値の**平均値**を，以下のように求められることがわかるだろう．

```
> sum(a)/length(a)
[1] 2          <------------    関数を組み合わせて，平均を出せた！
```

Rではこのように，数値のまとまりをオブジェクトに代入して，そのオブジェクトに関数をあてはめてデータ処理をしていくという簡単な作業で統計解析ができる（なお，平方根を求める関数は，sqrt( )である）．

■実行結果の保存と終了

RStudioでは，終了した時点での，オブジェクトの値と，計算式の履歴はそのまま保存される．いったん終了してから再度たちあげて，右上パネルの「Enviroment」と「History」を確認してみよう．保存されていることがわかる．

ポイント：オブジェクトの名前

携帯電話のメールアドレスをつけるように基本的には自由にオブジェクトの名前をつけることができる．日本語は避けて，半角英数字でつけよう．ただし，数字や記号から始めることはできない．また，すでに関数名（たとえばdata）など，Rで使われている名前は使ってはならない．途中にスペースを入れた名前も使用できない．しかし，「.」（ピリオド）をつかってわかりやすい名前をつけることはできる．たとえば，x.dfというように名前をつけることは可能である．

1-4 R script の活用

　これまで見てきたのは，Rの**コンソール画面**とよばれるものである．今までしてきたようにRは命令の文章（コマンドあるいはスクリプト）を打ちこむことで作業を行なうようにできている．これに慣れるとマウスを動かして作業するのが手間も時間もかかることがわかるだろう．

　ただし，コンソール画面に直接スクリプトを打ちこむ時に，ミスしたりすることが起きやすい．それを避けるため，R script の画面，すなわち R script のファイルを用いる方法がある．

■ R script のファイル作成方法

　左上の「File」→「New File」→「R script」を選択しよう．あるいは，メニューアイコンの左端をクリックして，「R script」を選択しよう．

　左のコンソール画面の上に，R script 画面のパネルが表示される．

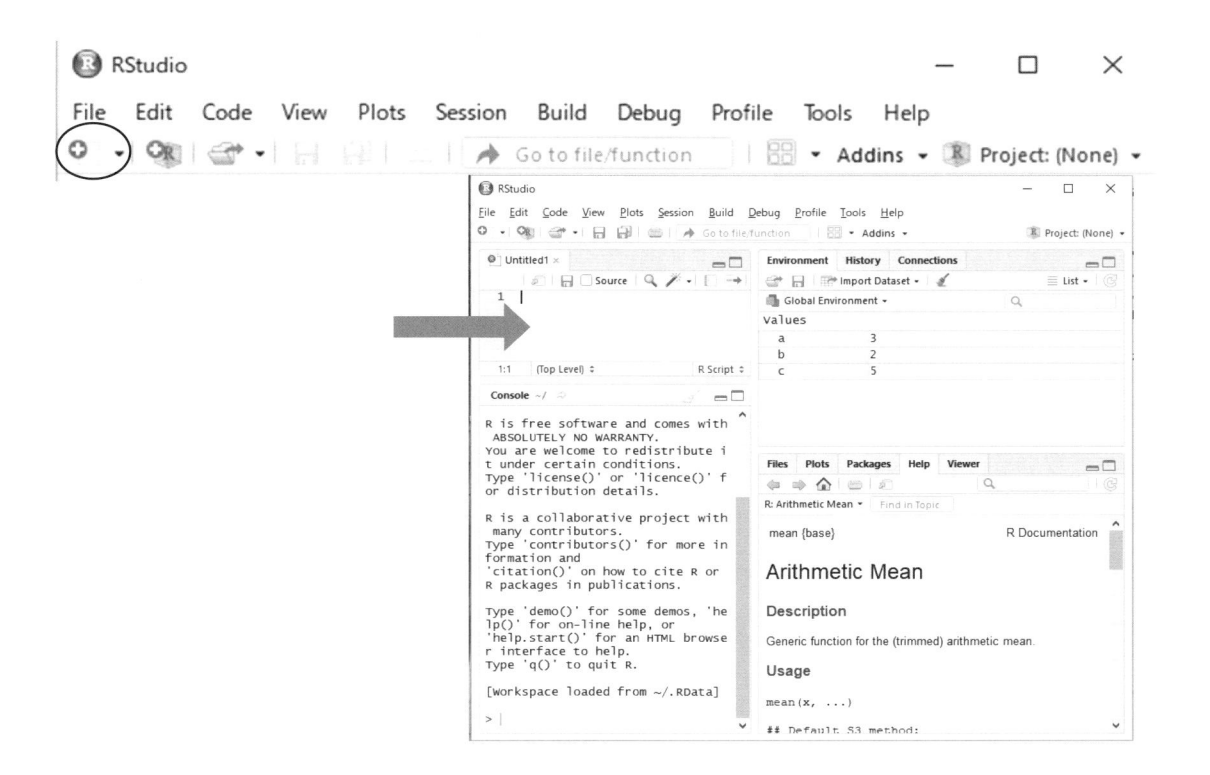

初めて作られたファイルなので，「Untitled1」という表示がされている．このファイルに，Ｒの
コマンド・スクリプトを書いていく．今までの例だと，下記となる．

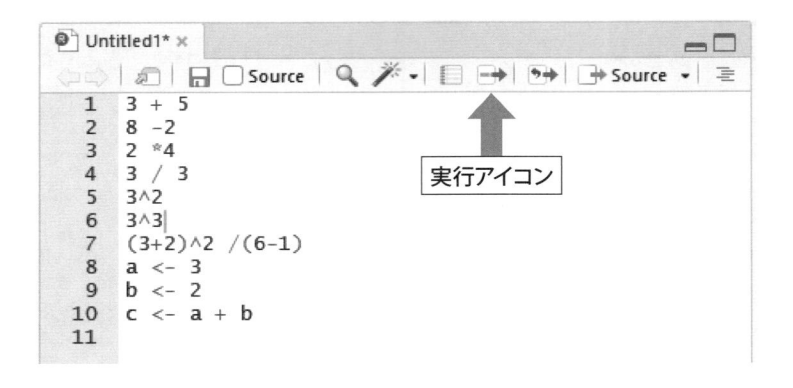

■ R script の実行方法

　ここに書き込むだけでは，実行されないので，実行前に，書き間違いは修正できる．

　まずカーソルを1行目3+5のどこかの位置（最初でも，最後でも，文の途中でも）において，
メニュー真ん中の実行アイコンをクリックすると，その行のスクリプトがコンソールにコピーされ
て，実行される．それと同時に，カーソルが次の行の8−2に自動的に移動する．実行アイコンを
クリックする代わりに，Ctrl キーを押しながら，Enter キーを押すことでも同じ作業が行われる．
こちらの Ctrl＋Enter のほうが使い勝手がよいだろう．

　またスクリプト画面で，数行を同時に選択して，実行すると，その数行すべてが一気にコンソー
ルにコピーされて実行される．

　スクリプトファイルに書き込んでから，このように Ctrl＋Enter で実行していくことがよいだろう．

覚えておきたい基礎知識

2-1 尺度水準

統計学では，測定対象のもつ特徴に対応した**尺度**が設定されている．

名義尺度＜順序尺度＜間隔尺度＜比率尺度，の順で情報量が大きくなり，より「水準の高い尺度」とよばれる．高い水準の尺度で定義された測定値を低い水準の尺度上の値に変換することは可能であるが，その逆はできない．

尺度水準によって，可能となる統計処理が異なるので，注意が必要である．

尺度の水準	特徴	イメージ	例
名義尺度	単なるレッテルや記号として用いる．同一のものや同種のものに同じ記号を割り当てる．	A　B　C （質的な差異）	電話番号 背番号 血液型 など
順序尺度	測定値間の大小関係のみを表す．大小や高低などの順位関係は明らかだが，その「差異」は表現しない．	A＜B＜C （順位のみ）	成績の 順位 など
間隔尺度	順位の概念の他に，「値の間隔」という概念が加わる．大小関係だけでなく，その差や和にも意味がある．	A≦B≦C （順位＆等間隔）	温度（摂氏・華氏） 知能指数 テストの 得点など
比率尺度 （比例尺度）	原点0（ゼロ）が一義的に決まっている．測定値間の倍数関係（比）を問題にすることが可能．間隔尺度に原点を加えたもの．	0≦A≦B≦C （順序＆等間隔＆原点）	長さ 重さ 絶対温度 など

2-2 「質的データ」と「量的データ」

データとは，あるテーマや仮説を調べようとする際に，ある設定に基づいて組織的に集められたテーマに関する情報のことであり，目的や仮説に応じて設定し，収集されたものである．

質的データ（定性データ）	量的データ（定量データ）
・対象の属性の性質や内容を示す ・数量という概念がない ・数量的に表現しにくい，また表現しても意味がない ・名義尺度や順序尺度から得られる	・対象の属性を数量によって示す ・ある種の基準を設定して，属性の特徴を計量できるものにして表現する ・数字で表現できない現象や，データとして収集することが不可能な場合がある ・間隔尺度や比率尺度から得られる

質的データと量的データでは，使用可能な統計処理の方法が異なってくる．

また量的データは，数量的な情報がないものとみなせば，質的データの統計処理方法を用いることができる．しかし，質的データを量的データの統計処理方法によって分析を行なうことはできない．

「数字を使うかどうか」と，質的データであるか量的データであるかは関係がない．たとえば，男性を 1，女性を 2 という数字で表したとしても，1＋2＝3 という数式が意味をもつわけではない．

2-3 「離散変量」と「連続変量」

データ解析では，多くを「数字」で表現する．このような数値や数量データには，**離散変量**と**連続変量**とよばれるものがある．

> **離散変量**……それ以上細かく分割できない，飛び飛びの値をとるデータ．
> **連続変量**……本質的に連続した数値をとるデータ．

離散変量の例は，**人数**や**回数**などである．10 人の次は 11 人，3 回の次は 4 回と，飛び飛びの値をとる．10.23 人や 3.87 回といった数値は本来存在しないはずであるが，平均値を算出したときなどに便宜的に用いられる．

連続変量の例は，**長さ**や**重さ**，**時間**などである．これらは数値が連続しており，測定方法を精密

にすれば，いくらでも細かく数値を読みとることができる．たとえば，身体測定で身長が163.5cmだったとしたときに，より精密な身長計を用いれば，163.512823…cmと，いくらでも細かく測っていくことができる．しかし実際には，ものさしや時計の目盛りをみてもわかるように，連続変量もある一定の基準で飛び飛びの値として表現される．

2-4 「独立変数」と「従属変数」

データは，研究のテーマや目的を明確にし，関連する「仮説」を設定すること，そして仮説を明らかにするために必要な「変数」を設定して仮説を検証していくことと密接に関連する．

変数とは，一定の範囲内で任意の値をとる数字や記号を意味し，それぞれ測定対象ごとに異なる属性を示すものである．

一般的に，説明するほうの変数を**独立変数**，説明されるほうの変数を**従属変数**とよぶ．言い換えると，原因となる条件が「独立変数」，結果としての事柄が「従属変数」である．

ただし，この関係は相対的なものであり，1つの変数が，ある変数に対しては独立変数となり，他の変数に対しては従属変数となることもある．

どの変数が独立変数になり，どの変数が従属変数になるかは仮説の設定の仕方やその背景にある理論による．また，分析で原因と結果を仮定しているからといって，本当にそれがその現象の原因であり，因果関係が成立するとは限らないので注意が必要である．

原因	結果	主な用途
独立変数	従属変数	・**実験計画**などで用いられる． ・独立変数を操作して，従属変数の測定をする． ・統制変数★を設定することがある．
説明変数 あるいは 予測変数	基準変数 あるいは 目的変数	・**多変量解析**などで用いられる． ・外的基準（予測の判別の対象となる基準）の有無によって，使用可能な多変量解析の方法が異なる．

（岩淵 ［1］，1997より）

★統制変数：独立変数として操作する以外の要因を一定のものとするために統制する変数のこと．実験群と統制群を設定するなどの手法が用いられる．

2−5 どの分析を選択するか

分析の方法は目的と変数の特徴で選択される．以下に選択する際の条件を示す．

❶分析の目的は？……　関連・因果関係を検討する⇒ ❷へ

記述する・まとめる⇒ ❸へ

❷関連・因果関係を見る場合（すべての分析を網羅しているわけではない．本書で扱っているものについてはページ番号を付記）

従属変数	独立変数	メモ	分析方法
量的	量的	1つの独立変数	回帰分析（p.134）
		2つ以上の独立変数	重回帰分析（p.134）
		関連を検討・正規分布を仮定★	ピアソンの積率相関（p.58）
		関連を検討・正規分布仮定なし★	順位相関（p.60）
	質的	独立変数が1つで2カテゴリ・対応なし	対応のない t 検定（p.85）
		上記かつ従属変数に正規分布仮定なし	マン・ホイットニーの U 検定
		独立変数が1つで2カテゴリ・対応あり	対応のある t 検定（p.90）
		上記かつ従属変数に正規分布仮定なし	ウィルコクソンの順位和検定
		独立変数が1つで3カテゴリ以上	1要因の分散分析（p.101）
		上記かつ従属変数に正規分布仮定なし	クラスカル・ウォリス検定
		独立変数が2つで対応なし	2要因の分散分析（p.110）
		独立変数が2つで対応あり・なし	2要因の分散分析（混合計画）(p.119)
		独立変数が2つでともに対応なし	2要因の分散分析（ともに対応なし）
		独立変数が3つ	3要因の分散分析
		従属変数が複数	多変量分散分析（MANOVA）

★関連を検討するときは従属変数・独立変数の区別をしない．

従属変数	独立変数	メモ	分析方法
量的	量的・質的	従属変数が1つ	共分散分析（ANCOVA）
		従属変数が複数	多変量共分散分析（MANCOVA）
		ダミー変数を用いる★	重回帰分析
質的	量的	従属変数が2値以上	判別分析
	質的	2つの変数の関係	χ^2検定（p.69）
	量的・質的	従属変数が2値（0-1）	ロジスティック回帰
		従属変数が3値以上	多項ロジスティック回帰

★質的変数に数値を割り当て（例：男性1，女性0），独立変数として用いる.

❸記述する・まとめる（すべての分析を網羅しているわけではない．本書で扱っているものについてはページ番号を付記）

変数	メモ	分析方法
1つ	得点分布の特徴を記述	得点分布（p.34），平均値（p.38），標準偏差（p.38），尖度・歪度（p.38）
複数	内的整合性を記述	α係数（p.195）
	量的変数をまとめる	因子分析（p.164），主成分分析（p.205）
	質的変数をまとめる	コレスポンデンス分析，多重コレスポンデンス分析
	変数・回答者を分類する	クラスタ分析（p.152）

2–6 統計的に有意

　多くの場合，データは母集団から抽出した**標本**（サンプル）から得られるものである．たとえば，国勢調査のように「日本人全体」（母集団）から集めることが困難な場合，日本人の「一部」（標本）からデータを収集する．

標本は**母集団**からランダムに集められるのが原則である．これを**ランダムサンプリング**という．ただし，どのようなサンプリングを行なっても，標本を完全にランダムに集めることはまずできないと考えてよい．

研究において立てられる仮説は，「人間は……という傾向がある」「日本人は……であろう」「高校生は……であろう」といったものであり，「人間全体」「日本人全体」「高校生全体」に対して立てられる．しかし，実際に集めるデータは「人間の一部」「日本人の一部」「高校生の一部」にすぎない．

統計的検定とは，「標本」から得られたデータの特徴が，「母集団」にも当てはまるものであるかどうかを確率的に判定するものである．そして最終的な判断は，**有意水準**というものを設定して判断する．

有意水準とは，偶然生じたにしてはあまりにも起こりにくいことが起きたので，「これは偶然生じたのではない」と判定するための基準のことである．

- 「偶然生じたものだ」という仮説のことを**帰無仮説**という．
- 帰無仮説と反対の仮説（偶然生じたのではない）を**対立仮説**という．
- **有意水準**は通常，0.05（5%水準），0.01（1%水準），0.001（0.1%水準）という基準を用いる．
- 0.10（10%）水準を「有意傾向」と記述することもあるが，基本的にそのような記述は避けたほうがよい．
- 有意ではない場合，*n.s.*（nonsignificant の略）という表現を用いることがある．

本来の予想は対立仮説で表現され，その否定である帰無仮説が「起こりえない」ことであるかどうか，有意水準をもとに判断する．

つまり，帰無仮説に従うと 100 回中 5 回以下しか生じない事象が実際に起きたことになるから，これは偶然生じたのではない（帰無仮説に無理がある）と判断しよう，と考えるのである．このことを，**帰無仮説を棄却する**という．

これらのことを図で表すと次のようになる．

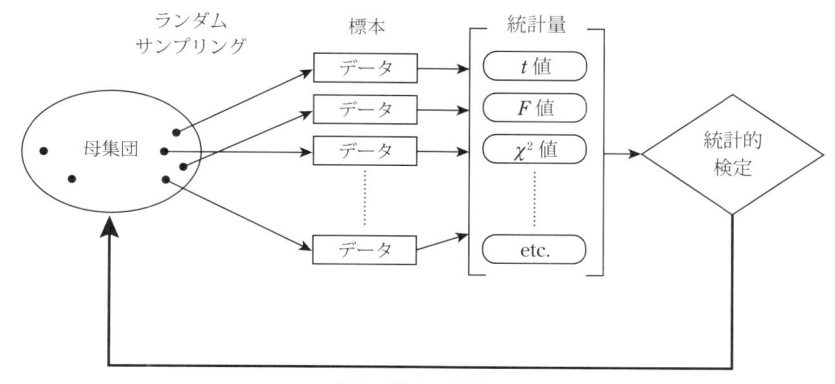

推論（推定・検定）
5％水準, 1％水準, 0.1％水準 → 有意

2-7 有意水準は「危険率」ともいう

5%水準で帰無仮説を棄却し，「有意である」と結論したということは，言い換えるとその結論が本当は誤りである確率が5％以内★で起こりうるということでもある．このようなことから，有意水準を**危険率**ともいう．　　　　★未満とする立場もあるが，慣習的には以下である．

帰無仮説が本当は正しいにもかかわらず，帰無仮説を棄却してしまうことを，**第1種の誤り**（第1種の過誤）という．

> **例**：日本人（母集団）全体では，男性と女性で得点差が「ない」（つまり帰無仮説が正しい）にもかかわらず，標本から得られたデータでは「差がある」（帰無仮説を棄却する）と結論してしまうこと．

帰無仮説がほんとうは誤っているにもかかわらず，帰無仮説を正しいと採択してしまうことを，**第2種の誤り**（第2種の過誤）という．

> **例**：日本人（母集団）全体では，男性と女性で得点差が「ある」（つまり帰無仮説が誤っている）にもかかわらず，標本から得られたデータでは「差がない」（帰無仮説を採択する）と結論してしまうこと．

〈統計的検定がおかす誤りのタイプ〉

		帰無仮説が本当は	
		正しい	誤り
帰無仮説を	棄却	第1種の誤り α 有意水準 危険率	正しい決定 $1-\beta$
	採択	正しい決定 $1-\alpha$	第2種の誤り β

(服部・海保[2], 1996 から)

この表で,「本来の帰無仮説の正誤」は知ることはできない.

たとえば,「男女で得点が異なるのではないか」という仮説を立てて検定を行ない, 5%水準で有意であったとする.

> 1.「母集団で得点が異なるかどうか」は, 誰にもわからない.
> 2. 検定を行なう際に立てられる「帰無仮説」は,「男女で差はない」というもの.
> 3. 検定の結果が「5%水準で有意」ということは,「帰無仮説が支持される確率は5%以下しかない」ということ. したがって, 対立仮説である「男女で差がある」が採択される.

なお, この結果は,「5%程度は第1種の誤りである可能性がある」ということも意味する.

またたとえば,「男女で得点が異なるのではないか」という仮説を立てて検定を行なったが, 有意ではなかったとする.

> 1.「母集団で得点が異なるかどうか」は, 誰にもわからない.
> 2. 検定を行なう際に立てられる「帰無仮説」は,「男女で差はない」というもの.
> 3. 検定の結果が「有意ではない」ということは,「帰無仮説が支持される確率が5%よりも大きい」ということ.

このような場合,「この結果から帰無仮説を棄却することはできなかった」すなわち「男女で差があるとはいえなかった」という控えめな表現をするのが一般的である.

注意 そもそも研究において，「AとBには差がないであろう」という（帰無）仮説を立てて検定することは非常に難しい（「AとBには差がないであろうが，AとCには差があるだろう」という仮説を立てることはある）．

■効果量，メタ分析，検定力分析

　ここでは，統計的に有意かどうかだけではない判断の仕方について簡単にまとめる．概要だけを記載するので，キーワードに基づいて各自で調べてもらいたい．

　「統計的に有意である」ということだけで「差がある」「関連がある」「因果関係がある」と結論づけてしまうのは正しい判断とはいえない．

　たとえば相関係数の場合，1％水準で有意（$p<.01$；両側検定）な係数は右の表のような場合になる．

サンプルサイズ（N）	相関係数（r）
10	.76
25	.51
50	.36
100	.26
200	.18
400	.13
1000	.08

　この表のように，サンプルサイズ（標本の大きさ）が大きくなればなるほど，「1％で有意」という結論を得るために必要な相関係数の大きさは小さな値になっていく．また，本来は $r=.25$ 程度の相関係数を研究で問題にしているのにサンプルサイズが50しかないために有意にならず，関連がないと結論づけてしまう，といった問題が生じる．

　表のように1000人を対象にした調査であれば，相関係数が.10を下回っても「有意だ」という判断を下すことができてしまう．このことは，「今は相関係数が有意ではないけれども，もう少しデータを追加すれば有意になるかもしれない」「10名のデータを追加したらギリギリ有意になった．よかった……」といった研究上望ましくない態度を生み出しやすい．

　そこで，有意かどうかだけではなく効果の大きさ（効果量）を報告することが推奨されている．たとえば相関係数（r）は効果量でもある．その他，t 検定では d，分散分析では偏 η^2 といった値が記述されることが多いので調べてみてほしい．

　これらの効果量には効果の大きさの目安がある．たとえば相関係数（r）の場合には，右の値が目安とされる．

・小さな効果： .10
・中程度の効果： .30
・大きな効果： .50

　複数の研究で報告された効果量をメタ分析という手法で統合することによって，より明確な研究上の結論を得ることもできる．たと

えば自尊感情と抑うつ傾向の相関係数を報告している 10 の研究がばらばらな値の相関係数を報告している場合，それらの値をメタ分析で統合することによって，真の値に近い相関係数（母相関係数）を推定することができる．

　また，これから行う研究がどの程度の効果の大きさを問題にするのかを事前に決めることで，適切なサンプルサイズを推定することも可能になる（検定力分析）．

■推薦図書・引用文献

● まったく心理統計が初めての人には，村井・柏木 [9] がお勧めである．
[1] 岩淵千明（編著）1997『あなたもできるデータの処理と解析』福村出版
[2] 服部 環・海保博之　1996『Q&A 心理データ解析』福村出版
[3] 吉田寿夫　1998『本当にわかりやすいすごく大切なことが書いてあるごく初歩の統計の本』北大路書房
[4] 遠藤健治　2002『例題からわかる心理統計学』培風館
[5] 南風原朝和　2002『心理統計学の基礎―統合的理解のために』有斐閣
[6] 山田剛史・村井潤一郎　2004『よくわかる心理統計』ミネルヴァ書房
[7] 南風原朝和ほか　2009『心理統計学ワークブック―理解の確認と深化のために』有斐閣
[8] 南風原朝和　2014『続・心理統計学の基礎―統合的理解を広げ深める』有斐閣
[9] 村井潤一郎・柏木惠子　2018『ウォームアップ心理統計　補訂版』東京大学出版会

第1章

1. 左側はRのコマンド名, 右側にはその機能の候補がある. 正しい組み合わせを線で結べ.

(a) <- ・ ・ (イ) すべてのオブジェクトをとり除く
(b) ls( ) ・ ・ (ロ) オブジェクトをとり除く
(c) rm( ) ・ ・ (ハ) 作ったオブジェクトを確認する
(d) rm(list=ls( )) ・ ・ (二) 右辺を左辺に代入する

2. Rのコンソール画面で次のように入力した.

```
> a <- 12
> b <- 7
> c <- c(2,4)
> d <- c(1,3,5)
```

さらに, 次の式や関数を入力したときの結果を確認せよ.

① a　　　　② c　　　　③ a+b*(a-b)　　　　④ a^2+b^2
⑤ length(c)+length(d)　　⑥ sum(d)-sum(c)　　⑦ sum(d)/length(d)

(演)(習)(問)(題)(解)(答)

1.　(a)−(二)　　(b)−(ハ)　　(c)−(ロ)　　(d)−(イ)

2.

```
> a
[1] 12
> c
[1] 2 4
> a+b*(a-b)              <------------   a+b×(a−b)
[1] 47
> a^2+b^2               <------------   a²+b²
[1] 193
> length(c)+length(d)   <------------   c のデータ数と d のデータ数の和
[1] 5
> sum(d)-sum(c)         <------------   d のデータの合計− c のデータの合計
[1] 3
> sum(d)/length(d)      <------------   d のデータの平均
[1] 3
```

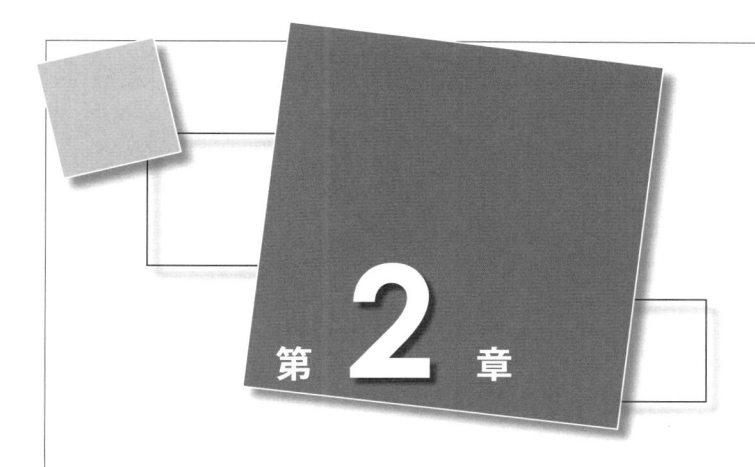

データ入力と
分布・基礎統計量

R を使ってみる

1−1 R project を立ち上げよう

RStudio を立ち上げた後，メニューから「File」→「New Project」を選択しよう．あるいは，下記の左から二つ目のアイコンをクリックしよう．

そうすると，次のパネルがでてくるので，一番上の「New Directory」を選択する．

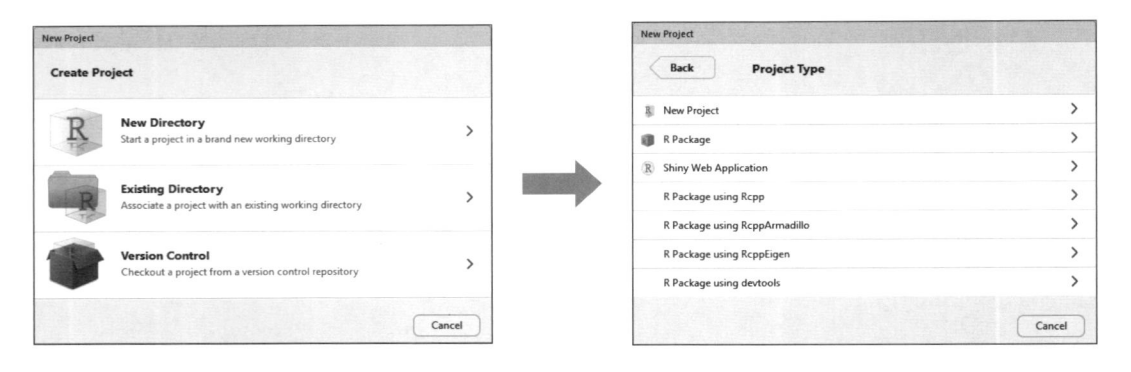

右のパネルで，一番上の「New Project」を選択する．

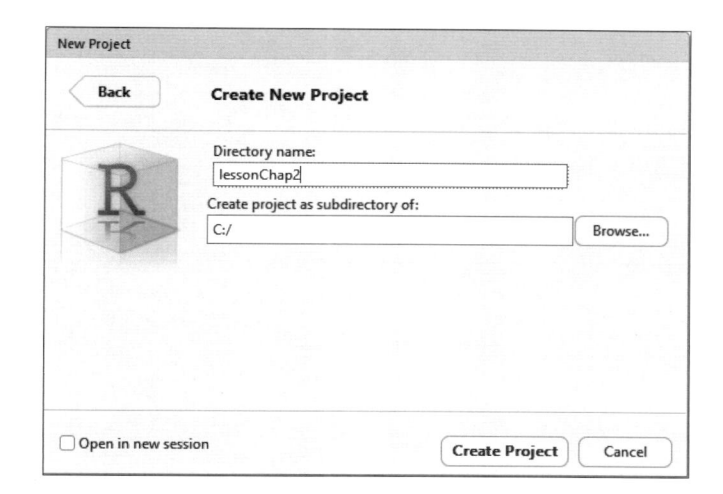

左下の「Open in new session」にチェックをいれる必要はない．そして，「Directory name」に，「lessonChap2」（随意の名前でよいが，ここでは lessonChap2 とする）と書き込もう．

「Create project as subdirectory of:」は，右側の Browse… をクリックして，「ローカルディスク C：」を選ぼう．

この作業では，R project のフォルダの位置を設定しているのだが，途中に日本語のパス名がはいると，動作がおかしくなることがあるので，日本語のパスが入らない C ドライブの真下に，作業フォルダを設定することを推奨する．

ここまできたら右下の， Create Project をクリックする．

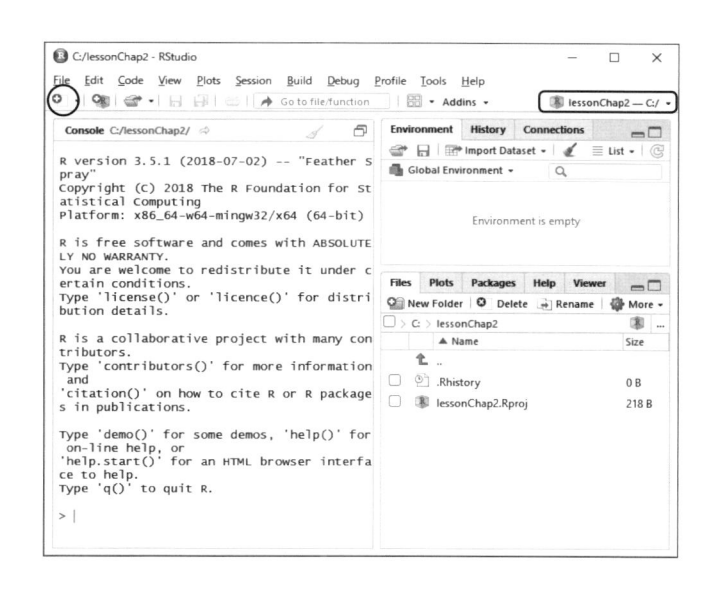

左の画面のようになる．メニューの右端には，「lessonChap2」というプロジェクト名が表示されているのがわかるだろう．

この次は，スクリプト画面を表示させるとよい．左端のアイコンから，「R script」を選択すると，スクリプト画面がでて，「Untitled1」という名前のシートが一枚左上にあらわれる．

データ入力

　RStudio は統計分析の画面なので，RStudio 上で直接データの入力は行わない．Excel にデータを入力してみよう．以下，Openoffice の Calc でも同じである．

	A	B	C	D	E
1	Namae	Sex	Kokugo	Sugaku	Eigo
2	Sato	m	64	48	78
3	Suzuki	m	51	65	62
4	Takahashi	m	57	78	68
5	Tanaka	m	38	62	42
6	Watanabe	f	43	78	57
7	Ito	f	52	73	53
8	Yamamoto	f	58	45	50
9	Nakamura	f	72	36	71
10	Kobayashi	f	65	48	59
11	Saito	m	53	58	35
12	Kato	f	30	55	53
13	Yoshida	f	56	72	49
14	Yamada	m	85	65	73
15	Sasaki	m	69	62	66
16	Yamaguchi	f	52	68	45
17	Matsumoto	f	55	52	63
18	Inoue	f	45	54	56
19	Kimura	m	61	32	88
20	Hayashi	m	43	57	43
21	Simizu	m	76	88	97

<-------------- 変数名を入力

2 行目から各
被験者データ
を入力

　Excel あるいは Calc を起動して，最初の行には変数名，各列には被験者データを並べて入れる．R では変数名に日本語も利用できる場合があるが，変数名は英語にしておいたほうが無難であるし，のちのち便利である．極力，英数字で変数名およびデータを設定してほしい．今回の変数名は，名前 Namae，性別 Sex，国語 Kokugo，数学 Sugaku，英語 Eigo とする．（注意：R は大文字と小文字を区別することを覚えておこう．）名前も，すべてローマ字表記で入力する．性別 Sex は，男性は male の m を，女性は female の f を入れる．

　まずは，Excel あるいは Calc に上の数値を入力してほしい．

■データを CSV 形式で保存

　データの入力を終えたら，CSV 形式で保存する．名前は，chap2data とし，保存先は，先に設定

した R project のフォルダである．Excel で「ファイル」→「名前を付けて保存」を選び，下記のように名前をつけ，形式は「CSV（コンマ区切り）」を選んで，lessonChap2 のフォルダに保存しよう．

　保存したら，Excel を閉じる．RStudio の右下パネルの Files を見ることで chap2data.csv が保存されていることが確認できる．CSV 形式は，各データの間をカンマで区切っている汎用性の高い保存形式である．

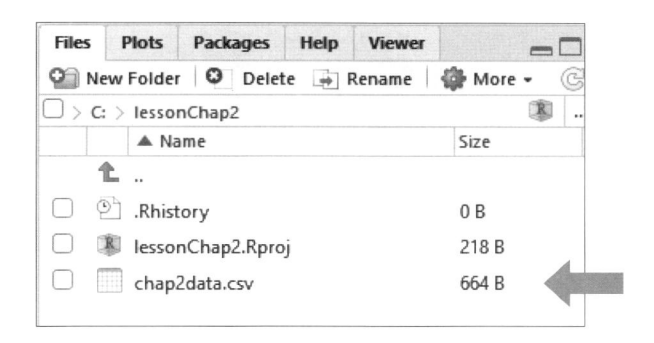

■ RStudio に CSV データを取り込む．
半角／全角キーで日本語入力をオフにして次のスクリプトをスクリプト画面に打ち込んでみよう．

```
(wd <- getwd())
x <- read.csv(paste0(wd,"/chap2data.csv"))
```

　getwd 関数は，現在の作業ディレクトリ（フォルダ）の所在地（パス）を得る．それを wd という名称のオブジェクト（wd という名称でなくてもよい）に代入する．（ ）でくくってあるのは，その実行結果が即時に得られるようにするためである．次の read.csv 関数は，CSV ファイルに格納されているデータを読み込む．その際に引数として，所在地を含めた形でファイル名を指定する．そのスクリプトが，paste0（wd,"/chap2data.csv"）である。paste0 は，引数にある文字列を結合するが，その際に結合箇所に空白をいれない関数である．上記のスクリプトを走らせることで，オブ

ジェクト名 x に，分析するデータが読み込まれる．この分析するデータが格納されている x はデータフレームと呼ばれる．ちなみに x はなんでもよく，mydata でも，seiseki でも好きな名前にしてよい．もちろん，日本語のオブジェクト名にしてもよい．その場合，あとで x はすべてその名前に置き換えて，作業をする．分析するデータに "x" という名前をつけるのは，著者の好みである．（x には未知のものという意味がある．）

「<」と「−」のキーの場所は，それぞれ L の左下，P の右上にある．それら 2 つを組み合わせて「<−」という表現ができる．「<−」の前後には，半角スペースをいれる癖をつけること．

注意することは，R は，大文字と小文字は別物に扱う点である．「(」や「"」もすべて英数字で打ちこむ．日本語だとうまくいかない．とくに，全角のスペースをいれないこと．

うまくいかなかったら，つづりを間違えていないか確認しよう．

ポイント：スクリプト画面で，「(」を入力すると，対になる「)」が自動的に打ち込まれる．また getwd や，read.csv のような関数は，最初の数文字（getw とか re）を入力して，Tab キーを押すと，その頭文字で始まる関数を選べるようになっている．示唆される関数パネルがでたら↓キーで選べば，スクリプト画面に入力される．試して，使いこなせると，とても便利である．

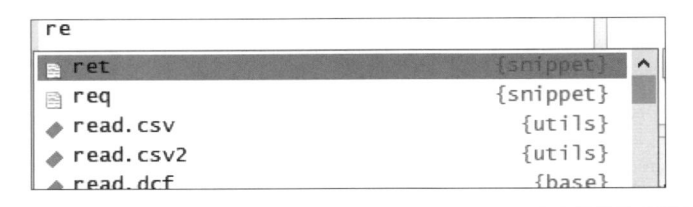

■ R の読みこまれたデータを確認

データがちゃんと x という名前のオブジェクトに入っているかを確認する．そのためのスクリプトはシンプルに x である．

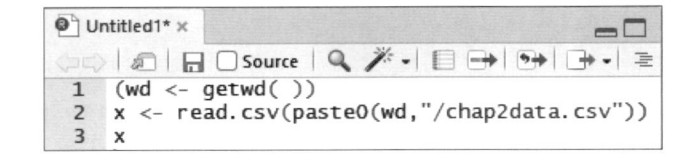

1行目のどこかにカーソルをおいて，Ctrl＋Enter で，1行目がコンソール画面にコピーされて実行される．自動的にカーソルは2行目に移る．また Ctrl＋Enter で，実行，3行目も同様に行おう．

うまくいくと次のようなコンソール画面になっているはずである．

```
Console C:/lessonChap2/
> (wd <- getwd( ))
[1] "C:/lessonChap2"
> x <- read.csv(paste0(wd,"/chap2data.csv"))
> x
        Namae Sex Kokugo Sugaku Eigo
1        Sato   m     64     48   78
2       Suzuki  m     51     65   62
3    Takahashi  m     57     78   68
4       Tanaka  m     38     62   42
5     Watanabe  f     43     78   57
6         Ito   f     52     73   53
7     Yamamoto  f     58     45   50
8     Nakamura  f     72     36   71
9    Kobayashi  f     65     48   59
10      Saito   m     53     58   35
11       Kato   f     30     55   53
12     Yoshida  f     56     72   49
13      Yamada  m     85     65   73
14      Sasaki  m     69     62   66
15   Yamaguchi  f     52     68   45
16   Matsumoto  f     55     52   63
17      Inoue   f     45     54   56
18      Kimura  m     61     32   88
19     Hayashi  m     43     57   43
20      Simizu  m     76     88   97
> |
```

ポイント：データの最初と最後の部分を見る

大きなデータを見るときに，すべてを表示すると大変だ．そこで，英語で，頭は head，しっぽは tail だ．x の頭としっぽ部分を見たいときには，x の頭部分を見せてという head(x) と，x のしっぽ部分を見せてという tail(x) を打ちこめばよい．試してほしい．

■ R の読みこまれたデータをさらに確認：str 関数

ここで，読みこまれたデータの構造（structure）を確認する．

スクリプト画面に, str(x) と打ちこみ Ctrl＋Enter で実行すると, 以下の答えがコンソールに返ってくる.

```
> str(x)
'data.frame':20 obs. of  5 variables:
 $ Namae:Factor w/ 20 levels "Hayashi"."Inoue",..:11 13 14 15 16 3 19 8 6 9...
 $ Sex  :Factor w/ 2 levels "f","m":2 2 2 2 1 1 1 1 1 2...
 $ Kokugo:int  64 51 57 38 43 52 58 72 65 53...
 $ Sugaku:int  48 65 78 62 78 73 45 36 48 58...
& Eigo :int  78 62 68 42 57 53 50 71 59 35...
>
```

この **data.frame 形式**という型は, 数値や文字, 因子などのデータをまとめたもの(object)だ. データのまとまりを, この形式の型で扱うことで, いろいろな統計的作業が便利になる.

20 obs. of 5 variables: で, 20 名のデータ, 5 つの変数からなっていることがわかる.

また Namae と Sex は Factor という因子の型でなっている.

Kokugo, Sugaku, Eigo は Int すなわち Integer という整数の型であることを示す.

■変数名とデータの数の確認：names 関数と nrow 関数と ncol 関数と dim 関数

x に入っているデータの変数名を確認したいときには, x にはいっている名前（name）を教えて, ということで, その複数形の names(x) と打ちこむ. また nrow(x), ncol(x), dim(x) と打ちこんで, 実行しよう.

```
> names(x)
[1] "Namae"  "Sex"     "Kokugo" "Sugaku" "Eigo"    <--------   変数名が出力
> nrow(x)                                                      された！
[1] 20
> ncol(x)
[1] 5
> dim(x)
[1] 20  5
```

20 人分のデータがあることがわかる. row は行という意味. **n**umber of **rows**（行の数は？）という質問である. col は column（列）の略の意味. **n**umber of **columns**（列の数は？）という質問である. dim は dimensions という次元を尋ねている関数なので, 20 行, 5 列というサイズがわかる.

さて変数名がわかったので, その中身を今度は変数名でたずねてみる. Namae の中身をたずねる試みをしてみよう.

```
> Namae
Error:object 'Namae' not found
>
```

エラーがでてきた．理由は，**学生名である Namae** は，x にしまわれているということを R に教えなかったからだ．「〜の」という言い方は $ マークを使う．ここで x の学生名を知るために，x$Namae という表記を使う．

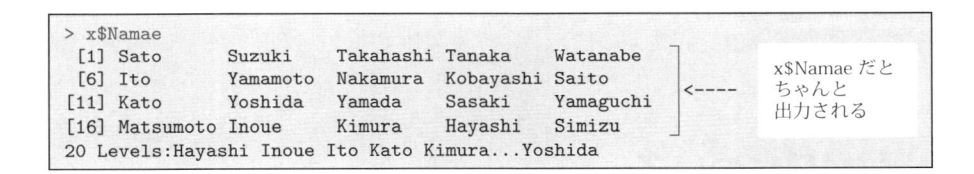

```
> x$Namae
 [1] Sato       Suzuki    Takahashi Tanaka    Watanabe
 [6] Ito        Yamamoto  Nakamura  Kobayashi Saito
[11] Kato       Yoshida   Yamada    Sasaki    Yamaguchi
[16] Matsumoto  Inoue     Kimura    Hayashi   Simizu
20 Levels:Hayashi Inoue Ito Kato Kimura...Yoshida
```
x$Namae だと
ちゃんと
出力される

コンソール画面を見てみよう．

同様に，Sex と Kokugo の変数の中身を見てみよう．

```
> x$Sex
 [1] m m m m f f f f f m f f m m f f f m m m
Levels:f m
> x$Kokugo
 [1] 64 51 57 38 43 52 58 72 65 53 30 56 85 69 52 55 45
[18] 61 43 76
```

各列，1 行目から 20 行目までのデータが表示される．

■データフレーム上の行と列の取り出し方法

さてデータフレーム x には，20 行 5 列のデータが入っている．さきほど x$ 変数名で列のデータを取り出したが，別な方法も知っておいてもらいたい．

具体例から説明する，たとえば，3 行目の 3 列目，すなわち Takahashi の Kokugo の得点を取り出したければ，x[3, 3] とする．また 3 行目の横に並んだデータをすべて取り出すなら，x[3,] と

する．カンマのあとは何もいれない．さらに3列目の縦に並んだデータ（Kokugo のデータ）をすべて取り出すなら，x[, 3] とする．カンマの前には何も入れない．実行した結果は次の通りである．

```
> x[3,3]
 [1] 57
> x[3, ]
      Namae Sex Kokugo Sugaku Eigo
3 Takahashi  m     57     78    68
> x[,3]
 [1] 64 51 57 38 43 52 58 72 65 53 30 56 85 69 52 55 45
[18] 61 43 76
```

このように，x[指定行の値，指定列の値] という角括弧でくくった形で，行や列の指定ができる．

1−3 欠損値について

　R では，欠損値（データ値がない部分：NA）のあるデータを扱う方法はいくつかあるが，実用的には以下の方法を勧めておく．

　Excel で，データを入力する場合には，そのセルは空白にしておく．オリジナルのデータなのできちんと保存する．

　欠損値があまりにも多い回答者のデータの利用はあきらめる．たとえば3分の1以上記入がない場合などである．また，回答があっても，すべて1とか5とかのように，明らかに回答がいい加減だと判断される場合は，その回答者のケースを削除する．

　欠損値については，最頻値（一番多く出てくる値のこと）を代入する（ほかにも代入する推定値は平均値などいろいろあるが，とりあえずこうしよう）．詳しくは，「高橋将宜，渡辺美智子　2017 『欠測データ処理：R による単一代入法と多重代入法』共立出版」を見てもらいたい．

　R では，最頻値を求める関数はないので，代わりに stem 関数（後述，p.37）を使って調べる．あるいは，Excel（Calc）上で，「＝mode（範囲）」で求める．あとは，表計算上で，欠損値のセルに，求めた最頻値をそれぞれ代入する．

　回答が不適切だったケースを削除して，欠損値を代入したデータは新しい名前で保存する．

　生のデータを自分の目でしっかりと見なおすためにも，これらの作業は自らの手作業でやっておくことが大事なことだろう．

アドバンス：Rに読みこんだデータに欠損値NAがある場合，データがそろっているケースのみをとり出して，新たなデータセットを作ることができる．欠損値NAがあるデータセット（xとする）から，NAのないデータセット（x2とする）を作るときは以下のようにする．

    x2 <- na.omit(x)

入力ミスの外れ値を見るためには，下のインデックスプロットを描く例を使うとよい．

    plot(x$Eigo,type="h")

もし，桁数が違うほど極端に大きな値や小さな値を間違えて入力していれば，出力されたインデックスプロットで気づくだろう．

1-4 合計得点を出す

　次に，Kokugo，Sugaku，Eigoの合計得点を「Goukei」という変数名として算出し，xのデータフレームに追加しよう．

　具体的には，Goukeiという変数名を名づけたオブジェクトを，xのデータフレームのなかにつくることにする．そこに，KokugoとSugakuとEigoを足し合わせたものをいれる作業を行なう．

```
x$Goukei <- x$Kokugo + x$Sugaku + x$Eigo
```

注意 + < はすべて半角の英数字である．スペースも日本語の全角文字は避ける．また変数はすべてxのなかにあるので，**x$変数名**にすること．

　合計得点を算出するには，**x$Goukei**と打ちこみ，続けて<-のあとに上記の計算式を打ちこむ．

　その後，xのなかにGoukeiが含まれているかを，xの頭の部分をhead関数で確認してみよう．コンソールでは，下のようになっているだろう．

```
> x$Goukei <- x$Kokugo + x$Sugaku + x$Eigo
> head(x)
     Namae Sex Kokugo Sugaku Eigo Goukei
1     Sato   m     64     48   78    190
2   Suzuki   m     51     65   62    178
3 Takahashi  m     57     78   68    203
4   Tanaka   m     38     62   42    142
5 Watanabe   f     43     78   57    178
6      Ito   f     52     73   53    178
```

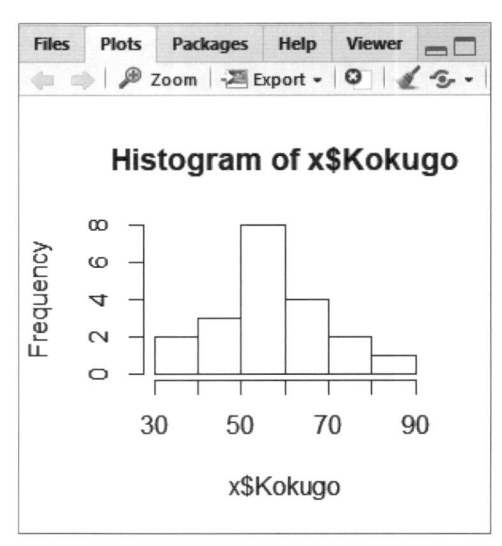

Section 2 R でグラフや図を描いてみる

2–1 ヒストグラム：hist 関数

　まず，データの特徴を捉えるために，得点分布を**ヒストグラム**で描いてみよう．ヒストグラム **hist**ogram の最初の 4 文字，hist 関数でグラフが描ける．最初に Kokugo のヒストグラムを描く．hist（x$Kokugo）とスクリプト画面に打ちこんで，Ctrl＋Enter で実行する．

```
> hist(x$Kokugo)
```

　コンソール画面上ではなにも起きていないように見えるが，RStudio の右下のパネルの「Plots」に図が表示される．なお hist 関数では，特に指定をしなければ階級幅については，自動的に適切だと思われる幅を計算してくれる．

　Zoom アイコンをクリックすると，拡大された図が別のパネルとして表示される．また Export アイコンでは，ファイルとして図を保存したり，ワードなどに張り付けられるように，クリップボードにコピーできる．

同様に, 以下をスクリプト画面に打ちこんで Ctrl+Enter で実行し, ヒストグラムを描いてみよう.

```
hist(x$Sugaku)
hist(x$Eigo)
```

それぞれのグラフが順に Plots パネルに描かれる
だろう. 先に描いた図を戻って見たければ, アイコ
ンの矢印をクリックすればよい.

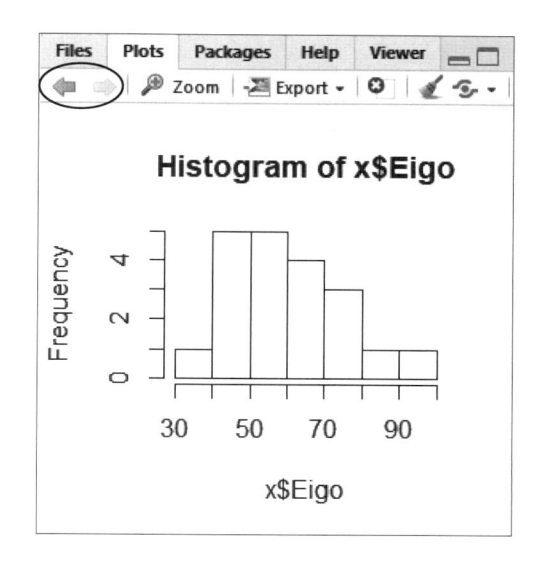

■アドバンス

複数のグラフを 1 枚の画面に出力してみよう.

```
par(mfrow=c(1,3))
```

とすると, 横に 3 つ連続してグラフが表示される設定になる.
以下のように打ちこんでみよう.

```
par(mfrow=c(1,3))
hist(x$Kokugo)
hist(x$Sugaku)
hist(x$Eigo)
```

図が描かれたあとには，以下を必ず打ちこんで実行して，グラフを1つだけ表示するようにグラフ表示の設定を戻しておくこと．

```
par(mfrow=c(1,1))
```

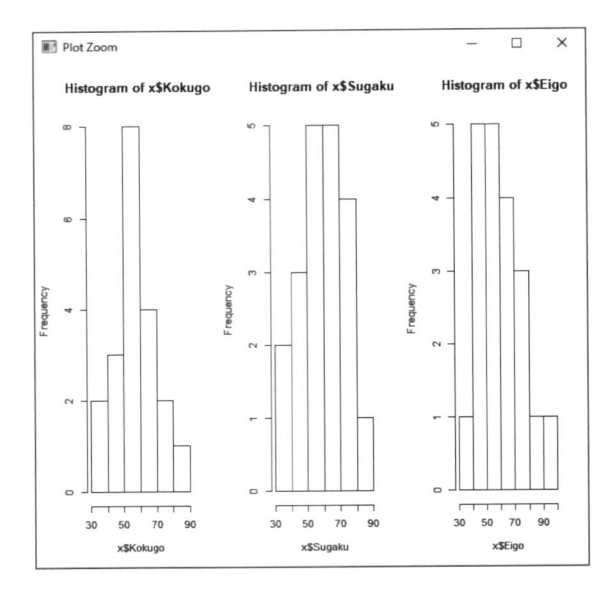

2-2　箱ひげ図：boxplot 関数

　別な見方で，データの特徴を捉えるために，**ボックスプロット（箱ひげ図）** boxplot を描いてみよう．

　boxplot(x$Kokugo) を実行してみよう．

　箱ひげ図の見方は以下のとおり．

　上の横線：（原則）最大値

　箱の上側，75％点

　箱の中の太い横線，中央値（注意：平均値ではない）

　箱の下側，25％点

　下の横線：（原則）最小値

　（他に，外れ値が表示されることがある）

　さて，

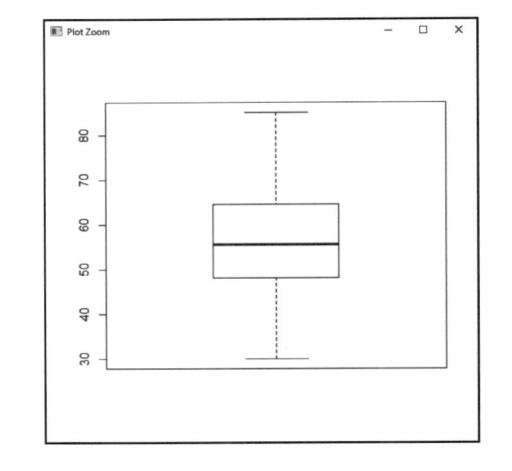

```
boxplot(x$Kokugo ~ x$Sex)
```

とスクリプトに書き込んで実行してみよう．

上のようにチルダ記号を使う引数を指定すれば，性別ごとの国語の点数が，左図のように表示される．

ここで，x$Kokugo と，x$Sex というように，くりかえし x$ 変数名というのが煩わしいと思うことがあるだろう．その時には，with 関数を使うとよい．

```
with(data=x, boxplot(Kokugo ~ Sex))
```

data＝の部分は下のように省略することもできる．

```
with(x, boxplot(Kokugo ~ Sex))
```

あるいは

```
boxplot(Kokugo ~ Sex, data =x)
```

としてもよい。

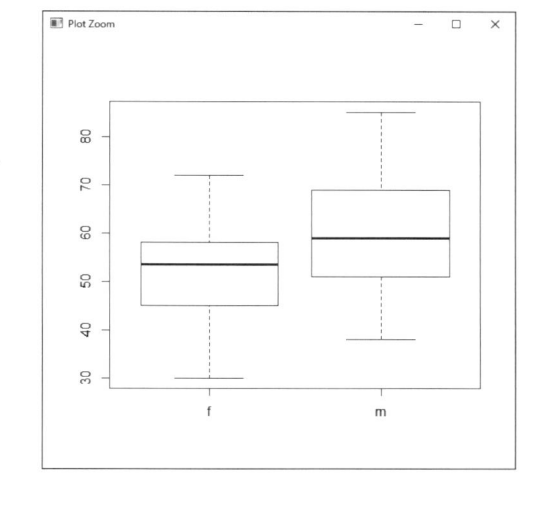

次に，Kokugo，Sugaku，Eigo を並べて表示させてみよう．

x[,3:5] は，x のデータフレームの中の 3 列目から 5 列目を指している．

```
boxplot(x[,3:5])
```

> **ポイント**：~（チルダ記号）は，右上の＝キーの右隣にある．シフトキーを押しながらおす．

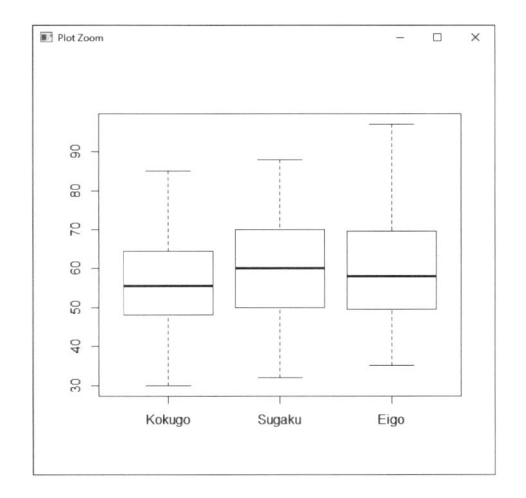

stem 関数

stem 関数を使ってみよう．幹葉図がコンソール上に出力される．stem(x$Kokugo)で試してほしい．Kokugo の得点と照らし合わせて，グラフの意味を考えよう．

Section 3 代表値と散布度の算出

3-1 代表値と散布度の指標の概略と特徴

統計的な指標として，よく利用されるものをまとめると，下のようになる.

尺度の水準	統計的な指標	概略および特徴
代表値		
名義尺度以上	**最頻値**（mode：モード）	最も多い度数を示す測定値（データ）の値
順序尺度以上	**中央値**（median：メディアン）	データを順番に並べた時の真ん中の測定値の値
間隔尺度以上	**（算術）平均**（mean）	個々の測定値の和を測定値の個数で割った値
散布度		
名義尺度以上	**平均情報量**	エントロピーともいう 総度数と各カテゴリー度数との比較
順序尺度以上	**範囲**（range：レンジ）	最も大きい測定値と最も小さい測定値の差
	四分位偏差	中央値とともに用いられる．第1四分位点と第3四分位点の差である四分位範囲の1/2
間隔尺度以上	**分散**（variance）	測定値の平均からの偏差の2乗を平均したもの
	標準偏差（standard deviation）	分散の平方根をとったもの．SDとも表記される
分布の形状		
間隔尺度以上	**尖度**（kurtosis）	分布のとがり具合，すそ野の広がり具合を表す．0を基準として，正の値（＋）⇒ 尖った分布
	歪度（skewness）	分布の非対称性（ゆがみ），分布の中心の偏りを表す．分布が左に偏って分布→正の値，右に偏って分布→負の値

3-2 代表値の算出

Kokugo，Sugaku，Eigo，Goukei の**代表値**を算出する．

■平均値，中央値，最大値，最小値，四分位偏差の算出：summary 関数

扱っているデータの要約ということで，英語での summary という言葉を使う．いま扱っているデータフレームの名前は x なので，summary(x) である．小文字だということを忘れずに．

```
> summary(x)
      Namae        Sex         Kokugo          Sugaku          Eigo           Goukei
 Hayashi   : 1   f:10   Min.   :30.00   Min.   :32.0   Min.   :35.00   Min.   :138.0
 Inoue     : 1   m:10   1st Qu.:49.50   1st Qu.:51.0   1st Qu.:49.75   1st Qu.:154.5
 Ito       : 1          Median :55.50   Median :60.0   Median :58.00   Median :177.5
 Kato      : 1          Mean   :56.25   Mean   :59.8   Mean   :60.40   Mean   :176.4
 Kimura    : 1          3rd Qu.:64.25   3rd Qu.:69.0   3rd Qu.:68.75   3rd Qu.:183.2
 Kobayashi: 1           Max.   :85.00   Max.   :88.0   Max.   :97.00   Max.   :261.0
 (Other)  :14
```

Namae は 6 名の名前とほかに 14 名がいることがわかる．

Sex は，f（女性）が 10 名．m（男性）が 10 名．ほかの意味は以下のとおりである．

Min.　最小値	1st Qu.　第 1 四分位
Median　中央値	Mean　平均値
3rd Qu.　第 3 四分位	Max.　最大値

■個々の変数の代表値を求める：mean 関数と median 関数

平均値は英語で mean である．()の中に求めたい変数名を入れると，平均値が出る．また中央値を求めるのは，median()である．同じように出してみよう．そして最小値を求めるのは min()，最大値を求めるのは max()である．()内に変数名を入れて試してみよう．

```
> mean(x$Goukei)
[1] 176.45
> median(x$Goukei)
[1] 177.5
> min(x$Goukei)
[1] 138
> max(x$Goukei)
[1] 261
```

3-3 散布度の算出

Kokugo, Sugaku, Eigo, Goukei の**散布度**を算出する.

散布度には, レンジ（range）と, 四分位偏差（quantile deviation）と, 分散（variance）と標準偏差（standard deviation）がある.

■レンジの求め方：range 関数と diff 関数

```
> range(x$Sugaku)
[1] 32 88
```

これで最小値と最大値が返ってくる. 数学の得点の最小値は 32, 最大値は 88 であった.

最大値と最小値の差 **diff**erence を求めるには,（最初の 4 文字の）diff 関数で求めることができる.

```
> diff(range(x$Sugaku))
[1]56
```

数学のレンジは, 56 であった. 同様に, Kokugo, Eigo, Goukei のレンジを求めてみるとよい.

■四分位数：quantile 関数

四分位数 quantile を求める関数は, quantile 関数である.

例は with 関数を使ってのスクリプトで, 右のとおりである.

ここでは 0％は最小値, 25％は第 1 四分位, 50％は第 2 四分位, 75％は第 3 四分位, 100％は最大値を示している.

```
> with(x, quantile(Kokugo))
    0%   25%   50%   75%  100%
30.00 49.50 55.50 64.25 85.00
> with(x, quantile(Sugaku))
  0%  25%  50%  75% 100%
  32   51   60   69   88
> with(x, quantile(Eigo))
    0%   25%   50%   75%  100%
35.00 49.75 58.00 68.75 97.00
> with(x, quantile(Goukei))
     0%    25%    50%    75%   100%
138.00 154.50 177.50 183.25 261.00
```

■四分位範囲を求める関数：IQR 関数

ここで, 第 3 四分位と第 2 四分位の差でもって, 散らばり具合の指標とすることがある. これは IQR（x$Kokugo）範囲（interquartile range：IQR）と呼ばれているので, IQR 関数で, その値が計算される.

注意 IQR は大文字である.

そして，その 2 分の 1 が 4 分位偏差である.

```
> IQR(x$Kokugo)
[1] 14.75
> IQR(x$Kokugo)/2
[1] 7.375
```

■分散 variance と標準偏差 standard deviation

同じように，頭文字をとった var 関数と sd 関数で求められる.

```
> with(x, var(Goukei))
[1] 872.3658
> with(x, sd(Goukei))
[1] 29.53584
```

メモ：ここで計算されているのは不偏分散と不偏標準偏差である.

3-4 describe 関数の利用

■ psych パッケージの読み込みと describe 関数

基礎統計量をシンプルに算出する関数が psych パッケージにある describe 関数である．パッケージとは R の基本となるコマンドと関数以外が収容されており，多くのパッケージが開発されている．追加のパッケージを読み込むには，library 関数を用いる．（下，psych パッケージがすでにインストールされている時は 1 行目は不要）

```
install. packages("psych")
library(psych)
```

上記のスクリプトの場合，psych パッケージを読み込むことで，基本統計量を算出する describe 関数が利用可能となる．一度，読み込めば，その時の作業中には再度読み込む必要はない．しかし，いったん R project を終了して，ふたたびスクリプトを走らせるときには，必ずもう一度読み込ま

なければならない.

パッケージの追加については付録「パッケージの追加」（p.278）を参照.

Kokugo, Sugaku, Eigo, Goukei の基礎統計量を describe を利用して算出してみよう. これらはデータフレーム x の 3 列目から 6 列目の変数である.

```
> library(psych)
> describe(x[ ,3:6])
       vars  n    mean     sd median trimmed   mad min max range  skew kurtosis   se
Kokugo    1 20   56.25  13.31   55.5   56.00 13.34  30  85    55  0.17    -0.45 2.98
Sugaku    2 20   59.80  14.29   60.0   60.12 14.83  32  88    56 -0.05    -0.69 3.19
Eigo      3 20   60.40  15.70   58.0   59.12 14.08  35  97    62  0.57    -0.35 3.51
Goukei    4 20  176.45  29.54  177.5  172.81 23.72 138 261   123  1.06     1.12 6.60
```

上記のように，基礎統計量が算出される. n はデータ数，mean は平均値，sd は標準偏差，median は中央値，min は最小値，max は最大値，range はレンジ，skew は歪度，kurtosis は尖度である（trimmed, mad, se はとりあえず無視してよい）.

describe の（ ）内（x[,3：6]）をみてほしい.

ここでは，x のデータフレームの中の扱うものを細かく指定している.

| データセット名［行の指定（指定がなければすべての行），列の指定（データセットにある変数の指定）] |

カンマ「,」のまえに何も書いていないので，これはすべての行（ケース）を使うということを意味する. カンマ「,」のあとには，3：6 と書いている. コロン記号を用いて，3 列目から 6 列目にある変数を使うということを意味する（以下のように，c(3, 4, 5, 6) と書いてもよいし，変数名を「" "」にいれて指定してもよい）.

```
describe(x[,c(3,4,5,6)])
describe(x[,c("Kokugo","Sugaku","Eigo","Goukei")])
```

■男女別の基礎統計量の算出― describeBy 関数の利用

データフレーム x には，Sex の変数（x$Sex）に，男性か，女性かのデータが格納されている. これを用いて，男女別に基礎統計量を算出できる.（これも psych パッケージ内の関数なので，psych パッケージを読み込んでおくことが必要である.）

```
> describeBy(x[ ,3:6],group=x$Sex)

 Descriptive statistics by group
group: f
       vars  n   mean     sd median  trimmed   mad min max range  skew kurtosis    se
Kokugo    1 10   52.8  11.73   53.5    53.25  9.64  30  72    42 -0.26    -0.66 3.71
Sugaku    2 10   58.1  13.88   54.5    58.38 17.05  36  78    42  0.02    -1.57 4.39
Eigo      3 10   55.6   7.50   54.5    55.00  6.67  45  71    26  0.57    -0.63 2.37
Goukei    4 10  166.5  13.75  171.0   168.50 10.38 138 179    41 -0.80    -0.81 4.35
-----------------------------------------------------------------
group: m
       vars  n   mean     sd median  trimmed   mad min max range  skew kurtosis    se
Kokugo    1 10   59.7  14.49   59.0    59.25 13.34  38  85    47  0.18    -1.20 4.58
Sugaku    2 10   61.5  15.22   62.0    61.88  6.67  32  88    56 -0.14    -0.47 4.81
Eigo      3 10   65.2  20.32   67.0    65.00 23.72  35  97    62 -0.05    -1.42 6.43
Goukei    4 10  186.4  37.85  185.5   182.62 40.77 142 261   119  0.43    -0.91 11.97
```

　上記を見てわかるように，最初に，女性の f の基礎統計量，次に，男性 m の基礎統計量が出力される．（group＝を省略して，describeBy（x［,3:6］, x$Sex）でもよい.）

■データフレームの男女別での分割

　describeBy 関数を使わず，男女別での基礎統計量を求めたいときには，x のデータフレームを男性のみのデータフレームと，女性だけのデータフレームに分割して作業していく.

　ここでは，女性のデータフレームを x.female とし，男性のデータフレームを x.male として，それらを x から作りだす．具体的には，行を指定することで，新しいデータフレームを作成する.

> 新しく作るデータフレーム　<- 分割する前のデータフレームの名前［条件式,］

条件式は以下のようになる.

　女性だけを選ぶ条件式は　x$Sex ＝＝ "f"　（ここでは，＝＝（イコールが 2 回必要）である）

　男性だけを選ぶ条件式は　x$Sex ＝＝ "m"

　なお,「＝＝」以外の論理演算子は，等しくないことを示す「！＝」や, 大小関係を比較する「＞」や「＜」. そして，「＞＝」や「＜＝」などがある．（表記は全角で見やすく表示しているが，半角文字である.）

```
x.female <- x[x$Sex =="f",]
describe(x.female[,3:6])
x.male <- x[x$Sex == "m",]
describe(x.male[,3:6])
```

R script と作業結果の保存

4−1 R script の確認

　スクリプトにエラーがないときには，スクリプトと実行された結果を一つのファイルにして保存することができる.

　スクリプト画面で，Ctrl＋A をおしてみよう. スクリプト画面のすべての行が選択される. 次に，Ctrl＋Enter で実行すると，コンソール画面ですべての行が実行される. 実行されたスクリプトにエラーがないことを確認し，必要ならば，スクリプトを修正する.

4−2 レポートの作成・保存

スクリプト画面の真ん中のあるノートの形をしたアイコンをクリックしよう.

スクリプトを書いたファイル名を付けるように促される.

　仮に，chap2 と名付けて，保存しよう.

保存が完了すると，左下のパネルがでてくるので，| Compile |をクリックする．

問題なくコンパイルされると，右下のように作業スクリプトと結果が表示されるウィンドウが現れる．

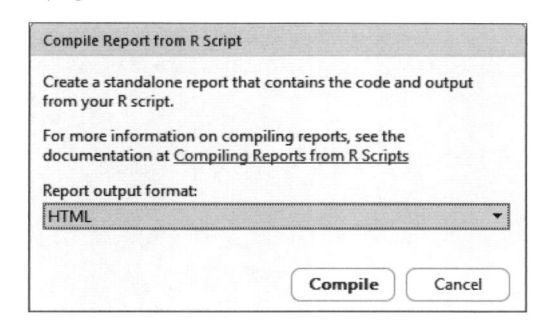

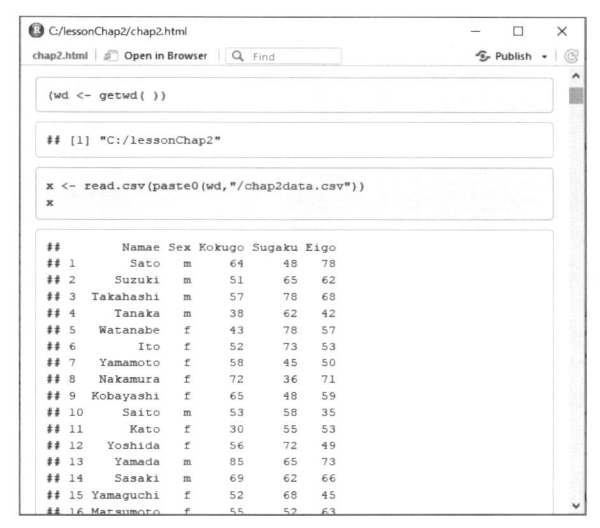

　右のファイル画面を見てもらいたい．スクリプトが保存された chap2.R と作業結果が保存された chap2.html が追加されているのがわかる．chap2.html を左クリックして，「View in Web Browser」を選んで，ブラウザーで表示させることもできるし，印刷することもできる．Browser 上の画面はそのままコピーして，word 等にはりつけることもできる．

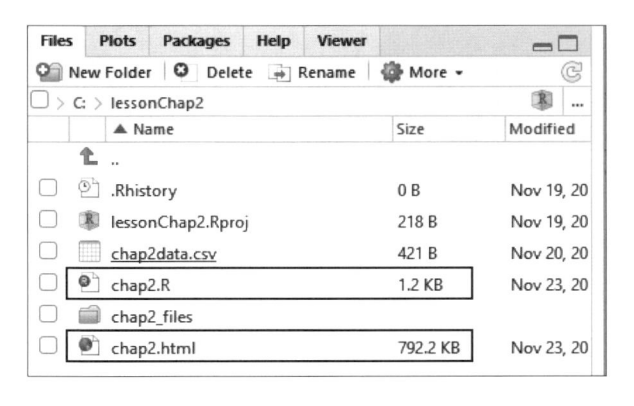

ワードにはりつけた後に，タイトルなどをつけ加えたければ，テキストボックスを挿入すればよい．なお，表のタイトルは上部，図のタイトルは下部に書くという一般的ルールがある．覚えておいてほしい．

■結果の記録について

必要ならば，保存した実行記録の中でコピーしたい部分を選択・コピーして，他のソフトにはりつけよう．

お勧めは，自分の手を使って，ノートに記録していくことである．自らの体を動かして，ノートに書きこむなかで，じっくりと数字の意味を考えることができ，その意味をより理解することができるようになる．

その上で，表計算ソフトに改めて数字を打ちこみ直しながら，表を作成するとさらに，実感をもって何をしているかがわかってくるようになるだろう．

■小数点以下の桁数の記載について

小数点以下どれぐらいまでを記載するかについては，大まかには以下のように捉えておいてほしい．基本的には小数点以下第3位を四捨五入して，第2位までを記録しておけばよい．

有意水準の値については，5％水準と1％水準は，p 値が .05 あるいは .01 以下のことなので，同じように小数点以下第3位を四捨五入することにする．0.1％水準は，p 値が .001 以下ということになるが小数点以下第4位には誤差が多く含まれることがあるので第4位を切り捨てて考えてよいだろう．詳しくは「有効数字」というキーワードを調べてほしい．

■推薦 URL

● R の使い方についてわかりやすくまとめている「R–Tips」というサイトがある．作者は舟尾暢男氏である．ぜひ覗いてほしい．
http://cse.naro.affrc.go.jp/takezawa/r-tips/r2.html

4-3 RStudio の振り返り

RStudio の使い方は一通りわかっただろうか．ここで，振り返ってまとめてみるので，下の図を見て復習してもらいたい．

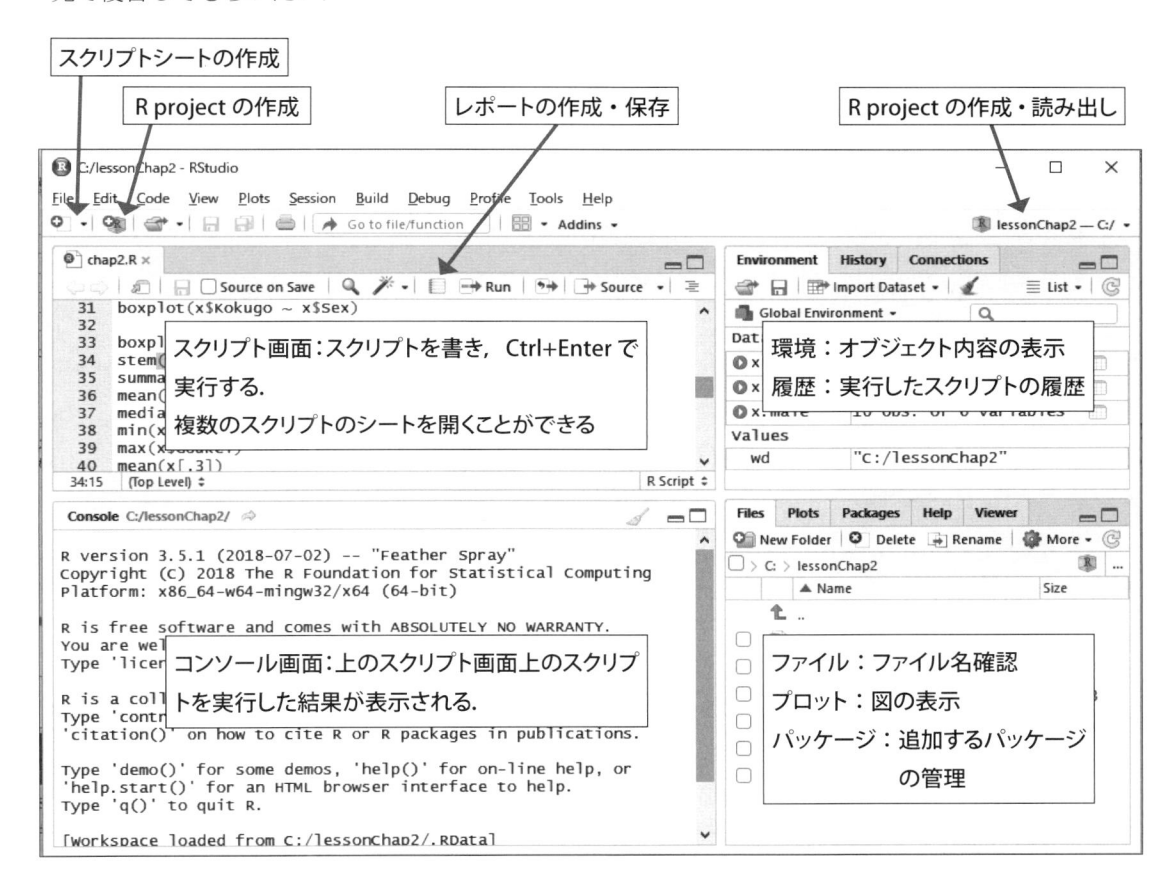

演習問題

第2章

次のデータがあったとする.

7, 7, 4, 8, 6, 4, 3, 5, 4, 4, 6, 2, 5, 6, 5, 2, 7, 4, 6, 4

このデータを a というオブジェクトに代入してから，平均値と標準偏差を R で算出せよ.

```
> a <- c(7,7,4,8,6,4,3,5,4,4,6,2,5,6,5,2,7,4,6,4)
> library(psych)
> describe(a)
   vars  n mean   sd median trimmed  mad min max range  skew kurtosis   se
X1    1 20 4.95 1.67      5       5 1.48   2   8     6 -0.05    -0.97 0.37
```

演習問題 解答

平均値は 4.95，標準偏差は 1.67 である.

スクリプト画面上で，日本語のメモを付け加えよう.

メモは # マーク以降がメモであり，そのメモは実行されない.

今の時点では，英数字しか入力できないので，フォントの種類を日本語に変える必要がある.

メニューの「Tools」→「Global Options」を選択すると，右のパネルがでる. 左欄の「Appearance」を選択しよう. Editor font の部分で，「MS 明朝」（ほかの日本語フォントでもよい）を選択する. 右下の「OK」をクリックして終えよう.

これで，下記のように，# 記号のあとに日本語メモを残せる.

```
a <- c(7,7,4,8,6,4,3,5,4,4,6,2,5,6,5,2,7,4,6,4)
library(psych)    #すでに読み込んでいたら不要.
describe(a)
```

第 **3** 章

相関と相関係数

変数間の関連と散布図

　研究において，変数間の関係について検討することがよくある．ここではその関連を示す方法を学んでいこう．

1-1 クロス表（分割表）

　クロス表は，データが**名義尺度以上**の場合によく用いられる．2つ以上の独立変数を組み合わせて表を作成して従属変数を表の中に記入したり，独立変数ごとの複数の反応カテゴリーを組み合わせて各度数を記入したりすることが多い．

■クロス表のフォーマット

		独立変数				
		a	b	c	…	計（横の総和）
独立変数	a	n_{aa}	n_{ab}	n_{ac}	…	$n_{a \cdot}$
	b	n_{ba}	n_{bb}	n_{bc}	…	$n_{b \cdot}$
	c	n_{ca}	n_{cb}	n_{cc}	…	$n_{c \cdot}$
	·	·	·	·	·	·
	·	·	·	·	·	·
	·	·	·	·	·	·
計（縦の総和）		$n_{\cdot a}$	$n_{\cdot b}$	$n_{\cdot c}$		計（縦横の総和）

周辺度数

例：性別と意見への賛成・反対ごとの人数

性別	意見		合計
	賛成	反対	
男	30	20	50
女	10	40	50
合計	40	60	100

1-2 散布図

第2章での国語と英語のデータから，細かい段階のクロス表をつくると，次のようになる．このクロス表の段階をさらに細かくし，図にしたものが散布図である．

英語の点数		20以下	21~30	31~40	41~50	51~60	61~70	71~80	81~90	91~100
	91~100								1	
	81~90						1			
	71~80						1	1	1	
	61~70					3	1			
	51~60		1		2	1	1			
	41~50			1	1	3				
	31~40					1				
	21~30									
	20以下									
		20以下	21~30	31~40	41~50	51~60	61~70	71~80	81~90	91~100
		国語の点数								

データが順序尺度以上の場合には，散布図としてデータを図に表すと，データどうしの関係がよくわかる．

基本的には，2つの変数を縦軸と横軸にして，各測定値をその交点にプロットする．

■ lessonChap2 のプロジェクト

本章では，第2章のデータをひき続き用いて，分析をしていく．RStudio を立ち上げると，自動的に最後のプロジェクト，この場合 lessonChap2 のプロジェクトが開くはずである．そうでない場合には，右端のアイコン（p.47）をクリックして，lessonChap2 のプロジェクトを選ぼう．

1-3 散布図を描く

● Kokugo と Eigo の得点の散布図を描く：plot 関数

・グラフを描くという英語は，plot なので，その言葉をそのまま使った plot 関数を用いる.

plot （X 軸に置きたい変数，Y 軸に置きたい変数）

あるいは

plot （Y 軸に置きたい変数 ~ X 軸に置きたい変数）

```
with(data=x, plot(Eigo, Kokugo))
```

スクリプト画面に，上記スクリプトを書き，実行すると，散布図は次のようになる.

（右図は Zoom で大きくした表示）

おなじように，Kokugo と Sugaku，Eigo と Sugaku の散布図を描いてみよう.

with（x, plot（Kokugo, Sugaku））

with（x, plot（Eigo, Sugaku））

■組み合わせた散布図：pairs.panels 関数

Kokugo と Sugaku と Eigo，それぞれの組み合わせ（ペア）の散布図を描く. psych パッケージにある，pairs.panels 関数を使う.

カッコ内には，Kokugo と Sugaku と Eigo がおさめられている x のデータフレームの 3 列目から 5 列目までを指定する. pairs.panels（x[, 3：5]）である★.

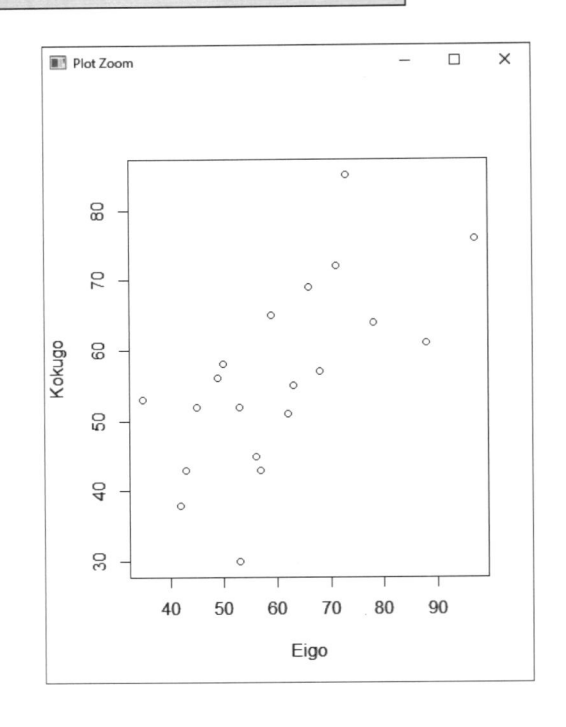

```
names(x)
library(psych)
pairs.panels(x[, 3:5])
```

下の式でもよい．右図は下の出力である．

pairs.panels（x[,c（"Kokugo"，"Sugaku"，"Eigo"）]）

見方は，先ほどの個別に出した散布図と照らし合わせて，考えてほしい．

★ pairs.panels（x[, 3 : 5]）で［ ］内の「,」の前に何も指定しないことで，すべてのケースを用いている．この場合は，Kokugo, Sugaku, Eigo の順で散布図行列が描かれる（p.42を参照）．

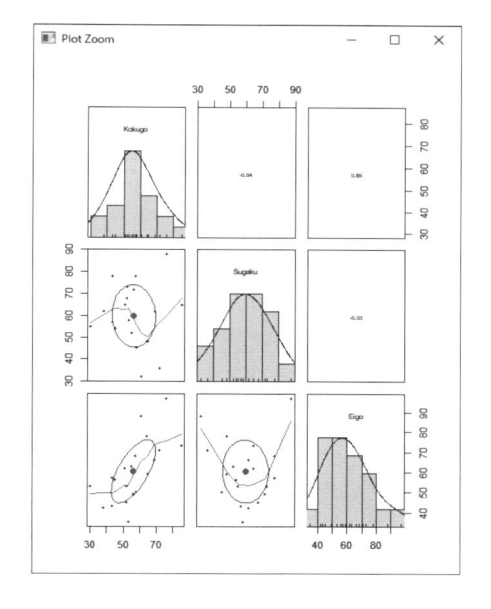

1-4 男女別に散布図を描く

男女別に散布図を描きたい場合は，データフレームを男性だけのデータフレームと女性だけのデータフレームに分割して，それらを用いて散布図を描く．x.male と x.female というデータセットを前に作った．そのデータフレームも活用しよう．

男性の Kokugo と Eigo の散布図のスクリプトは以下のとおり．

```
with(data=x.male, plot(Eigo, Kokugo))
```

2-1 相関のとらえかた

　上記の散布図で視覚的に表現した2つの変数の関連性（相関）を，統計的な指標で表現したものが**相関係数**である．通常，相関係数は−1から＋1の間の値をとる．

〈正の相関関係〉

Xの値が増加するにつれて
Yの値も増加する

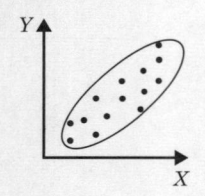

散布図は右上がりの傾向を示す．

〈負の相関関係〉

Xの値が増加するにつれて
Yの値は減少する

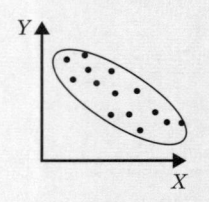

散布図は右下がりの傾向を示す．

〈曲線相関〉

XとYに直線的な関係はないが，
一定の関係がある

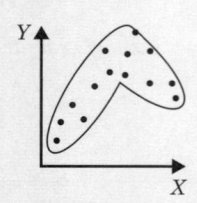

たとえば，授業の**難易度**（X）と**動機づけの高さ**（Y）の間の相関を算出するような場合を考えてみる．授業が簡単すぎても難しすぎても動機づけは低くなるので，難易度が適度なところで動機づけは最も高まると予想される．

〈無相関〉

XとYの間には
何の関係も認められない

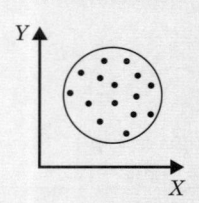

散布図は円に近くなる．
もしくは一様に分布する．

一般的には，以下のように判断することが多い．

.00 〜± .20	ほとんど相関がない（.00 は無相関）
± .20 〜± .40	低い（弱い）相関がある
± .40 〜± .70	かなり（比較的強い）相関がある
± .70 〜± 1.00	高い（強い）相関がある （＋1.00 は完全な正の相関，−1.00 は完全な負の相関）

　ただし，この表はあくまでも一般的なものであり，相関係数の大きさの評価は，**それが何を検討するために，また何を目的として用いられているのか**で異なってくる．なお相関係数を効果量としてとらえた場合には，±.10 〜±.30 を「小さな効果」，±.30 〜±.50 を「中程度の効果」，±.50 〜±1.00 を「大きな効果」と考える場合もある．

　相関係数と関連して，**無相関検定（相関の有意性検定）** とよばれる検定がある．

- 無相関検定は，そのデータで得られた相関係数が母集団でも意味のある相関係数として判断してもよいのかについて調べるために行なう．
- 「母集団では相関関係が認められない」という帰無仮説を設定し，その帰無仮説が棄却されれば母集団でも相関が認められると判断する（論文では「相関が有意であった」と記述する）．
- 5% 水準で有意（$^{*}p<.05$），1% 水準で有意（$^{**}p<.01$），0.1% 水準で有意（$^{***}p<.001$）という基準で判断されることが多い★．

★ $p<.05$ と表記するが，慣習として .05「以下」を意味することが多い．一方，この表記に従って，5%水準を厳格に .05 未満とする立場もある（p.17）．

■相関の種類

　一般的によく使われる相関係数の正式名称は**ピアソンの積率相関係数**である．ピアソンの積率相関係数は，間隔尺度以上の尺度水準で得られたデータに対して適用することができる．通常「相関係数」という時は，ピアソンの積率相関係数を指す．

　この他にも相関係数にはいくつかの種類がある．

《相関係数の種類と適用条件》

	相関係数の名称	値の範囲	適用可能な尺度の水準	適用する場合の条件など
2 変数間の相関関係	独立係数 （定性相関係数）	$0 \sim +1$	名義尺度	
	f係数（ファイ） （点相関係数）	$-1 \sim +1$	名義尺度・順序尺度	2 変数とも 2 つの値をとる 離散変量
	スピアマンの 順位相関係数	$-1 \sim +1$	順序尺度	
	ケンドールの 順位相関係数	$-1 \sim +1$	順序尺度	
	四分相関係数	$-1 \sim +1$	間隔尺度以上	2 変数とも正規分布に従う 2 変数は直線的に回帰 2 変数とも分割点の上下の 度数しか情報がない
	点双列相関係数	$-1 \sim +1$	1 変数(X) は 名義尺度・順序尺度 1 変数(Y) は間隔尺度以上	X は 2 つの値の離散変量 Y は正規分布に従う
	双列相関係数	$-1 \sim +1$	間隔尺度以上	2 変数とも正規分布に従う 2 変数は直線的に回帰 1 変数は分割点の上下の 度数しか情報がない
	ピアソンの 積率相関係数	$-1 \sim +1$	間隔尺度以上	2 変数とも正規分布に従う 2 変数は直線的に回帰
	相関比	$0 \sim +1$	1 変数(X) は どの尺度水準でもよい 1 変数(Y) は間隔尺度以上	X のそれぞれに対応する Y はそれぞれ正規分布に従う 2 変数間が曲線的回帰
3 変数以上の相関関係	一致係数	$0 \sim +1$	順序尺度	
	重相関係数	$0 \sim +1$	間隔尺度以上	多変量正規分布に従う 直線的な回帰を示す
	偏相関係数	$-1 \sim +1$	間隔尺度以上	多変量正規分布に従う 直線的な回帰を示す

（岩淵 [1]，1997 を改変）

2−2 相関係数を用いる際の注意点

（1）相関関係と因果関係は違う

- 相関係数の値が大きくても，因果関係があるとは必ずしもいえない.
- 因果関係を仮定するための条件については，第7章の **1–3 多変量解析を使用する際の注意点**（p.133）を参照してほしい.

（2）「外れ値」の影響

- ピアソンの積率相関係数は平均や標準偏差を用いて算出される（データの分布の仕方が影響する）ため，**データに外れ値が存在していると，その影響を受けやすい**.
- この傾向はデータ数が少ないほど大きくなる.
- データに外れ値が存在している場合には，外れ値を除いて相関係数を算出するか，順位相関係数を用いるようにする.

（3）数倍大きいとは言えない

- 相関係数は間隔尺度や比率尺度の数値ではない. したがって，たとえば，「AとBの相関係数（＝.60）はAとC（＝.30）の2倍大きい」とはいえない.

（4）検討する仮説に応じて適切にデータ収集を行なうことが必要

- データの選び方によって相関係数の数値や方向性（＋−）に異なった傾向が生じる場合がある.
  例1：男女で相関の±が異なる場合，男女を合わせて相関係数を算出すると無相関に近づく（群ごとの相関を**分割相関**，もしくは**層別相関**という）.
  例2：入学前の成績と入学後の成績は本来正の相関を示すのだが，入学しなかった者（入学前に成績が低い者）のデータがないために，相関係数が低くなる（**切断効果**という）.

（5）平均の違いを反映しない

- 相関係数を算出する際，数値を**標準得点に変換**（平均を0，分散を1となるように変換）する. したがって，平均が0のデータすべてに100を足して，平均を100にしても相関係数は変わらない.

(6) 疑似相関と偏相関係数

- 第3の変数の影響があることによって，2つの変数間の相関係数が見かけ以上に大きくなることがある．これを**疑似相関**という．このような場合には，第3の変数の影響を除いた相関係数である，「**偏相関係数**」を算出してみるとよい．
  例：児童から成人までを含んだデータで，身長と体重の相関係数を算出すると非常に大きな値になる．これは年齢にともなって身長と体重が増加するためである．年齢という第3の変数の影響を除き，身長と体重の偏相関係数を算出すると，相関係数はやや低くなる．

(7) 無相関検定の注意点

- 無相関検定はあくまでも「2変数間に直線的関係が存在するか否か」を検定するものであるから，5%水準で有意な結果よりも1%水準で有意なほうが強い相関関係にあるとはいえない（これはどの検定を行う時にも注意すべき点である）．たとえば1000人以上のデータをとれば，相関係数が0.1未満でも有意になる．そのような場合，確かに結果としては有意であるが，0.1程度の相関係数で「関連が検証された」と結論づけるのは問題がある．2変数間の関連の大きさは，あくまでも「相関係数の値」が表すものであり，その値を効果量として解釈すべきである．

2-3 相関係数の算出と無相関の検定

■ピアソンの積率相関係数と無相関検定の算出：corr.test 関数

ピアソンの積率相関係数（記号は r）を算出する（「相関」を英語でいうと，**corr**elation である）．psych パッケージにある corr.test 関数を使おう．

x のデータフレームにある，3列目から5列目の Kokugo, Sugaku, Eigo を指定するのは，x[, 3:5] であった．そこで，下記の入力で相関係数と無相関検定が実行される．

```
corr.test(x[,3:5])
```

実行結果は下記の通り．

```
> corr.test(x[, 3:5])
Call:corr.test(x = x[, 3:5])
Correlation matrix
        Kokugo Sugaku  Eigo
Kokugo   1.00  -0.04  0.65        相関係数表
Sugaku  -0.04   1.00 -0.03
Eigo     0.65  -0.03  1.00
Sample Size
[1] 20
Probability values (Entries above the diagonal are adjusted for multiple tests.)
        Kokugo Sugaku Eigo
Kokugo   0.00    1.0 0.01    無相関検定の結果の p 値
Sugaku   0.87    0.0 1.00
Eigo     0.00    0.9 0.00    対角線上の右上は，補正された多重検定結果の p 値

 To see confidence intervals of the correlations, print with the short=FALSE option
```

Kokugo と Sugaku の相関係数は−.04，Kokugo と Eigo の相関係数は .65，Sugaku と Eigo の相関係数は−.03 であった．

Probability values の表を見ると，無相関検定の p 値が出力されている．Kokugo と Sugaku の値は .87 で，有意ではない．一方，Kokugo と Eigo の値は .00 となっており，1%水準で有意（$p<.01$）である（正確には下のメモの結果より，$p=.002$ である）．

メモ：基本関数：cor 関数と cor.test 関数

corr.test 関数は psych パッケージの関数だが，R そのものには cor 関数と，cor.test 関数が備わっている．これらの関数で 2 変数の相関係数と無相関検定ができる．たとえば，下記の通りである．

```
>       cor(x$Kokugo,x$Eigo)
[1] 0.6527525
>       cor.test(x$Kokugo,x$Eigo)

        Pearson's product-moment correlation

data:  x$Kokugo and x$Eigo
t = 3.6556, df = 18, p-value = 0.001809
alternative hypothesis: true correlation is not equal to 0
95 percent confidence interval:
 0.2956249 0.8498023
sample estimates:
      cor
0.6527525
```

2−4 順位相関係数の算出

　基本的に，**ピアソンの積率相関係数は間隔尺度以上の尺度水準に適用できる**ものであり，順序尺度を用いる時には，**順位相関係数**を算出する．順位相関係数には，スピアマンの順位相関係数（記号は $\overset{\text{ロー}}{\rho}$）やケンドールの順位相関係数（記号は $\overset{\text{タウ}}{\tau}$）がある．

　corr.test 関数ではデフォルトでピアソンの積率相関係数を算出しているが，オプションをつけることで，順位相関係数を算出できる．

　使う関数は corr.test( )，( ) 内には，変数を 2 つと，方法 method を "spearman"，または "kendall" と指定する．（method を指定しない場合は，ピアソンで計算されている．）

・Kokugo と Sugaku のスピアマンの順位相関係数の場合

```
corr.test(x$Kokugo, x$Sugaku, method="spearman")
```

・ケンドールの順位相関係数の場合

```
corr.test(x$Kokugo, x$Sugaku, method="kendall")
```

> **注意** ここでは，例として Kokugo と Sugaku の順位相関係数を求めるスクリプトを提示したが，いずれも間隔尺度なので，順位相関係数を求めるのは不適切である．

メモ：順位相関係数を適用する場面（森・吉田［10］より）

・各データが，最初から順位で表されているような場合．
・データが得点で表されていても，その得点（変数）が間隔尺度としての条件を満たしているとは考えられない場合．
・外れ値が存在し，ピアソンの積率相関係数ではその影響を大きく受けてしまう場合．
・分布が極端に正規分布から逸脱しており，有意性の検定における前提条件という点からピアソンの積率相関係数の適用が妥当でない場合．
・2 変数間に特定の関数関係を想定せず，単調増加（ないし単調減少）関係のみを問題にする場合．

Section 3　層別の相関

3–1　層別（男女別）に相関係数を算出する

■以前に作った，x.male と x.female というデータフレームを使う方法.

```
corr.test(x.male[,3:5])
corr.test(x.female[,3:5])
```

■データフレーム x の行を指定する方法

```
corr.test(x[x$Sex=="m",3:5])    # 男性の行のみを分析
corr.test(x[x$Sex=="f",3:5])    # 女性の行のみを分析
```

3–2　机の上を片づけよう

　ここで，第2章と第3章でのデータ解析は終わりとする．終わった時には忘れずに，机の上（Rの作業スペース）を片づけよう．ls() で，机の上にある，今までに作ってきたもの（オブジェクト）が見える．全部のオブジェクトを消すには，以下を打ちこむ（p.6 を復習しよう）．

```
rm(list＝ls())
```

　新しいデータを分析し始める前にも，念のために必ず最初に机の上（作業スペース）を片づけること.

■引用文献

［1］　岩淵千明（編著）1997『あなたもできるデータの処理と解析』福村出版

［10］　森 敏昭・吉田寿夫（編著）1990『心理学のためのデータ解析テクニカルブック』北大路書房

　YGPI（YG性格検査®）には12の性格特性が含まれている．今回はそのうち6つの特性に注目する．30人に実施したYGPIの結果から，6つの性格特性（抑うつ性・劣等感・神経質・攻撃性・支配性・社会的外交）の基礎統計量，そして変数間の相関係数（ピアソンの積率相関係数）と無相関検定の結果を算出しなさい．

	depression	inferiority	nervousness	aggression	mastery	extroversion
1	13	10	4	7	8	6
2	9	15	13	16	6	12
3	18	10	7	7	12	14
4	7	10	9	9	7	11
5	7	10	15	9	6	11
6	19	16	16	10	8	12
7	14	1	18	16	16	18
8	20	16	19	11	9	16
9	18	12	10	14	4	2
10	12	16	14	10	2	8
11	14	19	11	7	10	12
12	14	10	6	7	11	10
13	17	16	17	19	12	7
14	20	10	17	13	11	12
15	16	18	15	7	6	11
16	16	4	10	10	4	12
17	16	18	16	8	4	4
18	20	12	14	10	1	2
19	20	11	14	3	10	16
20	20	14	16	16	11	9
21	14	14	14	16	4	8
22	14	16	6	11	11	15
23	0	4	10	14	12	14
24	16	18	10	4	4	3
25	15	17	13	6	6	6
26	14	16	16	9	4	6
27	20	18	16	12	9	12
28	18	18	16	12	0	4
29	16	10	10	7	7	3
30	7	9	5	15	14	18

chap3exercise.csv にデータを入力したとしよう．そのファイルを，R project の lessonChap2 のフォルダにいれたとする．yg というオブジェクトにデータを読み込んで，作業を実行していこう．

コンソール画面での表示は下記の通りである．

```
Console  C:/lessonChap2/
> (wd <- getwd( ))
[1] "C:/lessonChap2"
> yg <- read.csv(paste0(wd,"/chap3exercise.csv"))
> library(psych)
> describe(yg)
            vars  n  mean   sd median trimmed  mad min max range  skew kurtosis   se
depression     1 30 14.80 4.82   16.0   15.42 2.97   0  20    20 -1.15     1.05 0.88
inferiority    2 30 12.93 4.85   14.0   13.50 5.93   1  19    18 -0.74    -0.21 0.85
nervousness    3 30 12.57 4.14   14.0   12.83 4.45   4  19    15 -0.49    -0.96 0.76
aggression     4 30 10.50 3.96   10.0   10.46 4.45   3  19    16  0.22    -0.84 0.72
mastery        5 30  7.63 3.95    7.5    7.67 5.19   0  16    16  0.03    -0.86 0.72
extroversion   6 30  9.80 4.72   11.0    9.79 5.19   2  18    16 -0.07    -1.11 0.86
> corr.test(yg)
Call:corr.test(x = yg)
Correlation matrix
             depression inferiority nervousness aggression mastery extroversion
depression         1.00        0.37        0.40      -0.14   -0.15        -0.24
inferiority        0.37        1.00        0.28      -0.19   -0.42        -0.38
nervousness        0.40        0.28        1.00       0.28   -0.16        -0.03
aggression        -0.14       -0.19        0.28       1.00    0.25         0.17
mastery           -0.15       -0.42       -0.16       0.25    1.00         0.73
extroversion      -0.24       -0.38       -0.03       0.17    0.73         1.00
Sample Size
[1] 30
Probability values (Entries above the diagonal are adjusted for multiple tests.)
             depression inferiority nervousness aggression mastery extroversion
depression         0.00        0.48        0.36       1.00    1.00         1.00
inferiority        0.04        0.00        1.00       1.00    0.29         0.48
nervousness        0.03        0.13        0.00       1.00    1.00         1.00
aggression         0.45        0.33        0.13       0.00    1.00         1.00
mastery            0.44        0.02        0.39       0.18    0.00         0.00
extroversion       0.20        0.04        0.86       0.37    0.00         0.00

 To see confidence intervals of the correlations, print with the short=FALSE option
```

　くり返しの注意になるが，無相関検定の p 値が小さければ小さいほど，相関が高いということではない．さらにサンプル数が多いと相関係数が小さくとも，有意になることが知られているので，無相関検定の結果にこだわりすぎてはならない．またこのように検定をくり返すことは，偶然に有意となる可能性が高まる．散布図を描いたうえで，相関係数の値をじっくり考えてもらいたい．

χ^2 **検定**

クロス表の分析

相違を調べる方法

分析は，まず何をどう調べたいのかを考えることから始まる．変数間の関連性に注目するのか，変数間の違い・差異・相違に注目するのかによって，もちいる分析方法は異なってくる．

ここでは，「**相違**」に注目してみよう．

1-1 相違に関する，いろいろな検定方法

目的	統計量	データの種類	同時に分析する変数の数				
			1変数	2変数		3変数以上	
				対応なし	対応あり	対応なし	対応あり
相違	分散	量的データ	χ^2分布を利用した検定	F検定	t検定	コクラン検定 バートレット検定	分散分析の応用
	平均	量的データ	正規分布・t分布を利用した検定	t検定	対応のあるt検定	分散分析（ANOVA）多重比較	くり返しのある分散分析 共分散分析（ANCOVA）多変量分散分析（MANOVA）
	カテゴリー間の差 人数や%	質的データ（名義尺度）	χ^2検定（比率の検定）	2×2のχ^2検定 $2 \times k$のχ^2検定	対応のあるχ^2検定	$r \times k$のχ^2検定	χ^2検定（コクランのQ検定）

（岩淵 [1] を改変）

1-2 検定方法の選び方

たとえば……

（1）男女の英語の得点には差があるのか？

- 男性の英語の得点と女性の英語の得点　→　同時に分析するのは **2 変数**
- 男性と女性　→　**対応なし**
- 英語の得点　→　**量的データ**
- 男女の**平均値の相違**を検定したい
- では分析方法は？

（2）ある意見に「賛成」が 10 名，「反対」が 20 名だった．反対の方が統計的に有意に多いといえるか？

- ある意見に「賛成」か「反対」か　→　同時に分析するのは **1 変数**
- 賛成 or 反対　→　**質的データ**
- 賛成・反対の人数**比率**を検定したい
- では分析方法は？

（3）C 大学の 5 つの学部それぞれ 100 名，合計 500 名に大学に対する満足度の調査を行なった．どの学部の学生の満足度が一番高いか知りたい．

- 5 つの学部の満足度　→　同時に分析するのは **3 変数以上**
- 5 つの学部　→　**対応なし**
- 満足度　→　**量的データ**
- 満足度の**平均値の相違**を検定したい
- では分析方法は？

(4) 授業前と授業後のテストの得点に差があるのかを知りたい.

> ● 授業前のテスト得点と授業後のテスト得点 → 同時に分析するのは **2 変数**
> ● 1 人の学生は授業前と授業後の 2 回テストを受ける　→　**対応あり**
> ● では分析方法は？
> ● テストの得点の**平均値の差**を検定したい

(5) 男女に対して，恋愛をしたことがあるかないかを尋ねた. 男女で恋愛経験の有無に差があるかどうかを知りたい.

> ● 男と女, 恋愛の「ある」「なし」　→　同時に分析するのは **2 変数**
> ● 男と女, 「ある」「なし」　→　ともに**質的データ**
> ● 人数の**比率の差**を検定したい
> ● では分析方法は？

(6) 文系 100 名（男性 40 名，女性 60 名）と理系 100 名（男性 60 名，女性 40 名）に対して，学習行動尺度を実施した. 学習行動尺度の得点が文系・理系，男性・女性によって異なるのかを知りたい.

> ● 文系の男性, 文系の女性, 理系の男性, 理系の女性の得点
> 　→　同時に分析するのは **3 変数以上**
> ● 4 つの学習行動得点　→　**量的データ・対応なし**
> ● 学習行動尺度得点の**平均値の差**を検定したい
> ● では分析方法は？

第 4 章と第 5 章では，このような「相違」の検定を行なう方法を学ぶ.

> **答え** (1)（対応のない）t 検定，　(2) χ^2 検定，　(3) 分散分析，
> 　　　　 (4)（対応のある）t 検定，　(5)（2×2 の）χ^2 検定，　(6) 分散分析

1 変量の χ^2 検定

2−1 χ^2 検定とは

ある質問への回答のパターンにおける相違，および度数や人数や％の相違を検討する際に，**χ^2（カイ 2 乗）検定**（chi–square test）を用いる（chi はカイと読む）．

χ^2 検定とは，名義尺度から得られた**質的なデータ**において，標本で得られた相違が母集団においても相違として認められるかについて推測する方法である．

なお，母集団に正規分布など特定の分布を仮定せず，名義尺度や順序尺度を用いて検定を行なう方法を，**ノンパラメトリック検定法**ともいう．

2−2 クロス表（分割表）

データが**名義尺度以上**の場合によく用いられる

クロス表では，2 つ以上の独立変数を組み合わせて表を作成して従属変数を表の中に記入したり，独立変数ごとの複数の反応カテゴリーを組み合わせて各度数を記入することが多い．

■クロス表のフォーマット

		独立変数				
		a	b	c	…	計（横の総和）
独立変数	a	n_{aa}	n_{ab}	n_{ac}	…	$n_{\mathrm{a}\cdot}$
	b	n_{ba}	n_{bb}	n_{bc}	…	$n_{\mathrm{b}\cdot}$
	c	n_{ca}	n_{cb}	n_{cc}	…	$n_{\mathrm{c}\cdot}$
	・	・	・	・		・
	・	・	・	・		・
	・	・	・	・		・
計（縦の総和）		$n_{\cdot\mathrm{a}}$	$n_{\cdot\mathrm{b}}$	$n_{\cdot\mathrm{c}}$		計（縦横の総和）

（右端：周辺度数）
周辺度数

例：男女と意見への賛成・反対の表明

性別	意見		合計
	賛成	反対	
男	30	20	50
女	10	40	50
合計	40	60	100

■ 1 変量の χ^2 検定（適合度の検定）：chisq.test 関数，pie 関数

ある質問を 20 名に対して行なった結果，5 名が「賛成 Yes」，15 名が「反対 No」だった．

Yes	No	Total
5	15	20

この結果を χ^2 検定によって検討し，賛成意見よりも反対意見のほうが統計的に有意に多いことを示したい．

まずは円グラフ（pie chart バイチャート）でみてみよう．使うのは pie 関数である．以下を打ちこむとグラフが出る．

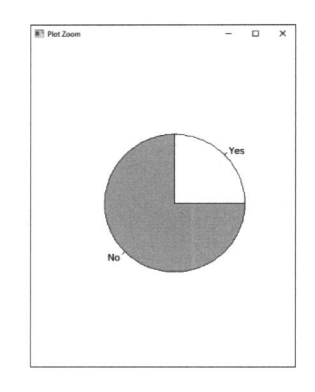

```
pie(c(5,15),label=c("Yes","No"))
```

χ^2 検定は，R では chisq.test 関数を使う．

最初に，chi（名前はなにでもよい）というオブジェクトに，5 と 15 の数字を c 関数を使っていれる．つぎに，chisq.test 関数を使う．

```
>chi <- c(5,15)
> chisq.test(chi)
        Chi-squared test for given probabilities
data:  chi
X-squared=5, df=1, p-value=0.02535   <----   [χ² 値＝ 5，自由度 1，p 値＝ 0.02535]
```

結果は以下のとおり．

カイ 2 乗値（X–squared）は 5，自由度（df）は 1，p 値（p–value）は .025 なので，5％水準で有意である．

レポートなどに記述する時は，5%水準で有意（$\chi^2=5.00$，$df=1$，$p=.03$）★となる．

したがって，**反対**の人数が**賛成**に比べ有意に多いといえる．

★ $p<.05$ と書いてもよいが，本書ではできるだけ，p 値そのものを書くことにする．

■表ができていない場合の 1 変量の χ^2 検定

- R project の作成

    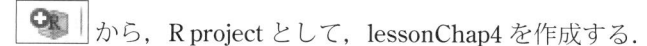 から，R project として，lessonChap4 を作成する．

- データの入力と読み込み，そして変数の型の変更

    - データの Excel への入力と保存

    最初の行に，「Answer」という変数名を入力．2 行目から 6 行目までに 1（賛成 Yes）を，7 行目から 21 行目までに 0（反対 No）を縦に入力．

    chap4sample1 と名前を付けて，CSV（コンマ区切り）形式を選択し，作成した R project lessonChap4 のフォルダ（ディレクトリ）に保存する．

    無事に保存されたら，RStudio の右下のファイルで下記のように確認ができる．

	A
1	Answer
2	1.00
3	1.00
4	1.00
5	1.00
6	1.00
7	0.00
8	0.00
9	0.00
10	0.00
11	0.00
12	0.00
13	0.00
14	0.00
15	0.00
16	0.00
17	0.00
18	0.00
19	0.00
20	0.00
21	0.00

Files	Plots	Packages	Help	Viewer	
New Folder	Delete	Rename	More		

C: > lessonchap4

	▲ Name	Size
	..	
	lessonchap4.Rproj	218 B
	chap4sample1.csv	128 B

- データの読み込み

    から R script のシートを作成する．

    下記のスクリプトを書き，実行すると，x のデータフレームにデータが読み込まれる．

```
(wd<- getwd())
x <- read.csv(paste0(wd,"/chap4sample1.csv"))
```

- 表の作成

    数値ではなく，因子の型（名義尺度の水準の形式）に変更するために，**factor** 関数を使う．加えて，数値に対応したラベルをはりつけるオプションを学ぼう（p.72 も参照）．

オプションの形式は，labels＝c（"ラベル名1"，"ラベル名2"）

この時，もともとの数値の低い順から，ラベルがはられる．

賛成か，反対かの名義変数なので，因子に（0にNoを，1にYes）のラベルで因子の型に変える．
データフレームxをみてみよう．

```
> x$Answer <- factor(x$Answer, labels=c('No','Yes'))
> x
   Answer
1      Yes
2      Yes
3      Yes
4      Yes
5      Yes
6       No
7       No
8       No
9       No
10      No
11      No
12      No
13      No
14      No
15      No
16      No
17      No
18      No
19      No
20      No
```

さて，このxのデータフレームを表（table）にまとめてみよう．使うのはtable関数である．その結果をオブジェクト名x.tに入れて表示しよう．そして，先ほど学んだchisq.test関数を使う．

```
> (x.t <- table(x))
x
 No Yes
 15   5
> chisq.test(x.t)
        Chi-squared test for given probabilities
data:x.t
X-squared=5, df=1, p-value=0.02535
```

先ほどと結果は同じである．**5％水準で有意であった**（$\chi^2＝5.00$，$df＝1$，$p＝.03$）．

したがって，「反対」の人数が「賛成」に比べ有意に多いといえる．

★自由度については「所定の統計量を算出する際に，自由にその値を変えうる要因の数」という説明にとどめておく．詳しくは巻末の文献などを参考にしてほしい．

2 変量の χ^2 検定

　ある質問を男子 20 名，女子 20 名に対して行なったところ，男子は 20 名中 5 名が賛成，女子は 20 名中 14 名が賛成だった．この結果を χ^2 検定によって検討し，男女における意見の相違が統計的に有意であることを示したい．

	賛成	反対	合計
男性	5	15	20
女性	14	6	20
合計	19	21	40

　上のようなクロス表がすでにできている場合は，matrix 関数の使い方を学んで，直接データを入力して分析をする．

　matrix は行列を意味する英語である．そこで，まず matrix のオブジェクトを作成する方法を学ぶ．

3-1　R での行列の作り方：matrix 関数

　例として，1，2，3，4，5，6 のこの数字を 2 行 3 列の行列にすることで学ぶ．

　まず，1 つのベクトルにする．これは c 関数を使って，c(1, 2, 3, 4, 5, 6) とまとめる．この一連の数の組であるベクトルに matrix 関数を使う．次のように入力してみよう．

　matrix(c(1, 2, 3, 4, 5, 6), nrow=2, ncol=3, byrow=T)

　結果は以下のとおりの行列になる．

```
> matrix(c(1,2,3,4,5,6),nrow=2, ncol=3, byrow=T)
     [,1] [,2] [,3]
[1,]   1    2    3
[2,]   4    5    6
```

nrow は，**n**umber of **row** ということで行数（縦の数）を指定している．

ncol は，**n**umber of **col**umn ということで列数（横の数）を指定している．

byrow＝T は，行（row）ごとに，いい換えると，横並びで入れていくことを指定している．省略すれば，縦並びになる．T は TRUE の略である（1 から 6 までの数字の並びを，1:6 とも指定できる）．

```
> matrix(c(1,2,3,4,5,6),nrow=2, ncol=3)
     [,1] [,2] [,3]
[1,]  1    3    5
[2,]  2    4    6
```

あるいは，次も同じことである．

```
> matrix(1:6, nrow=2, ncol=3)
     [,1] [,2] [,3]
[1,]  1    3    5
[2,]  2    4    6
```

byrow＝T のオプションをつけたほうが分かりやすいだろう．

なお，nrow と ncol はどちらかを省略できる．

```
> matrix(1:6, nrow=2, byrow=T)
     [,1] [,2] [,3]
[1,]  1    2    3
[2,]  4    5    6
> matrix(1:6, ncol=3, byrow=T)
     [,1] [,2] [,3]
[1,]  1    2    3
[2,]  4    5    6
```

どちらも同じ行列が作られることを確認しよう（クロス表ができあがっていない場合は，p.73 からの Section3 を参照）．

3−2 χ^2 検定を行なう：chisq.test 関数

この節の例題のデータ（p.73）を入れて，chisq.test 関数を用いてみる．

```
> matrix(c(5,15,14,6),ncol=2, byrow=T)
     [,1] [,2]
[1,]  5   15
[2,] 14    6
> chisq.test(matrix(c(5,15,14,6),ncol=2, byrow=T))
        Pearson's Chi-squared test with Yates' continuity correction   <------- イェーツの補正のこと
data: matrix(c(5, 15, 14, 6),ncol=2, byrow=T)
X-squared=6.416, df=1, p-value=0.01131   <---------  $\chi^2$ 値 6.416，自由度 1 で 1%水準で有意
```

■結果の見方

chisq.test で，指定を行わなければ自動的に，**イェーツの補正** Yates' continuity correction がなされている．これは度数が小さいときに正確性を増すための補正方法である．

引数に，**correct＝F** を入れることで補正が行なわれない．

イェーツの補正がなされたカイ 2 乗値は 6.42，自由度 1，1%水準で有意である．記述は次のとおりとなる．1%水準で有意であった（χ^2＝6.42，df＝1，p＝.01★）．

★ p.46 を参照，小数点以下第 3 位を四捨五入して，1%水準で有意とした．

3-3 フィッシャーの直接確率計算法：fisher.test 関数

クロス表の周辺度数に 10 以下の小さな値があり，各セル度数の中に 0 に近い値があるときには，χ^2 検定ではなく，**フィッシャーの直接法**（Fisher's exact test；**直接確率計算法**）を行なうことが望ましい．

R では，フィッシャーの直接確率計算法は，fisher.test 関数をもちいる．これは同様に，引数に matrix（行列）形式のデータを必要とする．

先ほどと同じデータを分析しよう．

以下に，行列の値を xm と名づけたオブジェクト（行列）に代入して，xm に対して，chisq.test 関数と fisher.test 関数をあてはめたものを示す．

直接確率計算法では，自由度はなく，p 値のみが意味をもってくるので，p=.01 のみを記載すればよい．

```
> xm <- matrix(c(5,15,14,6),ncol=2, byrow=T)
> xm
     [,1]  [,2]
[1,]    5    15
[2,]   14     6
> chisq.test(xm)
        Pearson's Chi-squared test with Yates' continuity correction
data:xm
X-squared=6.416, df=1, p-value=0.01131
> fisher.test(xm)
        Fisher's Exact Test for Count Data
data:xm
p-value=0.01039   <---------   p=.01 で 1%水準で有意：小数点以下第 3 位四捨五入
```

```
alternative hypothesis:true odds ratio is not equal to 1
95 percent confidence interval:
0.02798156 0.68628726
sample estimates:
odds ratio
0.1511779
```

メモ：χ^2 検定およびフィッシャーの直接確率計算法は 2×2 よりも大きな行列（クロス表）を扱うことができる．

■アドバンス：行列のラベルをつける．モザイク図を描く

行列 matrix に対して，行と列のそれぞれにラベルをつけて見やすくすることができる．

英語で，行は row，列は colum だと思いだそう．そこで，使うのは，rownames 関数と colnames 関数である．以下を参考にしてほしい．

```
> xm <- matrix(c(5,15,14,6),ncol=2, byrow=T)
> xm
     [,1] [,2]
[1,]    5   15
[2,]   14    6
> class(xm)
[1] "matrix"
> rownames(xm)<- c("Male","Female")
> xm
        [,1] [,2]
Male       5   15
Female    14    6
> colnames(xm)<- c("Yes","No")
> xm

       Yes   No
Male     5   15
Female  14    6
```

モザイク図を描くのは，mosaicplot 関数である．
視覚的にデータが把握しやすくなる．

```
> mosaicplot(xm)
```

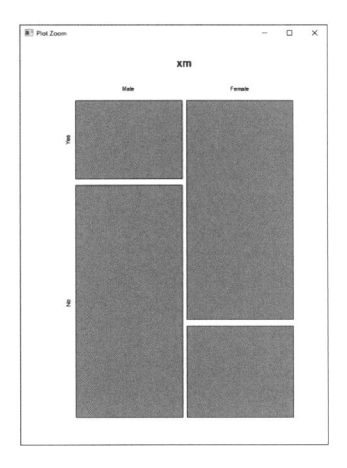

mosaicplot 関数の例を見たい場合，以下のように打ちこむことでさまざまな例を見ることができる．

example（mosaicplot）

コンソール画面に，「Hit ＜Return＞ to see next plot：」と表示される．コンソール画面にカーソルを移動させて，Enter キーを押していこう．

アドバンス：残差分析と効果量と多重比較

どのセルの数が有意に多いか，少ないかを検定するのが残差分析である。加えて，効果量を算出し，さらに多重比較の検定を行いたい場合には，ウェブ上での統計分析サイト js–STAR の度数分析を使い，そこで示される R プログラムをコピーして，RStudio 上で実行するとよいだろう。なおその際には，pwr パッケージが必要なので別途インストールする必要がある。
js–STAR の URL は，http://www.kisnet.or.jp/nappa/software/star/index.htm である。

3–4 クロス表ができあがっていない場合の 2 変量の χ^2 検定

■データの入力

● Excel（Calc）での入力

先程の例「ある質問を男子 20 名，女子 20 名に対して行なったところ，男子は 20 名中 5 名が賛成，女子は 20 名中 14 名が賛成だった」（p.73）を扱う．

回答である Answer の変数の行の 2 行目から 6 行目までに 1（**賛成** Yes），7 行目から 21 行目まで 0（**反対** No）を入力．さらに，22 行目から 35 行目までに 1（**賛成** Yes），36 番目から 41 番目までに 0（**反対** No）を入力．

性別である Sex の変数の行を入力する．2 行目から 21 行目までに 1（**男性** Male），22 行目から 41 行目までに 0（**女性** Female）を入力．

chap4sample2 と名前を付けて, CSV（コンマ区切り）形式を選択して, 作成した R project lessonChap4 のフォルダ（ディレクトリ）に保存する.

■データの読み込みと factor 型への変換と表の作成

今までの学んだことを復習しながら, 実行すると, 下記の通りとなる.

```
> (wd<- getwd())
[1] "C:/lessonChap4"
> x <- read.csv(paste0(wd,"/chap4sample2.csv"))
> x$Answer <- factor(x$Answer, labels=c('No','Yes'))
> x$Sex <- factor(x$Sex, labels=c('Female','Male'))
> (table(x))
      Sex
Answer Female Male
   No       6   15
   Yes     14    5
```

因子の型をもった 2 変数が入ったデータセットをクロス表（Table）に変換する場合も, table 関数を用いる.

このクロス表に, フィッシャーの正確確率計算法を用いると, 次のようになる.

```
> fisher.test(table(x))

        Fisher's Exact Test for Count Data

data:  table(x)
p-value = 0.01039   <------------  1%水準で有意
alternative hypothesis: true odds ratio is not equal to 1
95 percent confidence interval:
 0.02798156 0.68628726
sample estimates:
odds ratio
 0.1511779
```

「p-value」を見る. 1%水準で有意（$p = .01$）.

以下の形式でも fisher.test 関数を用いることができる.

fisher.test（変数 1, 変数 2）

ポイント：変数 1, 変数 2 はともに因子型になっていること.

	A	B
1	Answer	Sex
2	1.00	1.00
3	1.00	1.00
4	1.00	1.00
5	1.00	1.00
6	1.00	1.00
7	0.00	1.00
8	0.00	1.00
9	0.00	1.00
10	0.00	1.00
11	0.00	1.00
12	0.00	1.00
13	0.00	1.00
14	0.00	1.00
15	0.00	1.00
16	0.00	1.00
17	0.00	1.00
18	0.00	1.00
19	0.00	1.00
20	0.00	1.00
21	0.00	1.00
22	1.00	0.00
23	1.00	0.00
24	1.00	0.00
25	1.00	0.00
26	1.00	0.00
27	1.00	0.00
28	1.00	0.00
29	1.00	0.00
30	1.00	0.00
31	1.00	0.00
32	1.00	0.00
33	1.00	0.00
34	1.00	0.00
35	1.00	0.00
36	0.00	0.00
37	0.00	0.00
38	0.00	0.00
39	0.00	0.00
40	0.00	0.00
41	0.00	0.00

```
> with(x, fisher.test(Answer, Sex))

        Fisher's Exact Test for Count Data

data:Answer and Sex
p-value=0.01039   <------------       1%水準で有意
alternative hypothesis:true odds ratio is not equal to 1
95 percent confidence interval:
 0.02798156 0.68628726
sample estimates:
odds ratio
 0.1511779
```

モザイク図は次で描ける.

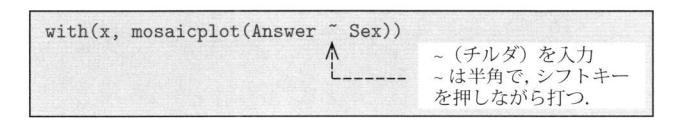

```
with(x, mosaicplot(Answer ~ Sex))
```
~（チルダ）を入力
~は半角で,シフトキー
を押しながら打つ.

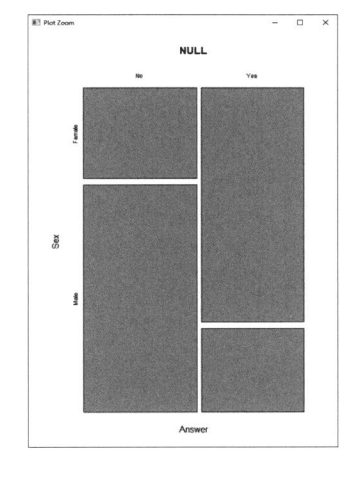

　多重クロス表を扱っていくには, xtabs 関数を使う. 関心がある人は, help(xtabs) で調べるとよいだろう.

■アドバンス：マクネマーの有意変化の検定：mcnemar. test 関数

「男子高校生 100 名にインタヴューし,『テレビゲームの暴力表現は青少年に悪影響を及ぼすと考えるか？』という問いへの回答を求めた。ところがその後, 高校生が『ゲームで覚えた技を実際に試してみたくて』ホームレスの男性を襲って殺害してしまった, という事件が相次いで発生した。そこで, こうした事件を見聞きした後, 見解が変化することも考えられるので, 先の高校生たちに再度同じ質問をして回答を求めた」（遠藤[4], p.45）「同じ人に対して」質問をくり返したので, 4 つの回答パターンに分かれる. それを整理した人数が次の表である（遠藤[4], p.46）.

後 ＼ 前	影響あり（事件前）	影響なし（事件前）	計
影響あり（事件後）	49	16	65
影響なし（事件後）	7	28	35
計	56	44	100

このように前後の比較がはいるような場合，mcnemar.test 関数でマクネマー検定を行なう．

```
> x <- matrix(c(49, 16, 7, 28),ncol=2, byrow=T)
> x
     [,1] [,2]
[1,]   49   16
[2,]    7   28
> mcnemar.test(x, correct=F)
       McNemar's Chi-squared test
data:x
McNemar's chi-squared=3.5217, df=1, p-value=0.06057
```

今回，p 値は 6%（$p=.06$）だったので，殺人事件の報道をきいて意見が変わったとはいえないという結果である．

■コンパイルしてレポートを保存しよう.

をクリックして，html 形式で，スクリプトおよび出力結果を保存しよう．後からいつでも見直せるし，印刷もコピーも可能になる．

■推薦図書

●引用文献度数表の分析は簡単なようではあるが，いろいろと応用できる．田中・中野 [11] はコンパクトな入門書である．また，効果量のところで紹介した js–STAR については，田中・中野 [14] が詳しい．さらに分析を進めたいならば対応分析（コレスポンデンス分析）もあるし，対数線形モデルやロジスティック回帰分析，決定木，数量化理論という手法も存在する．これらに関しては，太郎丸 [12] や，金 [13] が詳しいので，関心ある読者は読み進めてもらいたい．

[4] 遠藤健治　2002『例題からわかる心理統計学』培風館
[11] 田中 敏・中野博幸　2004『クイック・データアナリシス 10 秒でできる実践データ解析法』新曜社
[12] 太郎丸博　2005『人文・社会科学のためのカテゴリカル・データ解析入門』ナカニシヤ出版
[13] 金 明哲（編集）2010『カテゴリカルデータ解析（R で学ぶデータサイエンス 1）』共立出版
[14] 田中 敏・中野博幸　2013『R&STAR データ分析入門』新曜社

男性 100 名と女性 100 名から，3 択（A, B, C）からひとつ選ぶ回答を下のように得た．この結果を χ^2 検定によって検討し，男女による回答に関連があるかを検討せよ．

	Response_A	Response_B	Response_C
Male	10	20	70
Female	50	30	20

演 習 問 題 解 答

```
> x <- matrix(c(10,20,70,50,30,20),ncol=3, byrow=T)
> x
     [,1] [,2] [,3]
[1,]   10   20   70
[2,]   50   30   20
> rownames(x)<- c("Male","Female")
> colnames(x)<- c("Response_A","Response_B","Response_C")
> x
       Response_A Response_B Response_C
Male           10         20         70
Female         50         30         20
> chisq.test(x)

        Pearson's Chi-squared test

data:  x
X-squared=56.444, df=2, p-value=5.537e-13
```

$\chi^2 = 56.4$, $df = 2$, $p < .001$ で有意に関連がある．

第5章

t 検定

2 変数の相違を見る

RStudio

t 検定

　t 検定は，2 つのデータの「平均の相違」を検定する際に用いられる．ここでいう 2 つのデータは，間隔尺度以上である必要がある．

　t 検定は，間隔尺度以上の「量的なデータ」において，2 つの標本平均間の相違が母平均間においても相違として認められるのかについて推測する方法である．

1–1 *t* 検定の 2 つの種類

◎対応のない *t* 検定

> 2 つの平均値間が独立である場合に用いる.
> **(例)** ある学校の 3 年 1 組と 3 年 2 組のテスト得点の比較

◎対応のある *t* 検定

> 2 つの平均値間が独立とはいえない場合や，2 つの平均値間に何らかの関連がある場合に用いる.
> **(例)** 授業前と授業後のテスト得点の比較

　3 つ以上の平均の相違を *t* 検定によって検定することはできない．その場合には分散分析（ANOVA）を用いる（第 6 章，7 章参照）．

1–2 *t* 検定を行う際には

　t 検定は，データの条件によって適用できる式が異なる．

　ただし現在の議論としては，最初から Welch の検定を行えばよいとされる．

参考：伝統的には下記の手順が行われる

2つのデータの**母分散が等しいかどうか**を検定する．
- 等しい場合 ⇒ t 統計量を求める．
- 異なる場合 ⇒ ウェルチ（Welch）の方法を用いる．

1−3 対応のない t 検定

20 名の被験者を A 群と B 群に分けて実験を行い，以下のようなデータを得た．A 群と B 群の平均には相違があるといえるか？

A 群	1	2	2	3	7	7	5	6	5	4
B 群	6	8	8	7	9	4	9	7	6	6

★右のような形に変えて，データをエクセルに打ちこもう． →

■ R project の作成と CSV データ形式の保存と読み込み

- ![R icon] から，R project として，lessonChap5 を作成する

Excel に打ち込んだシートに chap5sample1 と名前をつけて，CSV（コンマ区切り）形式を選択して，作成した R project を lessonChap5 のフォルダ（ディレクトリ）に保存する．

- データの読み込み

![plus icon] から R script のシートを作成する．

下記のスクリプトを書き，実行すると，x のデータフレームにデータが読み込まれる．

	A	B	C
1	ID	Group	Result
2	1	A	1
3	2	A	2
4	3	A	2
5	4	A	3
6	5	A	7
7	6	A	7
8	7	A	5
9	8	A	6
10	9	A	5
11	10	A	4
12	11	B	6
13	12	B	8
14	13	B	8
15	14	B	7
16	15	B	9
17	16	B	4
18	17	B	9
19	18	B	7
20	19	B	6
21	20	B	6

```
(wd<- getwd())
x <- read.csv(paste0(wd,"/chap5sample1.csv"))
x                    # 読み込んだデータの確認
```

＃記号はコメントとして R では実行されない．覚書を＃記号の後に書くとよい．

● Group 別の箱ひげ図と基礎統計量の確認

```
# 箱ひげ図の描写
with(x, boxplot(Result ~ Group))
```

Group 別の箱ひげ図を描くには，引数をチルダ記号で挟み，数値変数 ~Group 変数（通常 factor 形式の変数）の順番で指定する。

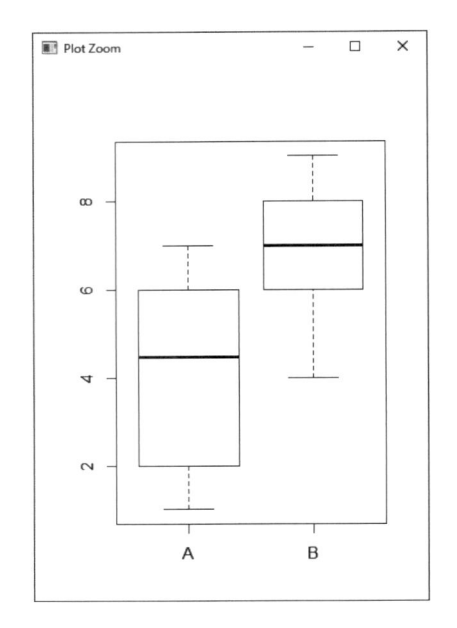

箱ひげ図を見てみると，B 群のほうの値が高いようである．

続けて，群ごとの基礎統計量の算出を，psych パッケージの describeBy 関数を用いてみよう．

```
library(psych)
describeBy(x[,3],group=x$Group)
```

ポイント：もし群を，1，2 というような数値で入力していたら，必ず以下のように factor 形式の変数に変える．

> x$Group <- factor(x$Group)

結果は，下記の出力が表示されるだろう．

```
Descriptive statistics by group
group: A
   vars  n mean   sd median trimmed  mad min max range  skew kurtosis   se
X1    1 10  4.2 2.15    4.5    4.25 2.97   1   7     6 -0.05    -1.65 0.68
--------------------------------------------------------------------------
group: B
   vars  n mean   sd median trimmed  mad min max range  skew kurtosis   se
X1    1 10    7 1.56      7    7.12 1.48   4   9     5 -0.31    -1.03 0.49
```

A 群の人数(n) は 10 名，平均値（mean）は 4.2，標準偏差（sd）は 2.15 であり，B 群も 10 名，平均値は 7.0，そして標準偏差は 1.56 であることがわかる．

■ Welch の検定

t.test 関数を用いる.

```
with(x, t.test(Result ~ Group))
```

結果は以下の通り.

```
        Welch Two Sample t-test

data:  Result by Group
t=-3.3308, df=16.439, p-value=0.004108
alternative hypothesis: true difference in means is not equal to 0
95 percent confidence interval:
 -4.578208 -1.021792
sample estimates:
mean in group A mean in group B
            4.2             7.0
```

- 統計量である t 値は 3.33（なお, t 値がプラスであるかマイナスであるかは, 大きな意味はない. レポートに記述するときには絶対値（プラスの値）を書けばよい）, そして自由度は 16.44, p 値は .004 であることがわかる.
- 結果を記述する際には, $t(16.44)=3.33$, $p=.004$ と書く.（p 値を $p<.01$ と書いてもよい.）

- 効果量を求める

効果量の指標, Cohen の d の値を算出する. そのためには, パッケージ effsize をインストールして呼び出す必要がある. RStudio の右下パネルの「Packages」を見てみよう.

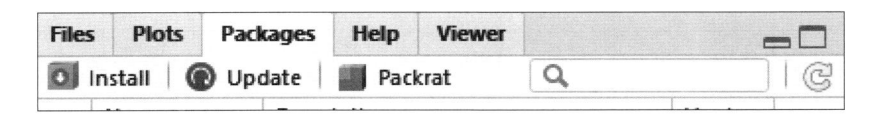

左端の「Install」をクリックする. 次のパネルがでてくるので, Packages の空欄に effsize を入力する. そして, Install ボタンをクリックする.

コンソール画面に下記の表示がでてきたら，無事にインストールが成功したことがわかる．

```
package 'effsize' successfully unpacked and MD5 sums checked
```

スクリプト画面に下記を打ちこむ．effsize のパッケージを読みこみ，次に，effsize の中の **cohen.d 関数**を用いるという意味である．パッケージの名前::(コロンを2つ) 関数名である．

```
library(effsize)
effsize::cohen.d(x$Result ~ x$Group)
```

次の結果が表示される．t の値と同じように，絶対値を記載すればよい．

$t(16.44) = 3.33$, $p = .004$, $d = 1.49$.

```
Cohen's d

d estimate: -1.489586 (large)
95 percent confidence interval:
     lower      upper
-2.5514809  -0.4276921
```

■コンパイルしてレポートを保存しよう

□ をクリックして，html 形式で，スクリプトおよび出力結果を保存しよう．こうすれば後からいつでも見直せるし，印刷もコピーも可能になる．

● 伝統的な手続きの場合

2つのデータの**母分散が等しい時には，** *t*検定，そうでなければ Welch の検定をおこなう場合は下記の手順である．

分散は variance であり，そのテストなので，等分散の検定には var.test 関数を用いる．

```
with(x, var.test(Result ~ Group))


        F test to compare two variances

data:Result by Group
F = 1.8909, num df = 9, denom df = 9, p-value = 0.3565
alternative hypothesis: true ratio of variances is not equal to 1
95 percent confidence interval:
 0.4696751 7.6127890
sample estimates:
ratio of variances
        1.890909
```

```
F 値が有意である    →    等分散ではない
F 値が有意ではない  →    等分散である
```

等分散が仮定される場合には「等分散を仮定する」*t*検定を実行し，仮定されない場合には「等分散を仮定しない」Welch の検定を実行する．

この場合，*F* 値が 1.89，有意確率（*p* 値）が .36 で有意ではないので，帰無仮説が採択され，等分散が仮定される．等分散であることが仮定されたので，等分散を仮定した**対応のない** *t* **検定**を行う．

t.test 関数を用いるが，オプションで等分散であることを指定する．指定の仕方は var.equal＝T である．

```
with(x, t.test(Result ~ Group, var.equal=T))


        Two Sample t-test

data:  Result by Group
t = -3.3308, df = 18, p-value = 0.003719
alternative hypothesis: true difference in means is not equal to 0
95 percent confidence interval:
 -4.566108 -1.033892
sample estimates:
mean in group A mean in group B
          4.2             7.0
```

結果の記載は，$t(18)=3.33$，$p=.004$（あるいは $p<.01$）である.

ポイント：var.equal＝F で，等分散でないという明示である．T は True，F は False の略である．なお，var.equal＝T の引数を書かないと，自動的に Welch の検定となる．

1−4 対応のある t 検定

10 名に対してある授業を行った前と後にテストを行い，成績を算出した．授業前後で成績が伸びているといえるか.

授業前	5	4	5	4	3	4	3	6	5	6
授業後	7	6	8	7	6	6	5	9	9	8

■データを Excel で入力

対応のあるデータとは，1 人の人間が複数回の実験を行なうなどして集められたデータである．したがって，データの入力の仕方が対応のない場合と異なるので注意．右のように入力する.

■ R project の作成と CSV データ形式の保存と読み込み

Excel に打ちこんだシートに chap5sample2 と名前をつけて，CSV（コンマ区切り）形式を選択して，作成したR project である lessonChap5 のフォルダ（ディレクトリ）に保存する.

しっかり保存されているか，右下の「Files」パネルで確認しよう.

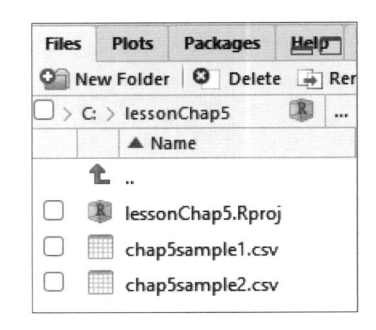

● データの読み込み

[⊕ ▼] から R script のシートを作成する．2 枚目のシートが作成される．

下記のスクリプトを書き，実行すると，x のデータフレームにデータが読み込まれる．

```
(wd<- getwd())
x <- read.csv(paste0(wd,"/chap5sample2.csv"))
x                          # 読み込んだデータの確認
```

● 基礎統計量の確認

```
library(psych)
describe(x[ ,c(2,3)])
# あるいは下記でも同じ.
describe(x[ ,c("Pre","Post")])
```

```
> describe(x[ ,c(2,3)])
     vars  n mean   sd median trimmed  mad min max range skew kurtosis   se
Pre     1 10  4.5 1.08    4.5    4.50 0.74   3   6     3 0.00    -1.48 0.34
Post    2 10  7.1 1.37    7.0    7.12 1.48   5   9     4 0.07    -1.55 0.43
> describe(x[ ,c("Pre","Post")])
     vars  n mean   sd median trimmed  mad min max range skew kurtosis   se
Pre     1 10  4.5 1.08    4.5    4.50 0.74   3   6     3 0.00    -1.48 0.34
Post    2 10  7.1 1.37    7.0    7.12 1.48   5   9     4 0.07    -1.55 0.43
```

対応のある t 検定を実行するには，t.test 関数に引数の paired＝T をつけて実行する．対応があるという意味の paired が真（True）という意味である．

```
with(x, t.test(Pre, Post, paired=T))
```

注意 ～（チルダ）でなくて，変数名の間は，半角カンマで区切っていることに注意．

```
        Paired t-test

data:  Pre and Post
t = -11.759, df = 9, p-value = 9.151e-07
alternative hypothesis: true difference in means is not equal to 0
95 percent confidence interval:
 -3.100182 -2.099818
sample estimates:
mean of the differences
                  -2.6
```

　結果は，自由度 df が9で，t 値は11.76，p-value を見ることで，0.1％水準で有意（有意確率が .e–07 となっているのは浮動小数点表示でほぼ0に近い値であることを意味する）であるとわかる．

　結果を記述する際には，「0.1％水準で有意であった（$t(9)=11.76$，$p<.001$）」と書く．

　対応のない t 検定と同様に，t 値がプラスであるかマイナスであるかにはたいして意味はない． レポートに記述するときには**絶対値**を書けばよい．

● 効果量の算出

　スクリプト画面に下記を打ちこむ．effsize のパッケージを読み込み，次に，effsize の中の **cohen.d 関数**を用いるという意味である．パッケージの名前::（コロンを2つ）関数名である．

```
library(effsize)
effsize::cohen.d(x$Pre, x$Post, paired=T)
```

　次の結果が表示される．t の値と同じように，絶対値を記載すればよい．$d=3.72$.

```
Cohen's d

d estimate: -3.718504 (large)
95 percent confidence interval:
    lower      upper
-5.270461 -2.166547
```

■コンパイルしてレポートを保存しよう．

　　　をクリックして，html 形式で，スクリプトおよび出力結果を保存しよう．後からいつでも見直せるし，印刷もコピーも可能になる．

ウィルコクソン検定

t 検定は，正規分布したデータから得られていることが前提で分析している．もしその前提が疑わしかったならば，ノンパラメトリックな**ウィルコクソン検定**が望ましいだろう．wilcox.test 関数を調べて，各自試してもらいたい．

■引用文献

［1］岩淵千明（編著）1997『あなたもできるデータの処理と解析』福村出版

演習問題 第5章

ある性格検査を男性 15 名，女性 15 名に実施した．男女で得点に差があるといえるかどうかを検討しなさい．

| 男性 | 108 | 86 | 86 | 82 | 96 | 90 | 103 | 105 | 95 | 89 | 110 | 91 | 83 | 93 | 95 |
| 女性 | 84 | 86 | 87 | 100 | 83 | 71 | 77 | 95 | 75 | 86 | 80 | 96 | 80 | 100 | 83 |

　これは対応のない *t* 検定を用いる．必要なデータを CSV 形式（今回 Chap5exercise.csv とする）で保存して，以下のように行なえばよい（データの配置の仕方に注意！）．

```
> (wd<- getwd())
[1] "C:/lessonChap5"
> x <- read.csv(paste0(wd,"/chap5exercise.csv"))
> names(x)
[1] "Sex"    "Point"
> with(x, boxplot(Point~Sex))
> library(psych)
> describeBy(x[,2],group=x$Sex)

 Descriptive statistics by group
group: female
    vars  n mean   sd median trimmed  mad min max range skew kurtosis   se
X1     1 15 85.53 8.83     84   85.54 5.93  71 100    29 0.27    -1.12 2.28
------------------------------------------------------------------------
group: male
    vars  n mean   sd median trimmed   mad min max range skew kurtosis   se
X1     1 15 94.13 8.88     93   93.85 10.38  82 110    28  0.4     -1.2 2.29
> with(x, t.test(Point~Sex))

        Welch Two Sample t-test

data:  Point by Sex
t = -2.6598, df = 27.999, p-value = 0.01279
alternative hypothesis:true difference in means is not equal to 0
95 percent confidence interval:
 -15.223242  -1.976758
sample estimates:
mean in group female   mean in group male
         85.53333             94.13333
```

　Welch の検定の結果から，男性の得点（平均 94.1 点　*SD*＝8.88）が女性の得点（平均 85.5 点　*SD*＝8.83）より 1％水準で有意に高い（$t(28.00)＝2.66, p＝.01$）といえる．

　記載する時は，必ず各群の人数と平均値と標準偏差を書くこと．

★今回は主流となりつつある Welch の検定を行ったが，伝統的な *t* 検定を行う場合には，等分散の検定を行った結果に基づいて，検討を行う。

分散分析

3 変数以上の相違の検討

RStudio

分散分析とは

　2つの平均値の相違を検討するには *t* 検定を用いるが，3つ以上の平均値の相違を検討する場合には**分散分析**（ANOVA；analysis of variance）を用いる．

　分散分析は3つ以上の変数間の相違を，全体的または同時に，さらに変数を組み合わせて検討することができる．また全体的な相違が認められた場合に，どこに相違があるのかも検討することが可能である．

1-1　要因配置

　分散分析では，独立変数と従属変数を設定する．

> ● **独立変数**……あらかじめ設定する条件．
> ● **従属変数**……測定されるものや独立変数の影響を受けて変化するもの．

　本来，分散分析は，実験計画法における結果の処理に位置づけられる．たとえば，「明るい照明の部屋と暗い照明の部屋では作業量が異なる」という仮説では，部屋の照明が独立変数，作業量が従属変数となる．

> 《**要因**》と《**水準**》
> ● 独立変数が1つのとき**1要因**，2つのとき**2要因**，3つのとき**3要因**という．
> ● 1つの独立変数の中にカテゴリーが2つあるときに**2水準**，3つあるときに**3水準**という．

　たとえばJ学部4学科の所属を独立変数として，何かの量的変数を比較する際には，「**1要因4水準の分散分析**」を行うことになる．

> 平均値の比較になぜ「**分散**」分析か（丸山ほか［15］，2004を改変）
> ● 分散分析では，（1）測定値の全体平均からの変動が，（2）要因の効果に基づく変動と，（3）水準内での偶然的な変動に反映されると考える．
> ● 言い換えると，（1）測定値の分散は，（2）要因で説明される分散と，（3）要因では説明できない

分散に分解できるということになる.

● たとえば，ある検査を男女 5 名ずつに実施した結果，次のようなデータが得られたとする.

測定値	
男性	女性
19	22
13	24
21	25
17	23
15	21

総平均 = 20

男性平均 = 17
女性平均 = 23

男女それぞれのデータを「変動しない部分」と「変動する部分」に分解することができる.

この場合，総平均が 20 なので，変動しない部分を 20 とおく.

測定値			変動しない部分			変動する部分	
男性	女性		男性	女性		男性	女性
19	22	=	20	20	+	−1	2
13	24		20	20		−7	4
21	25		20	20		1	5
17	23		20	20		−3	3
15	21		20	20		−5	1

さらに「変動する部分」は，「性別という要因によって変動する部分」と「偶然変動する部分」に分けることができる.

男性の平均は総平均よりも 3 低く，女性の平均は 3 高いので，次のようになる.

〈変動する部分〉

測定値			変動しない部分			性別で変動する部分			誤差で変動する部分	
男性	女性		男性	女性		男性	女性		男性	女性
19	22	=	20	20	+	−3	+3	+	2	−1
13	24		20	20		−3	+3		−4	1
21	25		20	20		−3	+3		4	2
17	23		20	20		−3	+3		0	0
15	21		20	20		−3	+3		−2	−2

- このようにデータを分解したときに、「性別要因によって変動する部分」が「偶然誤差によって変動する部分」よりも十分大きいことがわかれば、「男女の得点差は偶然の結果ではなく性別という要因が影響した結果である」ということができる.
- データを変動（分散）という点から分解することで、平均値の差を検討していくので、分散分析というのである.

1-2 分散分析のデザイン

要因数	各処理水準のデータの対応の有無			備考	要因の型
	要因 A	要因 B	要因 C		
1 要因	対応なし	-----	-----	被験者間要因	As
	対応あり	-----	-----	被験者内要因	sA
2 要因	対応なし	対応なし	-----	被験者間要因×被験者間要因	ABs
	対応なし	対応あり	-----	被験者間要因×被験者内要因	AsB
	対応あり	対応あり	-----	被験者内要因×被験者内要因	sAB

■ 1 要因の分散分析（一元配置の分散分析）

要因 A	条件 1	条件 2	条件 3
得点	X1	X2	X3

- **要因 A：対応なし（被験者間要因）** （例）被験者をランダムに 3 つの条件に振り分け、実験を行ない、得点を比較する.
- **要因 A：対応あり（被験者内要因）** （例）すべての被験者に対して 3 つの異なる授業方法によって授業を行ない、テストの結果を比較する.

ただし対応ありの場合、授業の順序の効果を相殺するため、被験者によって 3 つの授業を行う順序を変え、**カウンターバランス**をとる必要がある. 以下、被験者内要因については同じことがいえる.

■2要因の分散分析（二元配置の分散分析）

要因 A	条件 1		条件 2	
要因 B	条件 1	条件 2	条件 1	条件 2
得点	X1	X2	X3	X4

- 要因 A：対応なし（被験者間要因）
  要因 B：対応なし（被験者間要因）

  （例）中学校と高校でパーソナリティ検査を実施し，男女と学校段階でパーソナリティ検査の得点を比較する．

- 要因 A：対応なし（被験者間要因）
  要因 B：対応あり（被験者内要因）
  ▶「2要因混合計画の分散分析」ともいう．

  （例）男性と女性の被験者全員に明るい部屋と暗い部屋で作業をしてもらい，性別と部屋の明るさの要因で作業量にどのような違いが生じるのかを比較する．

- 要因 A：対応あり（被験者内要因）
  要因 B：対応あり（被験者内要因）

  （例）被験者全員が明るい部屋と暗い部屋，静かな部屋と騒がしい部屋で作業を行ない（全員が，明るく静か，暗く静か，明るく騒がしい，暗く騒がしいの4つの場所を経験する），作業量に差が生じるのかを検討する．

なお分散分析の詳細については　森・吉田[10]，後藤・大野木・中澤[16] に詳しく書いてある．詳細はそちらを参照すること．

1-3 多重比較

分散分析は「全体として群間に差があるかどうか」を検定するものであり，どの群とどの群に差があるのかを示すものではない．

要因の水準が3つ以上あり，分散分析の検定結果が有意である場合には，**多重比較**という手続きを行い，どの群とどの群に差があるのかを明らかにする．

- ある実験で，3つの条件を設定してデータを収集したとする．

  ▶これは条件1・条件2・条件3という「**1要因3水準**」の実験である．

  ▶実験で設定された3つの水準が1つのセット（要因）となっているので，条件1と条件2，条件1と条件3，条件2と条件3という3回の t 検定を行なってはいけない．

  ▶このようなときには，まず分散分析を行ない，検定結果が有意である場合に多重比較を行うことによって，3つの条件のどこに差があるのかを確かめる．

多重比較には2つのタイプがある.

(1) **先験的比較（計画比較）**
- 比較したい平均値の対が実験前に指定されている場合に用いる.
- たとえば，複数の実験条件と統制群との相違だけに関心がある場合.
- Dunn 法や Dunnett 法などがある.

(2) **事後比較**
- 前もって特定の水準間の差に関心があるわけではない場合に用いる.
- 主効果が有意であるときに，有意差の認められる水準をすべて検出する目的で用いる. まず全体としてどこかに差があるかを検討し，その後でどこに差があるのかを検討する.
- Tukey 法（Tukey の HSD 法），LSD 法，Ryan 法，Duncan 法，Holm 法，Shaffer 法などの手法がある.

前もって明確な仮説がない場合には，「(2) 事後比較」を行う.

■推薦図書（p.106 も参照のこと）

- 分散分析の詳細については，先に紹介した，森・吉田 [10]，後藤・大野木・中澤 [16]，多重比較に関しての本は，永田・吉田 [17] がよい.

[10] 森 敏昭・吉田寿夫（編著）1990『心理学のためのデータ解析テクニカルブック』北大路書房

[15] 丸山欣哉・佐々木隆之・大橋智樹 2004『学生のための心理統計法要点』ブレーン出版

[16] 後藤宗理・大野木裕明・中澤 潤 2000『心理学マニュアル 要因計画法』北大路書房

[17] 永田 靖・吉田道弘 1997『統計的多重比較法の基礎』サイエンティスト社

1 要因の分散分析

2−1 1 要因の分散分析（被験者間計画）

21 人の被験者を 7 人ずつ 3 つの条件にランダムに振り分け，次のような結果を得た．条件によって平均値が異なるかどうかを検定したい．

条件 1	
番号	結果
1	4
2	1
3	3
4	2
5	2
6	4
7	3

条件 2	
番号	結果
8	6
9	8
10	5
11	9
12	8
13	7
14	7

条件 3	
番号	結果
15	4
16	3
17	4
18	6
19	5
20	5
21	5

■ R project の作成と CSV データ形式の保存と読み込み

● ⬛ から，R project として，lessonChap6 を作成する

Excel に打ちこんだシートに chap6sample1 と名前をつけて，CSV（コンマ区切り）形式を選択して，作成した R project lessonChap6 のフォルダ（ディレクトリ）に保存する．

■データの読み込み

● ⬛ から R script のシートを作成する．

次のスクリプトを書き，実行すると，x のデータフレームにデータが読みこまれる．

	A	B	C
1	ID	Condition	Result
2	1	1	4
3	2	1	1
4	3	1	3
5	4	1	2
6	5	1	2
7	6	1	4
8	7	1	3
9	8	2	6
10	9	2	8
11	10	2	5
12	11	2	9
13	12	2	8
14	13	2	7
15	14	2	7
16	15	3	4
17	16	3	3
18	17	3	4
19	18	3	6
20	19	3	5
21	20	3	5
22	21	3	5

```
(wd<- getwd())
x <- read.csv(paste0(wd,"/chap6sample1.csv"))
x               # 読み込んだデータの確認
```

■「条件」を因子に変換

なお，条件を A, B, C のようにデータ入力しておくと，最初から因子の型として読みこまれるので，この作業は必要ない.

```
x$Condition <- factor(x$Condition)
```

次に，class（x$Condition）をスクリプトに打ち込み，実行することで，factor に変換されたことを必ず確認する.

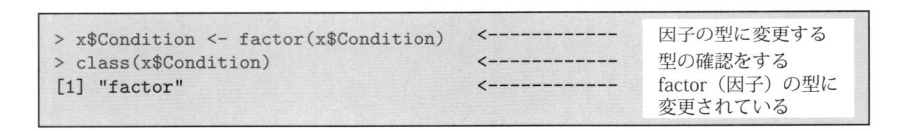

```
> x$Condition <- factor(x$Condition)    <------------    因子の型に変更する
> class(x$Condition)                    <------------    型の確認をする
[1] "factor"                            <------------    factor（因子）の型に
                                                         変更されている
```

■視覚的に理解するために，箱ひげ図を描く.

```
with(x, boxplot(Result ~ Condition))
```

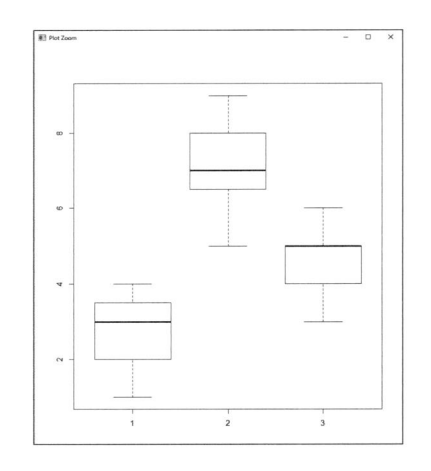

グラフからは，各条件において平均値に差があるように見える.

分散分析で確かめてみよう.

■分散分析のための関数の読み込み

分散分析を行う関数として，井関龍太氏が「ANOVA 君」という名称の便利な関数を作成してくれている．この関数を使って分析を実施する.

ANOVA 君のダウンロード：井関氏のホームページ「http://riseki.php.xdomain.jp/」の「道具箱」にある ANOVA 君のページを開く．下記の部分から，anovakun_482.txt をダウンロードして，

lessonChap6 のフォルダに保存する（482 はバージョン番号なので，以下，適宜に変えること）．

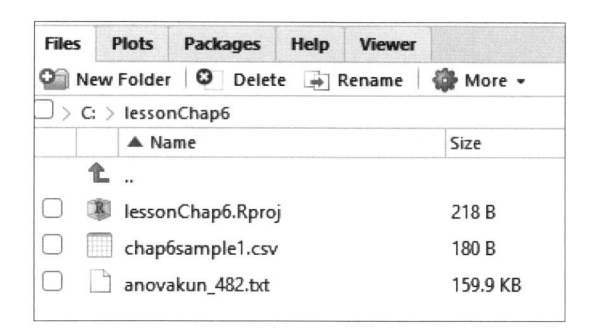

この時点で，RStudio の右下「Files」のパネルは次のようになっている．

● RStudio に ANOVA 君の関数を読み込む．

```
source(paste0(wd,"/anovakun_482.txt"))
```

これで，ANOVA 君の関数が利用可能となった．この関数を利用するときの注意点が 2 点ある．ひとつは，分析に際して，対象となるデータのみを取り出して使う必要がある．もうひとつは，条件は分析前に並び替えておく必要がある．

```
x1 <- x[,c(2,3)]     # 分析対象のデータの取り出し
head(x1)             # 確認
```

必ず条件の列が最初にくるように，データを取り出す．x に，もし 3 列目に条件があり，2 列目に結果がある場合には，x1 <- x[,c(3,2)] とすること．
もしくは次のようにする．

```
x1 <- x[,c("Condition","Result")]
```

次に必要な条件の並び替えには，order 関数を用いる．

```
x2 <- x1[order(x1$Condition),]      #,を忘れないこと.
x2$Condition        # 確認
```

■一要因の分散分析（被験者間計画）の型："As"

今回の分析は，"As" の要因計画であり，要因の水準数は 3 である．s は subject（被験者）の略であり，被験者間の場合は s の左側に要因名を書く．

● 関数の使い方は下記の形式である．
anovakun（データの名前，"要因計画の型"，各要因の水準数の明記，効果量の指定）

今回は，データの名前は x2 となり，要因計画の型は As であり，要因の水準数の明記は zyoken ＝levels（x2$Condition）となり，効果量の指定は eta＝T となる levels 関数で水準数を算出する．eta＝T（True）の意味は，効果量 η^2（イータ 2 乗）を算出するということである．

```
anovakun(x2, "As",zyoken=levels(x2$Condition),eta=T)
```

出力結果は次のとおりとなる．最初に，基礎統計量としての群ごとのデータ数，平均値，標準偏差が出力され，次に分散分析表が η^2 とともに表示される．つぎに分散分析の結果が有意であったため，Shaffer 法による多重比較の検定結果が出力されている．

```
<< DESCRIPTIVE STATISTICS >>

-----------------------------
zyoken   n   Mean    S.D.
-----------------------------
    1    7  2.7143  1.1127
    2    7  7.1429  1.3452
    3    7  4.5714  0.9759
-----------------------------
```

```
<< ANOVA TABLE >>

-----------------------------------------------------------
 Source      SS   df      MS  F-ratio  p-value       eta^2
-----------------------------------------------------------
 zyoken 69.2381    2 34.6190  25.9643   0.0000 *** 0.7426
  Error 24.0000   18  1.3333
-----------------------------------------------------------
  Total 93.2381   20  4.6619
                +p < .10, *p < .05, **p < .01, ***p < .001


<< POST ANALYSES >>

< MULTIPLE COMPARISON for "zyoken" >

== Shaffer's Modified Sequentially Rejective Bonferroni Procedure ==
== The factor < zyoken > is analysed as independent means. ==
== Alpha level is 0.05. ==

-----------------------------
 zyoken  n   Mean   S.D.
-----------------------------
     1   7  2.7143  1.1127
     2   7  7.1429  1.3452
     3   7  4.5714  0.9759
-----------------------------


-------------------------------------------------------
 Pair    Diff  t-value  df      p   adj.p
-------------------------------------------------------
  1-2  -4.4286   7.1751  18  0.0000  0.0000  1 < 2 *
  2-3   2.5714   4.1662  18  0.0006  0.0006  2 > 3 *
  1-3  -1.8571   3.0089  18  0.0075  0.0075  1 < 3 *
-------------------------------------------------------
```

- ●これは，3つの条件におけるデータの値に差があるか否かを検定した結果である．
- ●「Total」（全体の平方和：表示されていない）を，「**条件**」であるグループ間（要因で説明できる部分）と「**残差 Residuals**」であるグループ内（要因では説明できない部分，誤差）に分解している．
- ●分散分析の結果は…自由度（2, 18）の F 値が 25.96，0.1％水準で有意であり，効果量 η^2 は 0.74 である．
- ●論文やレポートでの記述の仕方は……$F(2, 18)＝25.96$，$p<.001$，$\eta^2＝0.74$

　分散分析の結果が有意であった場合，慣習として事後検定としての多重比較を行う場合が多い．多重比較とは，どの群間に有意な差があるかを検定することである．ただし，多重比較と分散分析に理論的つながりがあるとはいえないため，分散分析をせずに多重比較を最初からすることが勧められることもある．

■多重比較の結果

　Shaffer 法による多重比較の検定結果が出力されているので，adj.p（調整済み p 値）を見てみよう．すべての群間において．5% 水準で有意な差がでている．正確にいえば，いずれも 5% 水準で帰無仮説が棄却されているということである．

　中澤[18] によれば，Holm の方法が多重比較の第一候補として推奨されている．Shaffer 法は Holm 法の改良されたものである．もし Holm 法での結果を算出したければ，holm＝T のオプションをつければよい．

■推薦図書（p.100 も参照のこと）

[18] 中澤 港　2003『R による統計解析の基礎』ピアソン・エデュケーション
　　 http://minato.sip21c.org/statlib/stat-all-r9.pdf

■コンパイルしてレポートを保存しよう．

　　　　　　をクリックして，html 形式で，スクリプトおよび出力結果を保存しよう．後からいつでも見直せるし，印刷もコピーも可能になる．

2–2　1 要因の分散分析（被験者内計画：sA 型）

　6 名の実験参加者に対してミュラー・リヤーの錯視実験を行った．矢羽の角度を 30 度，60 度，90 度，120 度とした 4 つの条件を設け，6 名の実験協力者はくり返し 4 つの条件の試行を行った．実験では，2 つの図形の線分の長さが等しいと判断した際の，2 つの線分の長さの差を測定した．
　角度によって錯視量に差があるかどうか，差があるとすれば，どこにあるかを検定したい．

参加者	角度			
	30 度	60 度	90 度	120 度
1	42	39	36	34
2	22	17	15	8
3	35	32	25	25
4	34	30	22	20
5	40	33	28	23
6	34	30	23	28

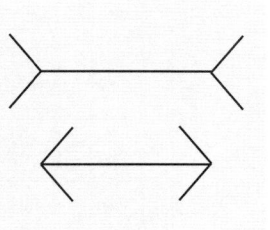

〈ミュラー・リヤーの錯視実験〉

右のような2つの線分のうち一方を操作して，同じ長さに見えたところで，実際の長さとの間にどの程度のずれが生じているのかを測定する.

一般的には，矢羽（線分の両端にある線分）が長いほど，そして矢羽の角度が小さいほど錯視量が大きくなる.

Excel に打ちこんだシートに chap6sample2 と名前をつけて，CSV（コンマ区切り）形式を選択して，作成した R project lessonChap6 のフォルダ（ディレクトリ）に保存する.

▲	A	B	C	D	E
1	ID	r30	r60	r90	r120
2	1	42	39	36	34
3	2	22	17	15	8
4	3	35	32	25	25
5	4	34	30	22	20
6	5	40	33	28	23
7	6	34	30	23	28

● データおよび「ANOVA 君」の読み込み

[⊕ ▼] から R script のシートを作成して，下記のスクリプトを書き，実行する.

```
(wd<- getwd())
x <- read.csv(paste0(wd,"/chap6sample2.csv"))
x          # 読み込んだデータの確認
source(paste0(wd,"/anovakun_482.txt"))
```

今回行うのは，1要因の被験者内分散分析である. 要因計画の型は sA であり，要因の水準数の明記は4となり，効果量の指定は一般化イータ2乗 η_g^2 を算出するため，geta＝T となる. また，被験者内分散分析の場合，球面性の検定を行い，それによる修正を自動的に行うためのオプションである auto＝T も追記しておく.

データ分析部分の抽出と，ANOVA 君の実行

```
x1 <- x[,c(2:5)]
anovakun(x1, "sA",4, geta=T, auto=T)
```

結果は次の通り.

```
<< DESCRIPTIVE STATISTICS >>

--------------------------
 A   n    Mean    S.D.
--------------------------
a1   6  34.5000  6.9785
a2   6  30.1667  7.2503
a3   6  24.8333  6.9690
a4   6  23.0000  8.7636
--------------------------


<< SPHERICITY INDICES >>

== Mendoza's Multisample Sphericity Test and Epsilons ==

-------------------------------------------------------------------------
Effect  Lambda  approx.Chi  df       p        LB     GG     HF     CM
-------------------------------------------------------------------------
     A  0.0155      6.2080   5  0.3008 ns  0.3333 0.5877 0.8835 0.5409
-------------------------------------------------------------------------
                        LB = lower.bound, GG = Greenhouse-Geisser
                        HF = Huynh-Feldt-Lecoutre, CM = Chi-Muller


<< ANOVA TABLE >>

== Adjusted by Greenhouse-Geisser's Epsilon for Suggested Violation ==

----------------------------------------------------------------
Source        SS df      MS F-ratio  p-value      G.eta^2
----------------------------------------------------------------
    s 1058.3750  5 211.6750
----------------------------------------------------------------
    A  491.4583  3 163.8194 32.8552   0.0000 ***   0.3025
  s x A  74.7917 15   4.9861
----------------------------------------------------------------
 Total 1624.6250 23  70.6359
                 +p < .10, *p < .05, **p < .01, ***p < .001
```

　DESCRIPTIVE STATISTICS で基本統計量（データ数，平均値，標準偏差）が表示される．次に，SPHERICITY INDICES で，Mendoza の球面性検定の出力が表示される．今回は，$p = .30$ と有意でなかったため，球面性検定の帰無仮説は棄却されなかった．そのため，Greenhouse–Geisser のイプシロンによる自由度の調整は行われない．そして，ANOVA TABLE で分散分析表が表示される．

　分散分析表の結果は　$F(3, 15) = 32.86$，$p < .001$，$\eta_g^2 = .30$ である．

　0.1%水準で有意であったため，Shaffer 法による多重比較の検定結果が次に表示される．

```
<< POST ANALYSES >>

< MULTIPLE COMPARISON for "A" >

== Shaffer's Modified Sequentially Rejective Bonferroni Procedure ==
== The factor < A > is analysed as dependent means. ==
== Alpha level is 0.05. ==

--------------------------
 A   n    Mean     S.D.
--------------------------
 a1   6  34.5000  6.9785
 a2   6  30.1667  7.2503
 a3   6  24.8333  6.9690
 a4   6  23.0000  8.7636
--------------------------


----------------------------------------------------------
 Pair    Diff   t-value  df      p    adj.p
----------------------------------------------------------
 a1-a3   9.6667  9.1706   5  0.0003  0.0016  a1 > a3 *
 a1-a2   4.3333  7.0502   5  0.0009  0.0027  a1 > a2 *
 a1-a4  11.5000  6.7337   5  0.0011  0.0033  a1 > a4 *
 a2-a4   7.1667  5.5056   5  0.0027  0.0081  a2 > a4 *
 a2-a3   5.3333  5.3936   5  0.0030  0.0081  a2 > a3 *
 a3-a4   1.8333  1.0776   5  0.3304  0.3304  a3 = a4
----------------------------------------------------------
```

　5％水準でみると，90度と120度（a3とa4）との間以外のすべての角度間で，平均値の差は有意である．

■コンパイルしてレポートを保存しよう．

　　　　をクリックして，html形式で，スクリプトおよび出力結果を保存しよう．後からいつでも見直せるし，印刷もコピーも可能になる．

2 要因の分散分析 （1）

3-1 2 要因の分散分析

　ここでは，2 つの独立変数におけるいくつかの水準の相違を検討する仮説を設定した際の分析方法である，**2 要因の分散分析**について学ぶ.

　たとえば，性別と学年で性格検査の得点が異なるであろう，という検討を行う場合，性別と学年という 2 つの独立変数を組み合わせて仮説を設定することになる.

　2 つの独立変数を組み合わせて仮説を設定し，ある 1 つの従属変数への影響（これを**効果**という）について検討する分散分析を，2 要因の分散分析という.

3-2 主効果と交互作用

■主効果と交互作用

> **主効果**（main effect）とは
> ● それぞれの独立変数がそれぞれ「独自」に従属変数へ与える単純効果のこと.
>
> **交互作用**（interaction）とは
> ● 独立変数を組み合わせた場合の複合効果のこと.
> ● 特定のセルにおいて要因 A の主効果と要因 B の主効果だけでは説明できない組み合わせ特有の効果がみられること.

◎ 2 要因以上の分散分析では，交互作用の検討が重要なポイントとなる.

■分析の手順

> まず，2つの要因の**交互作用**を検証する．
> ● 交互作用が認められたら，**単純主効果の検定**を行う．
> ▶ 単純主効果の検定とは，たとえば要因Aと要因Bの交互作用が有意であるとき，要因Bのある水準での要因Aの主効果について，また要因Aのある水準での要因Bの主効果について分析を行うことである．
> ▶ 単純主効果が有意である場合には，必要に応じて**多重比較**を行う．
> ● 交互作用が認められなかったら，**主効果**を検定する．
> ▶ 主効果が有意である場合には必要に応じて**多重比較**を行う．

たとえば……

中学生，高校生，大学生の男女に対して，あるテストを行ったところ，各学校段階と男女で次のような平均値を得た．

	中学	高校	大学
男性	65.02	60.19	89.89
女性	58.67	63.20	65.76

この平均値をグラフに描くと，以下のようになる．

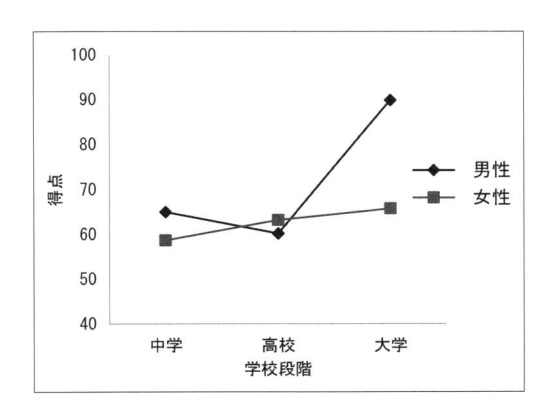

この場合，このテスト得点は性別だけ，学校段階だけの効果では説明ができない．

学校段階と性別の「**組み合わせの効果**」がみられるということである．

このような場合に，交互作用の検討が重要な意味をもつ．

素因ストレスモデル

　何事も完全にこなそうとする完全主義傾向が高い者は，数多くの失敗を経験したときに，完全主義傾向が低い者よりも抑うつ的になると考えられる．そこで，過去1か月の失敗経験と完全主義傾向，抑うつ傾向からなる質問紙調査を24名に実施した．

　失敗経験の数によって，少群（1），中群（2），多群（3）に被調査者を分類し，完全主義傾向の平均値によって，低群（1），高群（2）に分類した．

　各群の抑うつ傾向得点は，右のデータのとおりであった．

　★右のデータでは，失敗経験の「少」→「1」，「中」→「2」，「多」→「3」，完全主義の「低」→「1」，「高」→「2」と入力されている．

> **ポイント**：Rを立ち上げたら，すべてのオブジェクトの消去をしておこう（p.6）.

番号	失敗経験	完全主義	抑うつ
1	1	1	10
2	1	1	13
3	1	1	21
4	1	1	16
5	1	2	16
6	1	2	19
7	1	2	13
8	1	2	8
9	2	1	15
10	2	1	16
11	2	1	12
12	2	1	15
13	2	2	21
14	2	2	23
15	2	2	16
16	2	2	19
17	3	1	21
18	3	1	14
19	3	1	24
20	3	1	20
21	3	2	31
22	3	2	36
23	3	2	24
24	3	2	34

	A	B	C	D
1	ID	failure	perfectionism	depression
2	1	1	1	10
3	2	1	1	13
4	3	1	1	21
5	4	1	1	16
6	5	1	2	16
7	6	1	2	19
8	7	1	2	13
9	8	1	2	8
10	9	2	1	15
11	10	2	1	16
12	11	2	1	12
13	12	2	1	15
14	13	2	2	21
15	14	2	2	23
16	15	2	2	16
17	16	2	2	19
18	17	3	1	21
19	18	3	1	14
20	19	3	1	24
21	20	3	1	20

3-4 データ入力と分析

Excel に打ちこんだシートに chap6sample3 と名前をつけて，CSV（コンマ区切り）形式を選択して，作成した R project lessonChap6 のフォルダ（ディレクトリ）に保存する．

■データおよび「ANOVA 君」の読み込み

● [⊕ ▾] から R script のシートを作成して，下記のスクリプトを書き，実行する．

```
(wd<- getwd())
x <- read.csv(paste0(wd,"/chap6sample3.csv"))
x           # 読み込んだデータの確認
source(paste0(wd,"/anovakun_482.txt"))
```

■「条件」を因子に変換

次のように，条件を factor の型に変換し，class 関数で変換されたことを確認する．

```
x$failure <- factor(x$failure)
x$perfectionism <- factor(x$perfectionism)
class(x$failure)
class(x$perfectionism)
```

● 分析対象のデータの取り出しと条件の並び替え

```
x1 <- x[,c(2:4)]         # 分析対象のデータの取り出し 2 列目から 4 列目
head(x1)                 # 確認
```

次に必要な条件の並び替えには，order 関数を用いる．

```
x2 <- x1[order(x1$failure, x1$perfectionism),]         # , を忘れないこと
```

● グラフによる概観

それぞれの組み合わせの群の箱ひげ図を見るには，独立変数を「＊」マークでつなぐ．

```
boxplot(depression ~ failure*perfectionism, data=x2)
```

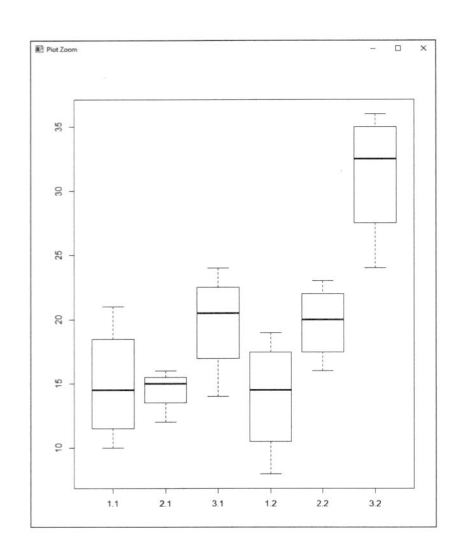 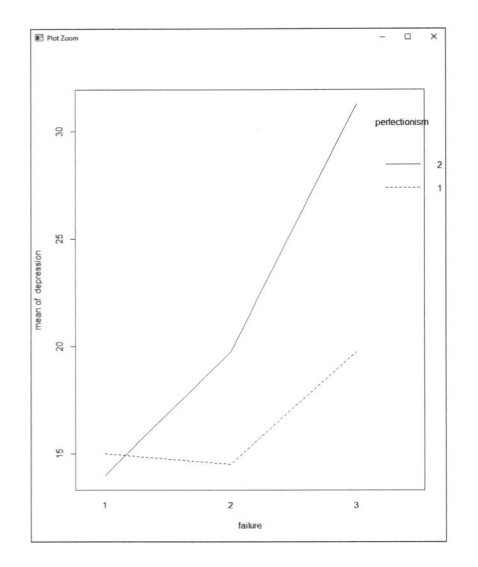

　平均のグラフを描くのは，interaction.plot 関数を用いて，以下のようなスクリプトを実行するとよい．

```
with(x2, interaction.plot(response=depression, x.factor=failure, trace.factor=perfectionism))
```

　なおオプションとして，type＝"b"，pch＝c(1, 2)，bty＝"l"，tcl＝0.5　をオプションとして追記して実行すると，より見栄えのよいグラフになる．

● ANOVA 君の実行

　今回行うのは，2 要因の被験者間分散分析である．要因計画の型は ABs であり，要因の水準数の明記は failure が 3 水準，perfectionism が 2 水準となる．効果量の指定は偏イータ 2 乗 η_{p}^2 を算出するため，peta＝T となる．

```
anovakun(x2, "ABs",3, 2, peta=T)
```

あるいは，水準数は levels 関数を用いて下記のようでもよい．

```
anovakun(x2, "ABs",F=levels(x2$failure),P=levels(x2$perfectionism),peta=T)
```

　2 つ目の結果は次の通り．

```
<< DESCRIPTIVE STATISTICS >>

------------------------------
 F   P   n    Mean     S.D.
------------------------------
 1   1   4   15.0000   4.6904
 1   2   4   14.0000   4.6904
 2   1   4   14.5000   1.7321
 2   2   4   19.7500   2.9861
 3   1   4   19.7500   4.1932
 3   2   4   31.2500   5.2520
------------------------------


<< ANOVA TABLE >>

-----------------------------------------------------------------
Source       SS    df      MS  F-ratio  p-value        p.eta^2
-----------------------------------------------------------------
    F    528.0833   2 264.0417 15.6727   0.0001 ***     0.6352
    P    165.3750   1 165.3750  9.8162   0.0057 **      0.3529
  F x P  156.2500   2  78.1250  4.6373   0.0237 *       0.3400    <----
  Error  303.2500  18  16.8472
-----------------------------------------------------------------
 Total 1152.9583  23  50.1286
              +p < .10, *p < .05, **p < .01, ***p < .001
```

交互作用
は5%水
準で有意

　最初のそれぞれの群ごとのデータ数，平均値，標準偏差が表示される．次に，分散分析表が表示される．分散分析表では，まず，交互作用があるかどうかを見る．F x P の交互作用は，$F(2, 18)$ ＝4.64, p＝.02 であり，5％水準で有意であり，η_p^2＝0.34 である．なお F 値の自由度は 2 つ必要．（対象となる分析部分の自由度，誤差（Error）の自由度）で表記する．

　次の表示は次のとおりである．

```
<< POST ANALYSES >>

< MULTIPLE COMPARISON for "F" >

== Shaffer's Modified Sequentially Rejective Bonferroni Procedure ==
== The factor < F > is analysed as independent means. ==
== Alpha level is 0.05. ==

--------------------------
 F   n    Mean     S.D.
--------------------------
 1   8   14.5000   4.3753
 2   8   17.1250   3.6031
```

```
    3   8  25.5000   7.5593
------------------------

----------------------------------------------------------
 Pair     Diff  t-value  df       p    adj.p
----------------------------------------------------------
   1-3  -11.0000   5.3599   18   0.0000   0.0001   1 < 3 *
   2-3   -8.3750   4.0809   18   0.0007   0.0007   2 < 3 *
   1-2   -2.6250   1.2791   18   0.2171   0.2171   1 = 2
----------------------------------------------------------


< SIMPLE EFFECTS for "F x P" INTERACTION >

---------------------------------------------------------------
 Source      SS   df      MS   F-ratio   p-value      p.eta^2
---------------------------------------------------------------
 F at 1  67.1667   2  33.5833   1.9934   0.1652 ns    0.1813
 F at 2 617.1667   2 308.5833  18.3166   0.0000 ***   0.6705   <----  ◯
 P at 1   2.0000   1   2.0000   0.1187   0.7344 ns    0.0066
 P at 2  55.1250   1  55.1250   3.2721   0.0872 +     0.1538
 P at 3 264.5000   1 264.5000  15.6999   0.0009 ***   0.4659   <----  ◯
 Error  303.2500  18  16.8472
---------------------------------------------------------------
             +p < .10, *p < .05, **p < .01, ***p < .001


< MULTIPLE COMPARISON for "F at 2" >

== Shaffer's Modified Sequentially Rejective Bonferroni Procedure ==
== The factor < F at 2 > is analysed as independent means. ==
== Alpha level is 0.05. ==


----------------------------------------------------------
 Pair     Diff  t-value  df       p    adj.p
----------------------------------------------------------
   1-3  -17.2500   5.9435   18   0.0000   0.0000   1 < 3 *
   2-3  -11.5000   3.9623   18   0.0009   0.0009   2 < 3 *
   1-2   -5.7500   1.9812   18   0.0631   0.0631   1 = 2
----------------------------------------------------------
```

交互作用が有意なので，次に単純主効果の検定を見る．
SIMPLE EFFECTS for "F x P" INTERACTION の部分である．

　もし交互作用が有意でなかったならば，主効果（**失敗経験**と**完全主義**の部分）を見る．なお，2
水準の場合は，主効果が有意であれば2つのうちどちらか平均値が高い方が低い方よりも有意に高
いことになる．

この場合，失敗経験の主効果も完全主義の主効果も有意であるが，交互作用が有意であることを優先する．

もし，交互作用が有意でなかった場合に，これらの主効果を解釈することに意味があると判断されれば，解釈を行うこともあるだろう．

主効果も有意でなければ，「群間に有意な差が見られなかった」と判断する．

交互作用が有意であったので，次に単純主効果の検定結果を見てみる．

3–5 交互作用の分析（単純主効果の検定）

交互作用が有意である場合，たとえば要因 B のある水準での要因 A の主効果，要因 A のある水準での要因 B の主効果について分析する．これを単純主効果の検定という．

今回のデータの場合では，次の 5 つの単純主効果を考えることができる．

1. 完全主義が「低群」であるときの失敗経験の単純主効果：F at 1
2. 完全主義が「高群」であるときの失敗経験の単純主効果：F at 2
3. 失敗経験が少ない者における完全主義の単純主効果　　　：P at 1
4. 失敗経験が中程度な者における完全主義の単純主効果　　：P at 2
5. 失敗経験が多い者における完全主義の単純主効果　　　　：P at 3

SIMPLE EFFECTS for "F x P" INTERACTION の F at 2 部分を見てみよう．

$F(2, 18) = 18.32$，$p < .001$ であり，完全主義が高い群において，失敗経験の単純主効果が有意である．失敗経験は，小群，中群，多群の 3 群あるので，どの群の間で抑うつ傾向に違いがあるかを知りたい．

そこで，MULTIPLE COMPARISON for "F at 2" の表を見てみる．Shaffer 法による多重比較の結果が示されている．5%水準で，1<3，2<3 の有意な結果である．すなわち，完全主義が高い群において，失敗経験多群が中群や少群よりも抑うつ傾向が高いことがわかる．

SIMPLE EFFECTS for "F x P" INTERACTION の P at 3 部分を見てみよう．

$F(1, 18) = 15.70$，$p < .001$ であり，失敗経験の多い群において，完全主義の単純主効果が有意である．完全主義は高群，低群の 2 群のみなので，平均値をみればどちらの群の抑うつ傾向が高いか

わかる．最初の群ごとの表をみてみると，失敗傾向の多い群において，完全主義高群が低群よりも抑うつ傾向が高いことがわかる．

なお，5％水準では，1：F at 1，3：P at 1，4：P at 2 では有意な結果が得られなかった．

■まとめ

今回の結果を平均値として表に表すと，以下のようになる．また先に出力したグラフも見てみよう．

		完全主義	
		低	高
	少	15.00	14.00
失敗経験	中	14.50	19.75
	多	19.75	31.25

失敗経験と完全主義の組み合わせの効果が見られるので，交互作用が有意になった．

単純主効果の検定より，以下のことが判明した．

- ▶完全主義が高い者において，失敗経験によって抑うつ傾向に差が生じる
- ▶失敗経験が多い者において，完全主義によって抑うつ傾向に差が生じる

そこで，完全主義が高いという「素因」をもつ者が失敗経験を数多く経験すると，そのような素因をもたない者よりも抑うつ的になると考えられる．

■コンパイルしてレポートを保存しよう

メモ：論文の記載方法

論文には，利用した統計ソフトを記載する．citation（）でRの書誌情報がでてくる．citation（"パッケージ名"）で（例：citation（"psych"）），そのパッケージの書誌情報がでてくる．今回を例にとると，「分析には Windows10 上で，R version 3.5.1（R core Team, 2018）および，関数 ANOVA 君 version 4.8.2（井関，2019）を使用した．」と書く．文献欄は以下のようになる．

井関龍太（2019）．井関龍太のページ ANOVA 君．Retrieved from
　http://riseki.php.xdomain.jp/index.php?ANOVA％E5％90％9B（March 11, 2019）
　R Core Team（2018）．R: A language and environment for statistical computing. R Foundation for Statistical Computing, Vienna, Austria. Retrieved from https://www.R-project.org/.（November 11, 2018）

Section 4

2 要因の分散分析（2）

4−1 2 要因分散分析（混合計画：AsB 型）

　ある製薬会社では，血圧を下げる新たな薬品「B」を開発した．この薬品が本当に効果のあるものなのかどうかを検討したい．

　そこで，新たな薬品「B」を投与する群(2)，偽薬（ブドウ糖）を投与する群(0)，すでに販売されているライバル会社の薬品「A」を投与する群(1) を設定し，比較検討することにした．新たな薬品「B」は，何も投与しない群よりも，そしてライバル会社の薬品「A」よりも血圧を下げる効果が高いといえるだろうか．

- 独立変数は，偽薬(0)，A を投与(1)，B を投与(2)の 3 群（被験者間要因）と，投与前・後（被験者内要因）である．

- 各被験者は薬品投与前と後に血圧の測定をくり返している．

Excel に打ちこんだシートに chap6sample4 と名前を付けて，CSV（コンマ区切り）形式を選択して，作成した R project lessonChap6 のフォルダ（ディレクトリ）に保存する．

被験者 ID	薬品	投与前	投与後
1	偽薬	140	142
2	偽薬	138	144
3	偽薬	138	135
4	偽薬	140	135
5	偽薬	152	164
6	A	132	126
7	A	158	145
8	A	127	122
9	A	153	149
10	A	142	151
11	B	136	114
12	B	146	127
13	B	151	145
14	B	129	117
15	B	149	137

▲	A	B	C	D
1	ID	Condition	Pre	Post
2	1	0	140	142
3	2	0	138	144
4	3	0	138	135
5	4	0	140	135
6	5	0	152	164
7	6	1	132	126
8	7	1	158	145
9	8	1	127	122
10	9	1	153	149
11	10	1	142	151
12	11	2	136	114
13	12	2	146	127
14	13	2	151	145
15	14	2	129	117
16	15	2	149	137

データおよび「ANOVA 君」の読み込み

（画像アイコン）から R script のシートを作成して，下記のスクリプトを書き，実行する.

```
(wd<- getwd())
x <- read.csv(paste0(wd,"/chap6sample4.csv"))
x          # 読み込んだデータの確認
source(paste0(wd,"/anovakun_482.txt"))
```

■「条件」を因子に変換

次のように，条件を factor の型に変換し，class 関数で変換されたことを確認する.

```
x$Condtion <- factor(x$Condition)
class(x$Condition)
```

● 分析対象のデータの取り出しと条件の並び替え

```
x1 <- x[,c(2:4)]          # 分析対象のデータの取り出し 2 列目から 4 列目
head(x1)                  # 確認
```

次に必要な条件の並び替えには，order 関数を用いる.

```
x2 <- x1[order(x1$Condition),]          # , を忘れないこと
```

● 分散分析の実行

今回行うのは，2 要因の混合分散分析である. 要因計画の型は AsB であり，要因の水準数の明記は被験者間要因 A である薬品条件 Condition が 3 水準，被験者内要因 B である投与前・後が 2 水準となる. 効果量の指定は一般化イータ 2 乗 η_g^2 を算出するため，geta＝T となる. また，被験者内分散分析の場合，球面性の検定を行い，それによる修正を自動的に行うためのオプションである auto＝T も追記しておく.

ANOVA 君の実行

```
anovakun(x2, "AsB",3, 2, geta=T, auto=T)
```

結果は次の通り.

```
<< DESCRIPTIVE STATISTICS >>

-------------------------------
  A   B   n     Mean      S.D.
-------------------------------
 a1  b1   5  141.6000    5.8992
 a1  b2   5  144.0000   11.8954
 a2  b1   5  142.4000   13.2401
 a2  b2   5  138.6000   13.5757
 a3  b1   5  142.2000    9.3648
 a3  b2   5  128.0000   13.1149
-------------------------------


<< SPHERICITY INDICES >>

== Mendoza's Multisample Sphericity Test and Epsilons ==

--------------------------------------------------------------------
Effect  Lambda  approx.Chi  df      p       LB     GG     HF     CM
--------------------------------------------------------------------
     B  0.8951      0.1970   2 0.9062 ns  1.0000 1.0000 1.0000 1.0000
--------------------------------------------------------------------
                         LB = lower.bound, GG = Greenhouse-Geisser
                         HF = Huynh-Feldt-Lecoutre, CM = Chi-Muller
```

球面性検定が有意になっていないことを確認する.

```
<< ANOVA TABLE >>

== Adjusted by Greenhouse-Geisser's Epsilon for Suggested Violation ==

------------------------------------------------------------------
  Source       SS  df      MS  F-ratio  p-value       G.eta^2
------------------------------------------------------------------
       A  312.4667   2 156.2333   0.6510   0.5390 ns    0.0894
   s x A 2880.0000  12 240.0000
------------------------------------------------------------------
       B  202.8000   1 202.8000   8.0476   0.0150 *     0.0599
   A x B  351.8000   2 175.9000   6.9802   0.0098 **    0.0995
 s x A x B 302.4000  12  25.2000
------------------------------------------------------------------
   Total 4049.4667  29 139.6368
                    +p < .10, *p < .05, **p < .01, ***p < .001
```

Aが薬品の被験者間要因，Bが投与の被験者内要因である.

- 薬品の主効果はみられない．$F(2,12)=0.65$, $p=.54$, ns
- 投与の主効果は 5% 水準で有意：$F(1, 12)=8.05$, $p=.02$, $\eta_g^2=.059$
  - ▶交互作用が有意であるため見る必要はないが，投与前後の差が有意となっている．
- 投与と薬品の交互作用は 5% 水準で有意：$F(2, 12)=6.98$, $p=.01$, $\eta_g^2=.100$
  - ▶混合計画の分散分析では，被験者間と被験者内で，用いる誤差が異なる．

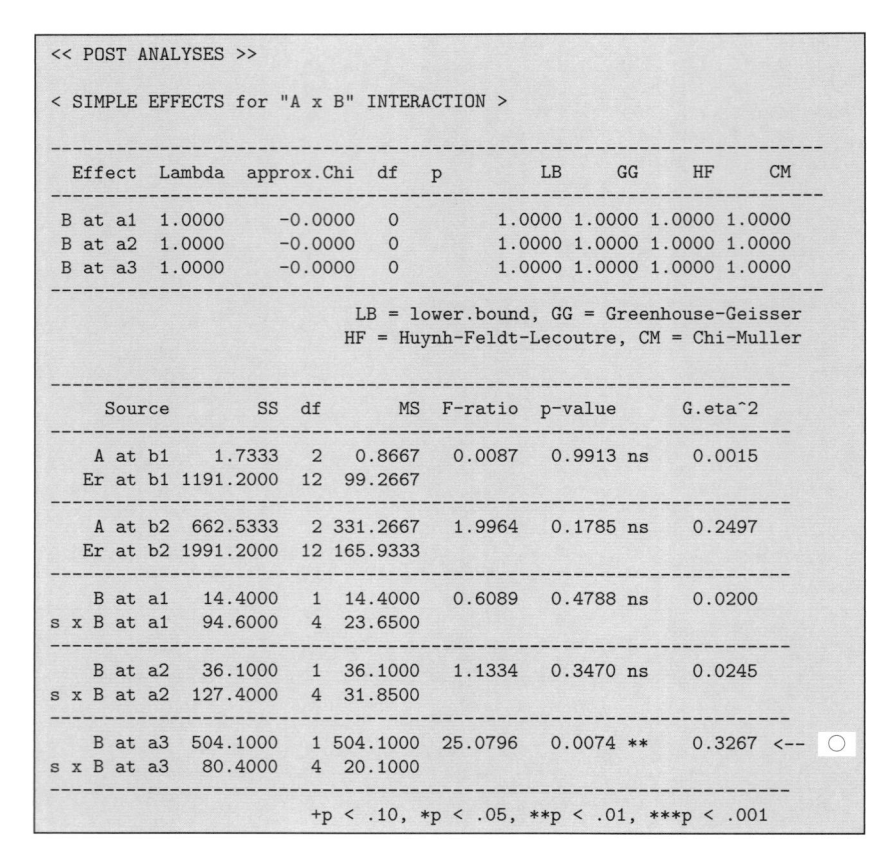

```
<< POST ANALYSES >>

< SIMPLE EFFECTS for "A x B" INTERACTION >

-------------------------------------------------------------------
  Effect  Lambda  approx.Chi  df  p         LB     GG     HF     CM
-------------------------------------------------------------------
  B at a1  1.0000   -0.0000    0      1.0000 1.0000 1.0000 1.0000
  B at a2  1.0000   -0.0000    0      1.0000 1.0000 1.0000 1.0000
  B at a3  1.0000   -0.0000    0      1.0000 1.0000 1.0000 1.0000
-------------------------------------------------------------------
                         LB = lower.bound, GG = Greenhouse-Geisser
                         HF = Huynh-Feldt-Lecoutre, CM = Chi-Muller

-------------------------------------------------------------------
    Source        SS  df      MS  F-ratio  p-value      G.eta^2
-------------------------------------------------------------------
    A at b1    1.7333   2  0.8667  0.0087   0.9913 ns    0.0015
   Er at b1 1191.2000  12 99.2667
-------------------------------------------------------------------
    A at b2  662.5333   2 331.2667  1.9964  0.1785 ns    0.2497
   Er at b2 1991.2000  12 165.9333
-------------------------------------------------------------------
    B at a1   14.4000   1  14.4000  0.6089  0.4788 ns    0.0200
 s x B at a1   94.6000   4  23.6500
-------------------------------------------------------------------
    B at a2   36.1000   1  36.1000  1.1334  0.3470 ns    0.0245
 s x B at a2  127.4000   4  31.8500
-------------------------------------------------------------------
    B at a3  504.1000   1 504.1000 25.0796  0.0074 **    0.3267 <--  ○
 s x B at a3   80.4000   4  20.1000
-------------------------------------------------------------------
                         +p < .10, *p < .05, **p < .01, ***p < .001
```

B at a3 において，$F(1,4)=25.08$, $p=.007$ と有意な結果がでている．最初に出力された平均値を見てみると，薬品 B を投与した場合，投与前より投与後の血圧が下がっていることがわかる．

■コンパイルしてレポートを保存しよう．

▭ をクリックして，html 形式で，スクリプトおよび出力結果を保存しよう．後からいつで

も見直せるし，印刷もコピーも可能になる.

補記：効果量については，以下の図書で学ぶことを推薦する.
[19] 大久保街亜・岡田謙介　2012『伝えるための心理統計：効果量・信頼区間・検定力』勁草書房
[20] 豊田秀樹（編著）2009『検定力分析入門——Rで学ぶ最新データ解析』東京図書
● 田中［14］を，分散分析と後に出てくる因子分析に関する推薦図書として挙げておく.
● 森・吉田［10］はスタンダードなテキストとして有名である．この本に載っている分散分析の例題をR
　で書いたものを，松井孝雄氏（中部大学）が，下記URLで公開している.
　http://mat.isc.chubu.ac.jp/R/tech.html
● インターネット上には他にも，分散分析に関する情報があるので，そちらを参照してもらいたい.

[10] 森　敏昭・吉田寿夫（編著）1990『心理学のためのデータ解析テクニカルブック』北大路書房
[21] 田中　敏　2006『実践心理データ解析』新曜社
[22] 小塩真司　2018『SPSSとAmosによる心理・調査データ解析 第3版』東京図書

第6章

(1) ある自動車会社は A，B，C，Dという4つの車種を販売している．各車種につき10台を用意し，実際に道路を走り，燃費を計算した．4つの車種で燃費に違いがあるかどうか，もし違いがあるのであれば，どの車種とどの車種との間に違いがあるのかを調べなさい．

燃費（km/ℓ）

A	B	C	D
6.88	10.35	6.84	11.32
5.27	8.99	14.82	16.12
5.79	10.38	11.58	9.82
9.62	9.60	12.74	17.39
7.35	6.65	13.72	14.66
4.09	6.08	9.62	13.82
9.09	7.45	8.68	10.86
7.76	5.11	12.67	11.85
5.40	5.55	14.99	10.23
4.07	7.32	8.97	11.73

ヒント：右の表の形式で入力しよう．

	A	B
1	type	distance
2	A	6.88
3	A	5.27
4	A	5.79
5	A	9.62
6	A	7.35
7	A	4.09
8	A	9.09
9	A	7.76
10	A	5.4
11	A	4.07
12	B	10.35
13	B	8.99

(2) A学部の学生10名とB学部の学生10名それぞれをランダムに5名ずつ振り分け，講義形式の授業とゼミ形式の授業を行い，そのあとに試験を行った．そして，以下の試験結果が得られた．学部間，授業形式間で試験結果に差が生じるか否かを，分散分析によって検討しなさい．

A学部		B学部	
講義形式	ゼミ形式	講義形式	ゼミ形式
50	30	50	70
40	50	60	80
30	40	40	60
50	30	50	60
40	30	50	50

ポイント：右の形でデータを打ちこもう．→

	A	B	C
1	department	style	score
2	A	lecture	50
3	A	lecture	40
4	A	lecture	30
5	A	lecture	50
6	A	lecture	40
7	A	seminar	30
8	A	seminar	50
9	A	seminar	40
10	A	seminar	30
11	A	seminar	30
12	B	lecture	50
13	B	lecture	60
14	B	lecture	40
15	B	lecture	50
16	B	lecture	50
17	B	seminar	70
18	B	seminar	80
19	B	seminar	60

解答(1)

chap6exercise1.csv に保存したとする．スクリプトは下記の通り．

```
(wd<- getwd( ))
x <- read.csv(paste0(wd,"/chap6exercise1.csv"))
x          # 読み込んだデータの確認
x$type <- factor(x$type) # type を factor の型に変換
class(x$type)            # 確認
names(x)                 # 変数名の確認
with(x, boxplot(distance ~ type))  # 箱ひげ図を描写
source(paste0(wd,"/anovakun_482.txt"))  # anovakun の読み込み
x1 <- x[order(x$type), ]   # 要因の水準の並び替え
anovakun(x1, "As", zyoken=levels(x1$type), eta=T)
```

結果の抜粋

```
-----------------------------------------------------------------
Source       SS  df     MS  F-ratio  p-value       eta^2
-----------------------------------------------------------------
zyoken 264.2191   3 88.0730 15.9125   0.0000 *** 0.5701
 Error 199.2537  36  5.5348
-----------------------------------------------------------------
 Total 463.4729  39 11.8839
              +p < .10, *p < .05, **p < .01, ***p < .001



-----------------------------------------------------------------
Pair    Diff   t-value  df      p   adj.p
-----------------------------------------------------------------
A-D  -6.2480   5.9385   36  0.0000  0.0000  A < D *
B-D  -5.0320   4.7827   36  0.0000  0.0001  B < D *
A-C  -4.9310   4.6867   36  0.0000  0.0001  A < C *
B-C  -3.7150   3.5310   36  0.0012  0.0035  B < C *
C-D  -1.3170   1.2518   36  0.2187  0.4375  C = D
A-B  -1.2160   1.1558   36  0.2554  0.4375  A = B
-----------------------------------------------------------------
```

　分散分析の結果，車種間に有意な差が認められる（$F(3,36)=15.9$, $p<.001$, $\eta^2=0.57$）．Shaffer 法による多重比較の結果からは，車種 C と D が車種 A と B よりも燃費がよいことがわかる（車種の A と B，車種の C と D の燃費には差はない）．

解答(2)

chap6exercise2.csv に保存したとする．スクリプトは下記の通り．

```
(wd<- getwd())
x <- read.csv(paste0(wd,"/chap6exercise2.csv"))
x          # 読み込んだデータの確認
source(paste0(wd,"/anovakun_482.txt"))  # anovakun の読み込み
names(x) # 変数名の確認
x$department <- factor(x$department)# type を factor の型に変換
x$style <- factor(x$style)          # type を factor の型に変換
class(x$department)        # 確認
class(x$style)             # 確認
x1 <- x[order(x$department, x$style),]    # 要因の水準の並び替え，を忘れないこと．
boxplot(score ~ department*style, data=x1)# 箱ひげ図の描写
# 平均値の描写
with(x1, interaction.plot(response=score,
                     x.factor=department, trace.factor=style,
                     type="b",pch=c(1,2),bty="l",tcl=0.5))
# 分散分析の実行
anovakun(x1, "ABs",depart=levels(x1$department),style=levels(x1$style),peta=T)
```

結果（一部抜粋）

```
--------------------------------------------------------------------
        Source        SS  df        MS  F-ratio   p-value      p.eta^2
--------------------------------------------------------------------
        depart 1620.0000   1 1620.0000  19.6364    0.0004 ***   0.5510
         style   80.0000   1   80.0000   0.9697    0.3394 ns    0.0571
depart x style  500.0000   1  500.0000   6.0606    0.0256 *     0.2747
         Error 1320.0000  16   82.5000
--------------------------------------------------------------------
         Total 3520.0000  19  185.2632
                    +p < .10, *p < .05, **p < .01, ***p < .001
```

学部と形式の交互作用が5%水準で有意（$F(1, 16)=6.06$, $p=.026$, $\eta_p^2=0.275$）であるため，単純主効果の検定を見る．

```
<< POST ANALYSES >>

< SIMPLE EFFECTS for "depart x style" INTERACTION >

----------------------------------------------------------------
          Source      SS  df        MS  F-ratio  p-value      p.eta^2
----------------------------------------------------------------
depart at lecture  160.0000   1  160.0000   1.9394   0.1828 ns    0.1081
depart at seminar 1960.0000   1 1960.0000  23.7576   0.0002 ***   0.5976
      style at A   90.0000   1   90.0000   1.0909   0.3118 ns    0.0638
      style at B  490.0000   1  490.0000   5.9394   0.0269 *     0.2707
         Error 1320.0000  16   82.5000
----------------------------------------------------------------
                        +p < .10, *p < .05, **p < .01, ***p < .001
```

ゼミ形式における学部の単純主効果は 1% 水準で有意（$F(1, 16) = 23.76$, $p < .001$, $\eta_p^2 = 0.598$）であり，講義形式における学部の単純主効果は有意ではない（$F(1, 16) = 1.94$, $p = .18$）．A 学部における授業形式の単純主効果も有意ではない（$F(1, 16) = 1.09$, $p = .31$）．B 学部における授業形式の単純主効果は 5% 水準で有意（$F(1, 16) = 5.94$, $p = .027$, $\eta_p^2 = 0.271$）であった．

以上の結果から，ゼミ形式の授業の場合には B 学部の試験結果が A 学部よりもよく，B 学部においてはゼミ形式のほうが講義形式よりも試験結果がよいといえる．

グラフを描いてみると，右のようになる．

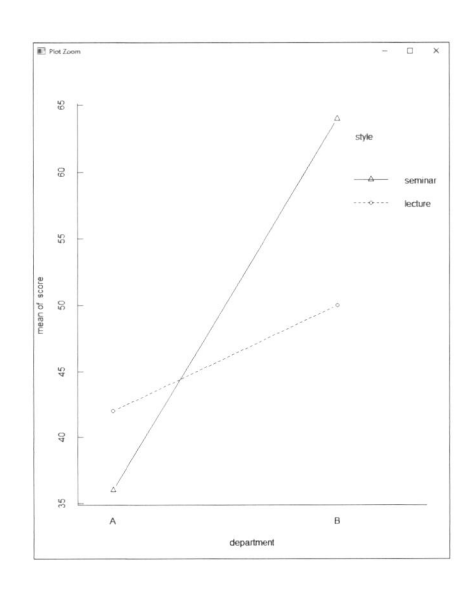

重回帰分析

連続変数間の因果関係

RStudio

Section 1 多変量解析とは

　ここまで見てきた解析方法は，1つもしくはごく少数の変数を扱うものであった.

　実際の研究では，一度に多くの変数を用いて調査分析を行うことが多い．多くの変数を全体的にまたは同時に分析する方法が，**多変量解析**である.

1-1 どのような手法があるのか

　因果関係（独立変数［説明変数］と従属変数［基準変数，目的変数］）の存在を仮定しているか否か，尺度水準は何であるか（質的データ：名義尺度・順序尺度；量的データ：間隔尺度・比率尺度）によって，分析手法が異なってくる.

何をするか？	尺度水準は？		多変量解析の手法
	従属変数 （基準変数，目的変数）	独立変数 （説明変数）	
1つの変数を複数の変数から 予測・説明・判別する	量的データ	量的データ	重回帰分析
		質的データ	数量化 I 類
		両方	重回帰分析★
	質的データ	量的データ	判別分析 ロジスティック回帰分析
		質的データ	数量化 II 類
複数の変数間の関連性を 検討する 圧縮・整理する	量的データ		因子分析★★ 主成分分析 クラスタ分析
	質的データ		数量化 III 類 コレスポンデンス（対応） 分析

★質的データの独立変数はダミー変数を用いる
★★厳密には，因子分析は主成分分析とは異なり，潜在的な説明変数を仮定する分析方法である.

1-2 予測・整理のパターン

たとえば……，次の予測などの目的で使う統計手法は何になるだろうか？

（1）動機づけ尺度と原因帰属尺度の得点から試験の得点を予測する．

- 分析の目的　→　**予測**すること
- 従属変数は，試験の得点　→　**量的データ**
- 独立変数は，動機づけ尺度と原因帰属尺度　→　**量的データ**
- では分析方法は？

（2）学歴，配偶者の有無，子どもの人数から年収を予測する．

- 分析の目的　→　**予測**すること
- 従属変数は，年収　→　**量的データ**
- 独立変数は，学歴・配偶者の有無・子どもの人数　→　**質的データ**
- では分析方法は？

（3）血糖値，血圧，体温から病気であるか否かを予測する．

- 分析の目的　→　**予測**すること
- 従属変数は，病気であるか否か　→　**質的データ**
- 独立変数は，血糖値・血圧・体温　→　**量的データ**
- では分析方法は？

（4）性別，年代（10 代，20 代，30 代以上），居住地域（都市部，郡部）から，携帯電話所有の有無を予測する．

- 分析の目的　→　**予測**すること
- 従属変数は，携帯電話所有の有無　→　**質的データ**
- 独立変数は性別，年代・居住地域　→　**質的データ**
- では分析方法は？

（5）新たに 50 項目からなる大学生活ストレス尺度を作成した．この 50 項目が事前に想定した 5 つの下位尺度に分かれるのかどうかを検討したい．

- 分析の目的　→　**整理**
- 尺度項目は，**量的データ**
- では分析方法は？

（6）国語，数学，英語，理科，社会の得点から，各教科の得点状況を考慮しながら 5 教科の総合得点を算出したい．

- 分析の目的　→　**圧縮**
- 教科得点は，**量的データ**
- では分析方法は？

（7）国語，数学，英語，理科，社会の得点から，学生をいくつかのグループに分類したい．

- 分析の目的　→　**整理**
- 教科得点は，**量的データ**
- では分析方法は？

（8）所有している車の車種，パソコンの機種，よく読む雑誌，毎週観ているテレビ番組の種類をアンケートでとった．これらの関連性を検討したい．

- 分析の目的　→　**整理**
- アンケートの内容は，**質的データ**
- では分析方法は？

答え （1）重回帰分析，（2）数量化 I 類，（3）判別分析／ロジスティック回帰分析，（4）数量化 II 類／ロジスティック回帰分析，（5）因子分析，（6）主成分分析，（7）クラスタ分析，（8）数量化 III 類（コレスポンデンス分析）

なお本書では，数量化Ⅰ・Ⅱ・Ⅲ類，判別分析，ロジスティック回帰分析，コレスポンデンス分析は扱わないが，Rでの分析は可能である．金［13］を参考にしてもらいたい．

［13］金 明哲（編集）2010『カテゴリカルデータ解析（Rで学ぶデータサイエンス1）』共立出版

1-3 多変量解析を使用する際の注意点

（1）複数変数間のデータの質をそろえる

　予測する際の説明変数間のデータ，関連性を検討する際の変数群のデータの質・レベルをできるだけそろえておきたい．たとえば，質的データと量的データが混在した説明変数で，何かを予測することは難しいと考えておいたほうがいいだろう．

　そのような場合，一般的には量的データを，情報量の低い質的データにそろえる．

　たとえば，動機づけ尺度得点によって，**高群**，**中群**，**低群**に分けるなど．

　またダミー変数を用いる場合もある．たとえば，**男**を 1，**女**を 0 とするなど．

（2）サンプル数は変数の数より多くする

　質問項目数よりも被調査者数が少ないケースなどの場合，その結果の信頼性は低くなる．調査対象は質問項目数の少なくとも 2 倍，できれば数倍集めたほうがよい（手法によっては 10 倍以上といわれることもある．たとえば因子分析では少なくとも 100 以上で，200 以上が望ましい）．

（3）説明変数間に相関関係が高い変数を使用しない

　説明変数間の相関が高い場合には，本来とり得ないような結果となる場合がある．たとえば，2つの説明変数間の相関が高い場合には，わざわざその 2 つを別個のものとして扱う必要はないかもしれない．ただしこれは，どのような理論を仮定しているかにもよる．

（4）「因果関係がある」というためには

　因果関係があるかどうかの判断をする際には，以下の 3 点から考慮する．

　第 1 に，独立変数（説明変数）が従属変数（基準変数）よりも時間的に先行していること，第 2 に理論的な観点からも因果の関係に必然性と整合性があること，第 3 に他の変数の影響を除いても，2 つの変数の間に共変関係があることである．

重回帰分析

2-1 重回帰分析の前に：単回帰分析

■ 2つの変数間の因果関係

　第3章で扱った相関は，2つの変数の共変関係を分析する方法であった．しかし相関係数を算出するだけでは因果関係があるとはいえなかった．

　2つの変数間に因果関係が想定されるときには，回帰分析を用いる．ただし因果関係は統計上の分析だけの問題ではなく，分析の背景にある理論について十分に理解しておく必要がある．

　1つの従属変数（基準変数；量的データ）を1つの独立変数（説明変数；量的データ）から予測・説明する，と仮定する際に，**回帰分析**（**単回帰分析**）を使用する．

　回帰分析は，ある変数(X)からある変数(Y)を予測するという意味をもつ．

$Y = a + bX + e$
（a は切片，b は X の係数．a と b の値を求めることにより，X から Y を予測することができる．e は誤差であり，予測の正確さを表す）

　なおこの式で表されるように，回帰分析は，X と Y が直線的な関係であることが前提となるので注意してほしい．R での引数としてのモデル式は，y～x の形であらわされる．

2-2 重回帰分析とは

　重回帰分析は，1つの従属変数（基準変数；量的データ）を複数の独立変数（説明変数；量的データ）から予測・説明したいときに用いる統計手法である．

　R でのモデル式は，y～x1＋x2＋x3 のようにあらわされる．

　重回帰分析の結果で注目するポイントは，次の2点である．

標準偏回帰係数($\overset{\text{ベータ}}{\beta}$) ……各独立変数（説明変数）が従属変数（基準変数）に及ぼす影響の向きと大きさ．-1から$+1$の値をとる．

決定係数（R^2［大文字の R の2乗］）……独立変数（説明変数）全体が従属変数（基準変数）を予測・説明する程度

2-3 授業難易度・私語・理解度が授業評価に与える影響

ある大学の授業で，授業の評価をするために，授業の難易度，私語の程度，授業の理解度，授業の全体的な評価について調査を行なった．「難易度」「私語」「理解度」によって，「授業の全体的な評価」がどの程度説明できるのかを検討したい．

番号	難易度	私語	理解度	評価
1	4	7	5	4
2	7	8	4	1
3	5	7	5	4
4	2	6	6	9
5	3	7	6	6
6	5	8	5	6
7	8	2	6	8
8	1	5	7	9
9	8	4	5	4
10	2	3	4	5
11	2	5	3	6
12	4	5	2	4
13	5	2	2	8
14	5	3	1	4
15	2	2	3	8
16	9	4	4	4
17	3	7	5	7
18	2	3	6	9
19	3	4	3	5
20	2	2	2	8

2-4 R による重回帰分析

　この章からは，RStudio の使い方の説明はほとんど省くので，5 章までを復習しながら進めてほしい．

　lessonChap7 の名称の R project を作成する．そして，番号は ID，難易度は difficulty，私語は shigo，理解度は understanding，評価は grade の変数名として，Excel のシートにデータを書き込み，CSV 形式でフォルダに保存しよう．

■データの読みこみと確認

```
(wd<- getwd())
x <- read.csv(paste0(wd,"/chap7sample1.csv"))
x              # 読み込んだデータの確認
names(x)           # 変数名の確認
library(psych)     # psych パッケージの読み込み
x1 <- x[,c(2:5)]   # ID の変数を省略したデータフレームを作成
head(x1)           # 確認
```

■基本統計量と相関係数を算出

　psych パッケージの describe 関数で基本統計量を算出し，pairs.panels 関数で散布図のグラフを描写し，corr.test 関数で相関係数の算出と無相関検定を行う．

```
describe(x1)       # 基本統計量の算出
pairs.panels(x1)    # 相関係数のグラフの描写
corr.test(x1)      # 相関係数の算出と無相関検定の結果
```

　結果の出力は次の通り．

```
> describe(x1)        # 基本統計量の算出
               vars  n mean   sd median trimmed  mad min max range  skew kurtosis   se
difficulty        1 20 4.10 2.36    3.5    3.88 2.22   1   9     8  0.66    -0.86 0.53
shigo             2 20 4.70 2.11    4.5    4.62 2.97   2   8     6  0.15    -1.50 0.47
understanding     3 20 4.20 1.67    4.5    4.25 2.22   1   7     6 -0.24    -1.17 0.37
grade             4 20 5.95 2.24    6.0    6.00 2.97   1   9     8 -0.21    -0.96 0.50
```

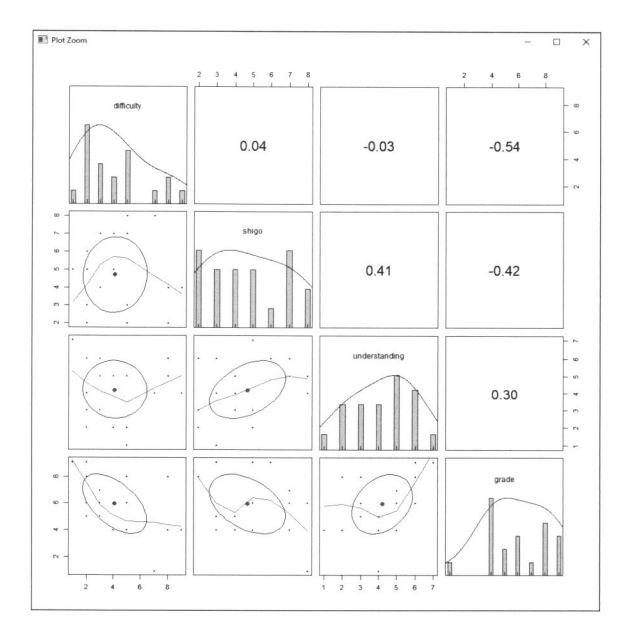

```
> corr.test(x1)        # 相関係数の算出と無相関検定の結果
Call:corr.test(x = x1)
Correlation matrix
              difficulty shigo understanding grade
difficulty          1.00  0.04         -0.03 -0.54
shigo               0.04  1.00          0.41 -0.42
understanding      -0.03  0.41          1.00  0.30
grade              -0.54 -0.42          0.30  1.00
Sample Size
[1] 20
Probability values (Entries above the diagonal are adjusted for multiple tests.)
              difficulty shigo understanding grade
difficulty          0.00  1.00          1.00  0.09
shigo               0.87  0.00          0.34  0.34
understanding       0.89  0.08          0.00  0.60
grade               0.01  0.07          0.20  0.00

 To see confidence intervals of the correlations, print with the short=FALSE option
```

　Correlation matrix が相関係数の表である．Probability values（Entries above the diagonal are adjusted for multiple tests.）の表は無相関検定の有意確率 p 値の値である．対角線上より右上の値は，くり返しの検定を行っているので，調整された p 値が表示されている．調整された p 値をみると，難易度，私語，理解度，評価はいずれも 5% 水準で，いずれも有意な相関ではない．

■線形重回帰分析を行う：lm 関数，scale 関数，data.frame 関数

ここでは線形モデル linear model の lm 関数を用いる．次に，lm（モデル式）の結果を summary 関数でまとめる．

一般に心理学のレポートなどに記述するのは**標準偏回帰係数**$(\overset{\text{ベータ}}{\beta})$ と**有意確率で示されている有意水準**である．そこで，標準化係数（ベータ）を求めるため，scale 関数を用いて，変数の**得点を標準化**（平均を 0，分散を 1 にすること）したうえで分析を行う．このとき，scale 関数を用いた結果は，行列の型式となる．そして，data.frame 関数でデータフレーム形式に戻す必要がある．

モデル式については p.134 を見てほしい．

```
x.z <- scale(x1)          # 得点の標準化
x.z <- data.frame(x.z)    # データフレーム形式に戻す
# 線形重回帰分析を行う
output <- lm(grade ~ difficulty + shigo + understanding ,data=x.z)
summary(output)
# 多重共線性のチェック
library(car)
vif(output)
```

結果は以下の通り

```
> output <- lm(grade ~ difficulty + shigo + understanding ,data=x.z)
> summary(output)

Call:
lm(formula = grade ~ difficulty + shigo + understanding, data = x.z)

Residuals:
    Min      1Q  Median      3Q     Max
-1.3001 -0.3184 -0.0990  0.3804  1.0182

Coefficients:
               Estimate Std. Error t value Pr(>|t|)
(Intercept)  -5.271e-17  1.373e-01   0.000  1.00000
difficulty   -4.973e-01  1.412e-01  -3.523  0.00282 **
shigo        -6.144e-01  1.544e-01  -3.979  0.00108 **
understanding 5.321e-01  1.544e-01   3.446  0.00332 **
---
Signif. codes:  0 '***' 0.001 '**' 0.01 '*' 0.05 '.' 0.1 ' ' 1

Residual standard error: 0.6141 on 16 degrees of freedom
Multiple R-squared:  0.6825,      Adjusted R-squared:  0.6229
F-statistic: 11.46 on 3 and 16 DF,  p-value: 0.0002922

> library(car)
> vif(output)
   difficulty         shigo understanding
     1.004174      1.201608      1.201089
```

Coefficients の表の Estimate の値を見てほしい．そこから**難易度**と**私語**が**評価**に対して負の有意な影響力をもち，**理解度**が**評価**に対して正の影響力をもつことがわかる．

e−01 の表記は，小数点が右に1つずれていることを示すので，**標準偏回帰係数（ベータ）**は以下のとおりになる．

私語：$\beta = -.614$　　　　難易度：$\beta = -.497$　　　　理解度：$\beta = .532$

Pr(>|t|) の値でわかるように，**私語**は，0.1％水準で，**難易度**と**理解度**は1％水準で有意である．本文への記載は，「説明変数の標準偏回帰係数は，私語は $\beta = -.614$，難易度は $\beta = -.497$，理解度は $\beta = .532$ で有意であった（それぞれ，$p = .001$，$p = .003$，$p = .003$）」でよいだろう（小数点第4位を四捨五入）．

最後尾には，決定係数 Multiple R−squared（R^2），**自由度調整済みの決定係数** Adjusted R−squared が出力される（注：通常 R^2 は変数の数が増えると（予測に不適切な変数でも）大きくなってしまうという欠点があるので，その影響を受けにくく調整したもの）．レポートなどに記述する必要があるのは通常は，**決定係数（R^2）**である．これは，**評価が私語・難易度・理解度**から全体としてどの程度影響を受けるかを意味する．今回の場合，$R^2 = .68$ という値となっている．この値が1に近いほど従属変数の分散を独立変数によって説明できるということである．

最後の行の F−statistic には，回帰式全体の有意性の検定が出力されている．0.1％水準で有意である．この有意確率が，今回の重決定係数（R^2）の有意水準となる．よって記載は，「決定係数は $R^2 = .68$ であり，0.1％水準で有意であった（$F(3, 16) = 11.46$，$p < .001$）」でよい．

■分析結果から

私語，**難易度**，**理解度**はともに授業全体の評価に有意な影響を及ぼしている．この結果を，次のような図に表してもよい．このような図を「**パス図**」という．

一般的に重回帰分析から作成するパス図には，**標準偏回帰係数**と**決定係数**を記入し，有意水準をアスタリスク（＊）で記述する（アスタリスクの説明を図の下部につけておく）．有意ではない標準偏回帰係数の矢印を省略することもある．影響関係は片方向の矢印で，共変関係（相関）は相互の矢印で描く．

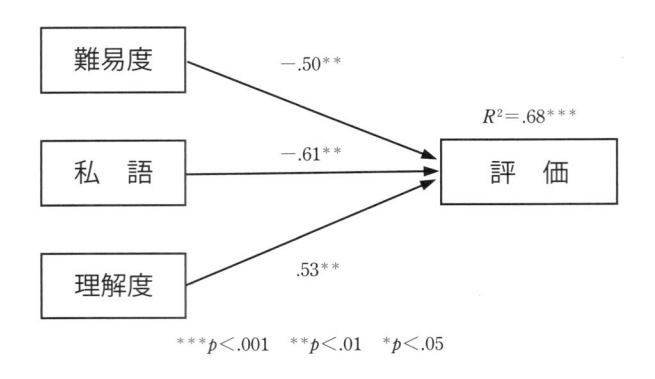

$$***p<.001 \quad **p<.01 \quad *p<.05$$

2-5 充実感への影響要因を見る

　日常生活の充実感に及ぼす要因について検討をするために調査を行った．調査内容は，自尊感情，自己嫌悪感，友人からの評価の認知，充実感である．「自尊感情」「自己嫌悪感」「友人評価」によって，「充実感」がどの程度予測されるかを検討したい．相関係数と標準偏回帰係数の値に注目しながら分析してほしい．

番号	自尊感情	自己嫌悪感	友人評価	充実感
1	7	2	5	3
2	6	2	4	4
3	2	7	3	3
4	4	8	6	7
5	6	1	6	6
6	3	8	5	2
7	3	9	5	4
8	2	6	4	4
9	6	4	5	4
10	3	7	4	6
11	4	6	3	5
12	5	6	2	4
13	9	1	7	8
14	6	3	5	4
15	8	1	3	9
16	1	9	3	2
17	4	5	5	5
18	8	2	6	9
19	7	3	6	7
20	4	3	2	8

データの入力，分析はこれまでと同じように行う．番号は ID，自尊感情は SE（self-esteem の頭文字），自己嫌悪感は SH（self-hate の頭文字），友人評価は FE（friend evaluation の頭文字），充実感は SA（satisfaction の頭文字）の変数名としてエクセルに入力し，CSV 形式で lessonChap7 のフォルダに chap7sample2.csv として保存しよう．

　新しいスクリプトシートに下記を書きこみ，実行していく．

```
(wd<- getwd())
x <- read.csv(paste0(wd,"/chap7sample2.csv"))
x              # 読み込んだデータの確認
names(x)             # 変数名の確認
library(psych)       # psych パッケージの読み込み
x1 <- x[,c(2:5)]     # ID の変数を省略したデータフレームを作成
head(x1)             # 確認
describe(x1)         # 基本統計量の算出
pairs.panels(x1)     # 相関係数のグラフの描写
corr.test(x1)        # 相関係数の算出と無相関検定の結果
```

■結果
● 得点間の記述統計量と相互相関は以下のとおり．

```
    vars  n mean   sd median trimmed  mad min max range  skew kurtosis   se
SE     1 20 4.90 2.25    4.5    4.88 2.22   1   9     8  0.09    -1.18 0.50
SH     2 20 4.65 2.78    4.5    4.56 3.71   1   9     8  0.13    -1.54 0.62
FE     3 20 4.45 1.43    5.0    4.50 1.48   2   7     5 -0.16    -1.15 0.32
SA     4 20 5.20 2.19    4.5    5.12 2.22   2   9     7  0.33    -1.20 0.49
> pairs.panels(x1)      # 相関係数のグラフの描写
> corr.test(x1)         # 相関係数の算出と無相関検定の結果
Call:corr.test(x = x1)
Correlation matrix
      SE    SH    FE    SA
SE  1.00 -0.87  0.47  0.60
SH -0.87  1.00 -0.28 -0.55
FE  0.47 -0.28  1.00  0.24
SA  0.60 -0.55  0.24  1.00
Sample Size
[1] 20
Probability values (Entries above the diagonal are adjusted for multiple tests.)
      SE   SH   FE   SA
SE 0.00 0.00 0.11 0.02
SH 0.00 0.00 0.48 0.05
FE 0.04 0.24 0.00 0.48
SA 0.00 0.01 0.31 0.00
```

▶**充実感（SA）**は**自尊感情（SE）**との間に有意な正の相関，**自己嫌悪感（SH）**との間に有意な負の相関．

▶ **SE** は **SH** との間に有意な負の相関，**友人評価（FE）**との間に有意な正の相関．

■線形重回帰分析を行う

```
# 得点の標準化
x.z <- scale(x1)
x.z <- data.frame(x.z)   # データフレーム形式に戻す
# 線形重回帰分析を行う
output <- lm(SA ~ SE + SH + FE ,data=x.z)
summary(output)
#  多重共線性のチェック
library(car)
vif(output)
```

結果．

```
Call:
lm(formula = SA ~ SE + SH + FE, data = x.z)

Residuals:
     Min       1Q   Median       3Q      Max
-1.58324 -0.66303  0.09669  0.43245  1.37019

Coefficients:
             Estimate Std. Error t value Pr(>|t|)
(Intercept) -2.390e-17  1.936e-01    0.000    1.000
SE           5.523e-01  4.563e-01    1.210    0.244
SH          -8.416e-02  4.183e-01   -0.201    0.843
FE          -4.629e-02  2.368e-01   -0.196    0.847

Residual standard error: 0.8659 on 16 degrees of freedom
Multiple R-squared:  0.3686,     Adjusted R-squared:  0.2502
F-statistic: 3.113 on 3 and 16 DF,  p-value: 0.05576
```

　決定係数 R^2 は .37 となっているが，有意ではなかった（$p=.06$）．標準偏回帰係数の有意確率を見ても，いずれのも有意ではない．先に算出した相関係数を見ると，**充実感**と**自尊感情**，**充実感**と**自己嫌悪感**との間に高い相関が見られるのに，なぜ重回帰分析を行うと「影響力がない」とされてしまうのだろうか？

　以下に，重回帰分析を行う際の注意点を挙げておくので，このケースがどれに当たるか考えてみよう．

2-6 重回帰分析を行う際の注意点

(1) 因果関係といえるのか

時間的，理論的に因果関係を仮定できるのかということである．因果関係を仮定するための条件については，「1-3　多変量解析を使用する際の注意点」（p.133）を参照してほしい．

(2) 疑似相関

相関係数と標準偏回帰係数を比較した際，それらが同符号で，ともに有意な値をとっていれば，その相関関係は因果関係と認めることも可能となる（これはあくまでも，用いられた独立変数の範囲内で，であるが）．

それに対し，相関係数は有意であるにもかかわらず，標準偏回帰係数が 0 に近くなる場合がある．そのような関係にある場合，その相関は**疑似相関**である可能性がある．疑似相関とは，第 3 の変数が 2 つの変数に影響して，相関係数が見かけ上大きくなることである（p.58 参照）．

(3) 多重共線性

相関係数と標準偏回帰係数が異符号で，しかもそれぞれが有意な場合がある．独立変数間の相関が高すぎる場合に，このような現象が生じる．独立変数間に直線的な関係があることを**多重共線性**というが，独立変数間の相関が非常に高い場合にも近似的な多重共線性が発生する．

多重共線性が発生すると，回帰係数が完全には推定できなかったり，結果が求まっても信頼性が低いものになったりする．相互相関が高い変数が独立変数の中に共存していることは，重回帰分析という手法を用いる上で不適切であると考えておこう．

このような場合の対処方法としては……

- 少なくとも 1 つの独立変数を削除する．
- 独立変数をまとめる．具体的には，独立変数に対して**因子分析**や**主成分分析**を行い，複数の得点を合成する．
- ただし，再度，理論的に仮定した因果モデルを考慮し直すことも必要になるだろう．

なお，多重共線性が起きているかを測る指標として VIF（Variance Inflation Factor）というものがあり，その計算には car パッケージのなかに vif 関数が準備されている．このデータでは次のようになる．

```
> library(car)
> vif(output)
      SE       SH       FE
5.276617 4.433163 1.420711
```

　一般に VIF＞10 であると，多重共線性が発生しているとされる．逆に，2 以下なら問題ないとされている．今回，10 以上の値はないが，問題がないとされる 2 よりも大きな値も見られるので対処を考えたほうがよいかもしれない．

（4）抑制変数

　重回帰分析を行うことにより，相関関係ではわからなかった因果関係が見えてくる場合もある．相関係数がほぼ 0 であっても，標準偏回帰係数が有意になることがある．

　従属変数（基準変数）との相関が低いにもかかわらず，標準偏回帰係数が有意になり，単純相関では隠れていた因果関係が見えてくることがある．このような独立変数（説明変数）を**抑制変数**という．

（5）調整変数

　被調査者を年齢や性別で分類してみると，変数間の相関関係がかなり異なってくる場合がある．群ごとに別の因果関係を想定して分析してみると，全被調査者で分析したときと比べて，より説明力の高い結果が得られる場合がある．このような場合，分類するための性別や年齢といった変数を**調整変数**という．

　心理学においては性別，年齢による違いがみられることが多いので，必ず属性の違いによる群ごとに検討（層別分析）をしたほうがよいだろう．具体的には群ごとの平均値が異なるか，それぞれの群のなかでの相関関係は類似したものかを検討し，平均値も異ならず，相関関係も類似していたら全体として分析すればいいだろう．しかし，平均値に差異が見られたり，相関関係が類似していないようならば層別分析が望ましい．

■アドバンス──モデル選択：step 関数

　説明変数が多ければよいということではない．少ない説明変数で，目的変数を説明できるモデルを見つけることが重要である．そのような場合，**AIC（赤池情報量規準）** の指標を使った **step 関数**を用いることができる．**2–3** のデータ（p.135）では次のようになる．

```
> output <- lm(grade ~ difficulty + shigo + understanding ,data=x.z)
> step(output)
Start: AIC=-15.97
grade ~ difficulty + shigo + understanding

                 Df    Sum of Sq      RSS          AIC
<none>                               6.033     -15.9698
- understanding   1       4.4786    10.512      -6.8651
- difficulty      1       4.6796    10.713      -6.4863
- shigo           1       5.9696    12.002      -4.2123

Call:
lm(formula = grade ~ difficulty + shigo + understanding ,data=x.z)

Coefficients:
  (Intercept)     difficulty         shigo     understanding
   -5.271e-17     -4.973e-01    -6.144e-01        5.321e-01
```

　AIC の値が小さいのがよいモデルと考えられる．デフォルトは増減法 "both" であるが，増加法 "forward" と減少法 "backward" を direction で指定できる（例：step（result,direction＝"backward"））．上の結果からは，AIC（赤池情報量基準）から難易度と私語と理解度の 3 つの予測変数を含めたモデルがよいと判断される．

■アドバンス──交互作用を加えた重回帰分析

　重回帰分析で交互作用を加えない研究がほとんどだが，実は交互作用を加えた分析も可能である．R では pequod パッケージを使うと簡単に行える．「重回帰分析」「交互作用」という 2 つのキーワードで検索してほしい．下記のスクリプトも参考になるだろう．

```
library(pequod)
# FA1 が FC を予測する際に，FB1 が調整変数と仮説を設定した場合
fit <- lmres(FC ~ FA1*FB1, centered =c("FA1","FB1"),data=x2)
summary(fit)
# 交互作用項 FA1.XX.FB1 が有意であるかチェック
# Estimate は非標準化係数 beta は標準化係数
# 交互作用項を追加しない前と，追加した後のモデルの比較も下記で表示できる
fit$F_change
# # # # # # # # # # #
# 交互作用項が有意な場合は，傾斜の検定を行う simpleSlope 関数を利用
# model1: 傾斜の検定にかけたい重回帰モデル名 pred=" 独立変数 " mod1=" 調整変数 "
fit.slopes <- simpleSlope(fit, pred="FA1",mod1="FB1")
summary(fit.slopes)
# # #プロットの出力 PlotSlope 関数を利用
PlotSlope(fit.slopes) # 交互作用項が有意だったので，平行ではないことは既知
```

■仮説検定とモデル探索

　統計推測の考え方には，仮説検定とモデル探索がある．ここで最後に用いたモデル選択は，データからより良いモデルを見つけ出そうという考え方に基づいている．本書でとり上げている探索的因子分析も同じ考え方であり，**共分散構造分析**（SEM）もモデル探索型の研究方法である．その違いを意識しておいてほしい．

　なお，今まで見てきた t 検定，分散分析，重回帰分析は，今はすべて「一般線形モデル」とよばれる理論的枠組みによって説明されるようになっている．

■推薦図書

多変量解析については荒木 [23]，いま紹介した「一般線形モデル」については，A.Grafen, R.Hails [24] がある．重回帰分析からパス図の理解まで進めば，共分散構造分析（SEM）があり，R でも可能である．本書でも説明するが，詳しくは，豊田 [26] を見てもらいたい．SEM 専用のソフトとして Amos が使いやすいが，この初心者向け解説書としては，小塩 [25] などがある．さまざまな回帰分析については，豊田 [27] を見てもらいたい．

[23] 荒木孝治（編著）2007『R と R コマンダーではじめる多変量解析』日科技連出版社
[24] Alan Grafen, Rosie Hails, 野間口謙太郎・野間口眞太郎（訳）2007『一般線形モデルによる生物科学のための現代統計学』共立出版
[25] 小塩真司　2014『はじめての共分散構造分析（第 2 版）』東京図書
[26] 豊田秀樹（編）2014『共分散構造分析 [R 編] ―構造方程式モデリング』東京図書
[27] 豊田秀樹（編）2012『回帰分析入門―R で学ぶ最新データ解析』東京図書

第7章

青年期女子20名に対して，身長（cm），体重（kg），年齢，体型不満度，減量希望量（kg）を尋ねた．身長，体重，年齢，体型不満度によって減量希望量を予測できるかどうか，また減量希望量の予測に有効な変数はどれかを検討したい．以下のデータをRで分析し，結果を求めなさい．

減量希望量	身長	体重	年齢	体型不満度
5.0	165	58	19	10
2.0	164	48	18	13
−2.0	154	41	17	11
4.0	164	55	19	11
4.0	159	46	20	12
13.0	154	60	18	15
8.5	156	57	18	13
2.0	158	52	17	14
7.5	161	57	16	14
11.0	156	58	20	16
3.5	163	52	19	9
11.5	159	54	19	14
0.5	151	42	20	17
2.5	154	51	19	7
1.5	150	43	18	8
8.0	154	55	19	15
3.0	168	61	21	17
4.0	161	49	17	13
0.0	158	45	20	7
6.5	153	50	21	16

［2］服部環・海保博之　1996『Q&A 心理データ解析』福村出版

演習問題解答

　減量希望量を kibou，身長を height，体重を weight，年齢を age，体型不満度を fuman として，データを入力し，chap7exercise.csv で保存した場合，下記のスクリプトで計算できる．

```
(wd<- getwd())
x <- read.csv(paste0(wd,"/chap7exercise.csv"))
x           # 読み込んだデータの確認
names(x)         # 変数名の確認
library(psych)        # psych パッケージの読み込み
describe(x)        # 基本統計量の算出
pairs.panels(x)       # 相関係数のグラフの描写
# 相関係数の算出と無相関検定の結果　小数点以下 3 位まで表示させる
print(corr.test(x),digits=3)
 # 得点の標準化
x.z <- scale(x)
x.z <- data.frame(x.z)   # データフレーム形式に戻す
# 線形重回帰分析を行う
output <- lm(kibou ~ height + weight + age + fuman ,data=x.z)
summary(output)
#  多重共線性のチェック
library(car)
vif(output)
```

結果の出力（一部）は，以下のとおりである．

```
      vars  n   mean    sd
kibou    1 20    4.80 4.050
height   2 20 158.10 5.00
weight   3 20  51.70 6.09
age      4 20  18.75 1.37
fuman    5 20  12.60 3.15
> print(corr.test(x),  digits = 3)
Call:corr.test(x = x)
Correlation matrix
       kibou height weight   age fuman
kibou  1.000 -0.037  0.724 0.028  0.447
height -0.037  1.000  0.454 0.027 -0.007
weight  0.724  0.454  1.000 0.054  0.361
age     0.028  0.027  0.054 1.000  0.170
fuman   0.447 -0.007  0.361 0.170  1.000
Sample Size
[1] 20
```

```
Probability values (Entries above the diagonal are adjusted for multiple
tests.)
        kibou height weight   age fuman
kibou  0.000   1.000   0.003 1.000 0.401
height 0.878   0.000   0.401 1.000 1.000
weight 0.000    0.045   0.000 1.000 0.826age        0.905    0.911    0.823 0.000
1.000
fuman  0.048   0.975   0.118 0.473 0.000


Coefficients:
             Estimate Std. Error t value Pr(>|t|)
(Intercept)  9.068e-16  1.364e-01   0.000 1.000000
height      -4.305e-01  1.606e-01  -2.681 0.017102 *
weight       8.722e-01  1.721e-01   5.067 0.000139 ***
age         -2.962e-02  1.421e-01  -0.208 0.837748
fuman        1.343e-01  1.555e-01   0.864 0.401357
---
Signif. codes:  0 '***' 0.001 '**' 0.01 '*' 0.05 '.' 0.1 ' ' 1

Residual standard error: 0.61 on 15 degrees of freedom
Multiple R-squared:  0.7062,      Adjusted R-squared:  0.6279
F-statistic: 9.014 on 4 and 15 DF,  p-value: 0.0006449
```

　決定係数 R^2 は，.706，0.1％水準で有意（$F(4, 15)＝9.01$，$p<.001$）である．また標準偏回帰係数を見ると，身長が 5％水準で負の有意な値（$\beta＝-.431$，$p＝.017$），体重が 0.1％水準で正の有意な値（$\beta＝.872$，$p<.001$）となっている．年齢と体型不満度については有意な値ではない．したがって，身長が低く体重が重い人ほど，減量希望量は大きくなるといえる．

　なお，身長と減量希望量の間には有意な相関はないが，β は有意になっている．また，体型不満度と減量希望量の相関は有意（調整されてない p 値の場合）であるにもかかわらず，β は有意になっていない点に注目してほしい．

第 **8** 章

クラスタ分析

クラスタ分析の実際

　クラスタ分析とは，一定の手続きによって似ている対象（個体または変量）を自動的に集めて分類する手法である．言い換えると，調査対象（調査協力者）を「似たものどうし」でまとめるときに使用する手法である．

　クラスタ分析では，**デンドログラム**（または，**ツリーダイアグラム**）とよばれる図が表示されるのが特徴的である．また，順序尺度にも適用できるが，間隔尺度以上の尺度水準であることが望ましい．また，各変数の得点範囲が異なる場合には（たとえば変数 1 が最低 0 ～最高 10，変数 2 が最低 1 ～最高 100 など），事前に**標準得点**（平均 0，分散 1）に変換しておくのが望ましい（変数の標準化については p.138 を参照）．

1–1 クラスタ分析とデンドログラム

　20 名の調査協力者に 2 つの検査を行った．2 つの検査得点によって，調査協力者を分類したい．R project lessonChap8 の作成と，データの入力と保存はこれまでと同じように行なう．

ID	test1	test2
A	2	8
B	3	9
C	1	8
D	5	6
E	6	6
F	7	5
G	9	2
H	8	4
I	9	3
J	4	7

■データの読み込み

```
(wd<- getwd())
x <- read.csv(paste0(wd,"/chap8sample.csv"))
x            # 読み込んだデータの確認
```

■クラスタ分析のための距離（類似度）

分析の前に，**距離（類似度）の算出方法**を指定する．

ユークリッド距離の平方（2 乗）が利用されることが多い．

メモ：距離の算出方法には他にも以下の方法がある．調べてみてほしい．

euclidean　：ユークリッド距離（指定をしなかった場合）

maximum　：最大距離

manhattan　：マンハッタン（市街地）距離

canberra　：キャンベラ距離

minkowski　：ミンコフスキー距離

■クラスタ分析の手法

よく使われるのはウォード法 ward's method である．

メモ：ウォード法の他にも以下の手法がある．調べてみてほしい．

single　：単連結法（最短距離法）

complete　：完全連結法（最長距離法）

average　：群平均法

mcquitty　：McQuitty 法

median　：メディアン法

centroid　：重心法

■クラスタ分析の実行：dist 関数と hclust 関数

距離（類似度）の算出には dist 関数を用いる．

今回利用する「ユークリッド距離」は以下で求める.

```
d <- dist（得点）
```

データセット x の中にある**検査1**と**検査2**のみのデータを利用して，距離を求めるので，data.frame（x$test1,x$test2）を dist 関数に入れる（複数の変数名は「,」で区切っていれる）.

```
d <- dist(data.frame(x$test1,x$test2))
```

メモ：ユークリッド距離の2乗を求める場合は，d2 <- dist(data.frame(x$test1,x$test2)^2)

算出された距離を用いてクラスタ分析をする．hclust（**距離**，method＝"**手法**"）を用いる．
ここではウォード法を（R での名称は "ward.D2"）指定して行ってみる．
結果を，hc という名前に入れて，plot 関数で**デンドログラム**を描いてみる．

```
hc <- hclust(d, method="ward.D2")
plot(hc)
```

■結果の出力

デンドログラムが出力される．

このように図式的に表現されたものが，**デンドログラム**（木の枝のようなので**ツリーダイアグラム**［樹状図］ともいう）である．このデンドログラムを，**Height** が **5** あたりのところで横に切ってみるとしよう．すると，3つのグループができる（被験者ラベルではなく，データの通し番号が下に示されている）．この場合, **A**$[7, 9, 6, 8]$, **B**$[2, 1, 3]$, **C**$[10, 4, 5]$，の3グループである．

このように分けてみると，各グループ独自の特徴が見えてくるかもしれない．その後の

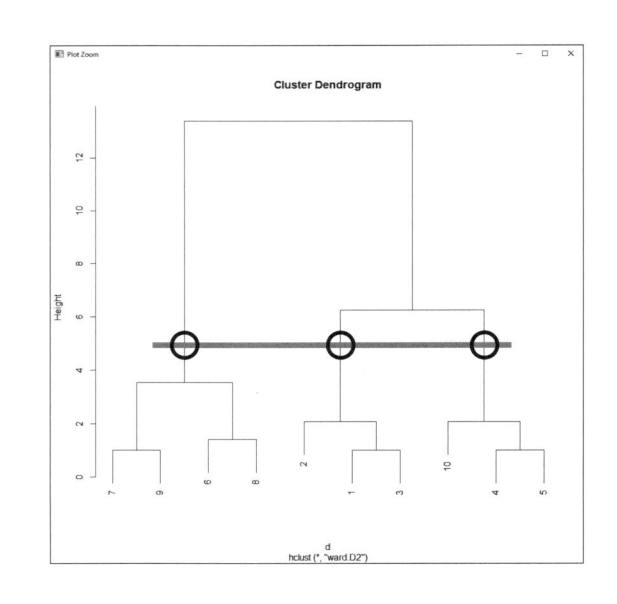

分析で，うまくその特徴が見えてきた場合には，クラスタ分析は成功ということになる．

　クラスタ分析は「この基準で分けてみたら興味深い，納得できる分類ができた」という態度で臨んでよいものである．探索的に行うものであり，グループを分ける**絶対的な基準があるわけではない**．

　クラスタリングの方法，距離の測度をいろいろ試行錯誤してみて，自分も納得し，他の人にも納得してもらえる分類ができるかを探してみることである．

1-2 調査協力者の分類

1–1 のクラスタ分析の結果 hc を用いて調査協力者の分類を行う．

分類には，cutree 関数を用いる（木を切るという意味）．

分類結果 <- cutree（クラスタ分析の結果，k＝分類する数）

今回は，デンドログラムを見て，クラスタ数を 3 と指定する．結果は cut3 というオブジェクトに代入しよう．

```
cut3 <- cutree(hc, k=3)
```

分類結果の形式（class）を確認すると，因子（factor）ではないので，因子に変換する．これを忘れると，のちの分析が間違ったものとなることがある．

```
class(cut3)
cut3 <- factor(cut3)
class(cut3)
```

出力は，［1］"factor" と factor 型になる．

元のデータ x とくっつけて見やすくしよう．cbind 関数は column bind の略であり，列を横につなげていく関数である．

```
x <- cbind(x, cut3)
x
```

結果は下記のとおり，分類結果の cut3 の変数（列）が加わっている．

```
> x
   ID test1 test2 cut3
1   A     2     8    1
2   B     3     9    1
3   C     1     8    1
4   D     5     6    2
5   E     6     6    2
6   F     7     5    3
7   G     9     2    3
8   H     8     4    3
9   I     9     3    3
10  J     4     7    2
```

この3つのクラスタは，どのような特徴をもっているのだろうか．

■グループの特徴を探る

そこで，3つのクラスタ（cut3）を独立変数，test1 と test2 を従属変数とした1要因3水準の分散分析を行ってみよう．

分類結果が，x にくっついたので，元の分類結果を rm 関数で削除（remove）しておく．次に，test1 と test2 を boxplot 関数でグラフに描く．

```
rm(cut3)
with(x, boxplot(test1 ~ cut3))
with(x, boxplot(test2 ~ cut3))
```

左図が test1 の箱ひげ図，右図が test2 の箱ひげ図

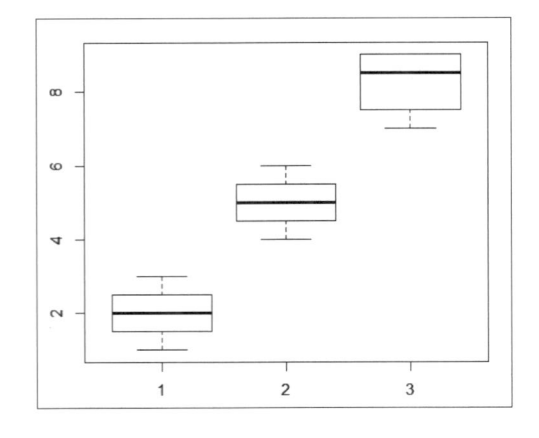
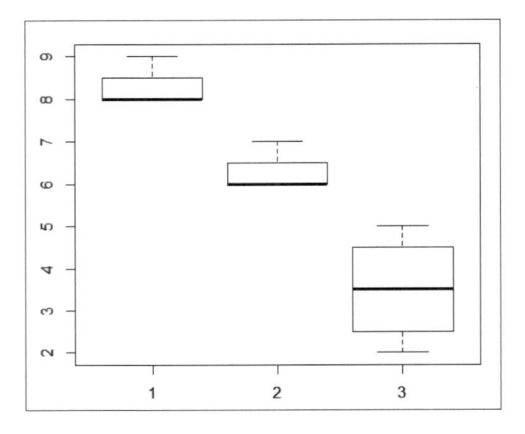

1 要因 3 水準の分散分析を「ANOVA 君」（6 章，p.102 参照）で行う．anovakun_482.txt を lessonChap8 のフォルダに入れておく．そのうえで，source 関数で anovakun を読み込む．

次に分類結果の cut3 の要因で分散分析をするので，order 関数を用いて，水準の並び替えをおこない，x1 のオブジェクトにいれる．

続けて，分散分析の対象となるデータを t1 と t2 のオブジェクトに代入する．

```
source(paste0(wd,"/anovakun_482.txt"))   # ANOVA 君の読み込み

x1 <- x[order(x$cut3),]
x1                         # 確認
t1 <- x1[,c("cut3","test1")]
t1                         # 確認
t2 <- x1[,c("cut3","test2")]
t2                         # 確認
```

それぞれ，x1，t1，t2 は下記の出力になる．

```
> x1                        > t1                  > t2
   ID test1 test2 cut3         cut3 test1           cut3 test2
1   A     2     8    1      1     1     2        1     1     8
2   B     3     9    1      2     1     3        2     1     9
3   C     1     8    1      3     1     1        3     1     8
4   D     5     6    2      4     2     5        4     2     6
5   E     6     6    2      5     2     6        5     2     6
6   F     7     5    3      6     3     7        6     3     5
7   G     9     2    3      7     3     9        7     3     2
8   H     8     4    3      8     3     8        8     3     4
9   I     9     3    3      9     3     9        9     3     3
10  J     4     7    2      10    2     4        10    2     7
```

● 分散分析の実行

t1 および t2 に対して，それぞれ被験者間一要因（"As" 型）分散分析を行う．

```
anovakun(t1, "As",3, eta=T)
anovakun(t2, "As",3, eta=T)
```

test1 の結果は次の通り.

```
<< DESCRIPTIVE STATISTICS >>

----------------------------
  A    n   Mean    S.D.
----------------------------
 a1    3  2.0000  1.0000
 a2    3  5.0000  1.0000
 a3    4  8.2500  0.9574
----------------------------
```

```
<< ANOVA TABLE >>

== This data is UNBALANCED!! ==
== Type III SS is applied. ==

-----------------------------------------------------------------
 Source      SS   df     MS  F-ratio  p-value      eta^2
-----------------------------------------------------------------
     A   67.6500   2  33.8250  35.0778   0.0002 *** 0.9093
 Error    6.7500   7   0.9643
-----------------------------------------------------------------
 Total   74.4000   9   8.2667
                  +p < .10, *p < .05, **p < .01, ***p < .001
```

```
< MULTIPLE COMPARISON for "A" >

== Shaffer's Modified Sequentially Rejective Bonferroni Procedure ==
== The factor < A > is analysed as independent means. ==
== Alpha level is 0.05. ==

----------------------------
  A    n   Mean    S.D.
----------------------------
 a1    3  2.0000  1.0000
 a2    3  5.0000  1.0000
 a3    4  8.2500  0.9574
----------------------------


-----------------------------------------------------------------
 Pair    Diff  t-value  df     p    adj.p
-----------------------------------------------------------------
 a1-a3  -6.2500  8.3333   7  0.0001  0.0002  a1 < a3 *
 a2-a3  -3.2500  4.3333   7  0.0034  0.0034  a2 < a3 *
 a1-a2  -3.0000  3.7417   7  0.0072  0.0072  a1 < a2 *
-----------------------------------------------------------------
```

test1 では, グループ間に差が認められ ($F(2, 7) = 35.08$, $p < .001$, $\eta^2 = 0.91$), Shaffer 法による多重比較の結果, 5%水準で有意に, 第1グループの得点が一番低く, 第2グループは中程度, 第3グループの得点が一番高い.

メモ：$p = .0000$ と表現されてしまう場合には, $p < .001$ などと, 確率ゼロと誤解されない表記を行うこと.

---

test 2 の結果は次の通り.

```
<< DESCRIPTIVE STATISTICS >>

--------------------------
  A   n   Mean    S.D.
--------------------------
 a1   3  8.3333  0.5774
 a2   3  6.3333  0.5774
 a3   4  3.5000  1.2910
--------------------------
```

```
<< ANOVA TABLE >>

== This data is UNBALANCED!! ==
== Type III SS is applied. ==

----------------------------------------------------------------
 Source      SS  df      MS  F-ratio  p-value      eta^2
----------------------------------------------------------------
     A  41.2667   2 20.6333  22.8053   0.0009 *** 0.8669
  Error  6.3333   7  0.9048
----------------------------------------------------------------
  Total 47.6000   9  5.2889
                +p < .10, *p < .05, **p < .01, ***p < .001
```

```
< MULTIPLE COMPARISON for "A" >

== Shaffer's Modified Sequentially Rejective Bonferroni Procedure ==
== The factor < A > is analysed as independent means. ==
== Alpha level is 0.05. ==

--------------------------
  A   n   Mean    S.D.
--------------------------
 a1   3  8.3333  0.5774
 a2   3  6.3333  0.5774
 a3   4  3.5000  1.2910
--------------------------


-------------------------------------------------------------
 Pair   Diff  t-value  df      p   adj.p
-------------------------------------------------------------
 a1-a3 4.8333  6.6531   7  0.0003  0.0009  a1 > a3 *
 a2-a3 2.8333  3.9001   7  0.0059  0.0059  a2 > a3 *
 a1-a2 2.0000  2.5752   7  0.0367  0.0367  a1 > a2 *
-------------------------------------------------------------
```

　test2 では，グループ間に差が認められ（$F(2, 7)=22.81$，$p<.001$，$\eta^2=0.87$），Shaffer 法による多重比較の結果，5％水準で有意に，第 1 グループの得点が一番高く，第 2 グループは中程度，第 3 グループの得点が一番低い.

　結果から，クラスタ分析で分類された 3 つのグループは，次の特徴をもつといえる.

> 第 1 グループ：テスト 1 の得点が低くテスト 2 の得点が高い
> 第 2 グループ：テスト 1 もテスト 2 も中程度の得点
> 第 3 グループ：テスト 1 の得点が高くテスト 2 の得点が低い

このように，クラスタ分析で調査対象を分類し，その後で，得られた結果を別の分析に用いることができる.

● アドバンス：適合度 BIC によるクラスタ数の決定による階層的クラスタ分析

追加のパッケージ，mclust をインストールしよう.

次のスクリプトを実行することで，適合度 BIC に基づいたクラスタ分析の結果が出力される.

```
library(mclust)
mc <- Mclust(x[,c("test1","test2")])
summary(mc)
mc$classification
mc3 <- mc$classification
x <- cbind(x, mc3)
rm(mc3)
x
citation("mclust")
```

summary では，クラスタ数と各クラスタに分類される人数が出力される. mc$classification では，それぞれのデータがどの群に属するかの結果が出力される.

citation に基づいて，結果は，「mclust パッケージ version5.4.2（Scrucca, Fop, Murphy, & Raftery, 2016）を用いて，BIC に基づくクラスタ分析を行った. その結果，3 群（3 名，4 名，3 名）のクラスタが得られた.」と書くとよい.

■文献

Scrucca L., Fop M., Murphy T. B. and Raftery A. E.（2016）mclust 5: clustering, classification and density estimation using Gaussian finite mixture models The R Journal 8(1)，pp. 205–233

■推薦図書

● さらにクラスタ分析を学ぶには，新納 [28] がよいだろう.
[28] 新納浩幸　2007『R で学ぶクラスタ分析』オーム社

演習問題 第8章

　抑うつ尺度と攻撃性尺度を 20 名に実施した．この 2 つの尺度から，被調査者をクラスタ分析によっていくつかのグループに分類し，分散分析によって各グループの特徴を明らかにしなさい．

ID	depression	aggression
A	7	15
B	12	8
C	4	10
D	8	12
E	14	10
F	20	2
G	20	13
H	18	10
I	8	11
J	12	5
K	17	12
L	18	8
M	12	12
N	2	9
O	18	16
P	16	5
Q	0	16
R	20	6
S	20	12
T	15	19

```
(wd<- getwd())
x <- read.csv(paste0(wd,"/chap8exercise.csv"))
d <- dist(data.frame(x$depression,x$aggression))
hc <- hclust(d, method="ward.D2")
plot(hc)
cut3 <- cutree(hc, k=3)
cut3 <- factor(cut3)
x <- cbind(x, cut3)
rm(cut3)
with(x, boxplot(depression ~ cut3))
with(x, boxplot(aggression ~ cut3))
source(paste0(wd,"/anovakun_482.txt"))
x1 <- x[order(x$cut3),]
dep <- x1[,c("cut3","depression")]
agg <- x1[,c("cut3","aggression")]
anovakun(dep, "As",3, eta=T)
anovakun(agg, "As",3, eta=T)
```

　ウォード法・ユークリッド距離を用いたクラスタ分析のデンドログラムからケースを3つのグループに分類することにした．第1群は6名，第2群と第3群はそれぞれ7名に分かれた．この3群を独立変数にして，抑うつ性と攻撃性を従属変数とした1要因の分散分析を行ったところ，抑うつ性は，0.1％水準でグループ間に有意な差があった（$F(2, 17)=33.59$, $p<.001$, $\eta^2=.798$）．Shaffer 法による多重比較によると，抑うつ性については，第3グループ＝第2グループ＞第1グループという得点差が5％水準で認められた．攻撃性は，1％水準でグループ間に有意な差が認められた（$F(2, 17)=6.69$, $p=.007$, $\eta^2=.440$）．Shaffer 法による多重比較によると，攻撃性については，第1グループ＝第3グループ＞第2グループ という得点差が5％水準で認められた．したがって，第1グループは抑うつ性が低く，攻撃性が高い，第2グループは抑うつ性が高く，攻撃性が低い，第3グループは抑うつ性と攻撃性がともに高い，という特徴をもっているといえる．

第 **9** 章

因子分析

潜在因子からの影響を見る

RStudio

因子分析の考え方

1-1 因子分析とは

　因子分析は，多くの研究で用いられる多変量解析の手法の1つである．

　因子分析は，複数の変数の関係性をもとに，それら変数の奥にある構造を探る際によく用いられる．また，因子分析で扱うデータは，すべて**量的データ**である．

　因子分析を行う目的は，**因子**を見つけることである．因子とは，実際に測定されるものではなく，測定された変数間の相関関係をもとに導きだされる「**潜在的な変数**」（観測されない，仮定された変数）である．

　言い換えると，因子分析とは「ある観測された変数（たとえば質問項目への回答）が，どのような潜在的な因子から影響を受けているか」を探る手法であるといえる．

　たとえば，5教科のテスト得点を因子分析することによって，2つの因子（文系能力因子と理系能力因子）が見いだされる場合には，そのような2つの潜在因子が，測定変数である5教科のテスト得点に影響を及ぼすことを仮定している．

1-2 共通因子と独自因子

　上の例のように，潜在的な因子として**文系能力**と**理系能力**があると考えてみる．

　教科のうち数学の得点をとり上げてみよう．数学の得点には，文系的な能力も理系的な能力もともに影響を与える（もちろん理系能力の影響力のほうが大きいであろうが）．

　この文系能力と理系能力は，どの教科にも影響を及ぼす因子であり，**共通因子**とよばれる．

　また，数学という教科には，数学独自の困難さや動機づけなど，数学「だけ」に影響を及ぼす因子がある．このような因子を**独自因子**という．

　共通因子も独自因子もともに，直接的には観察することができない「潜在的な因子」である点に注意してほしい．

我々が直接知ることができる観測変数のデータには，潜在的な共通因子と独自因子が関係している．さらに，共通因子にはいくつか複数のものがあることが想定される．そのような<u>共通因子を探ることが因子分析の目的</u>である．

なお，一般に「因子」というときには**共通因子**のことを指す．また，因子分析では，**独自因子**は「**誤差**」としての扱いを受ける．

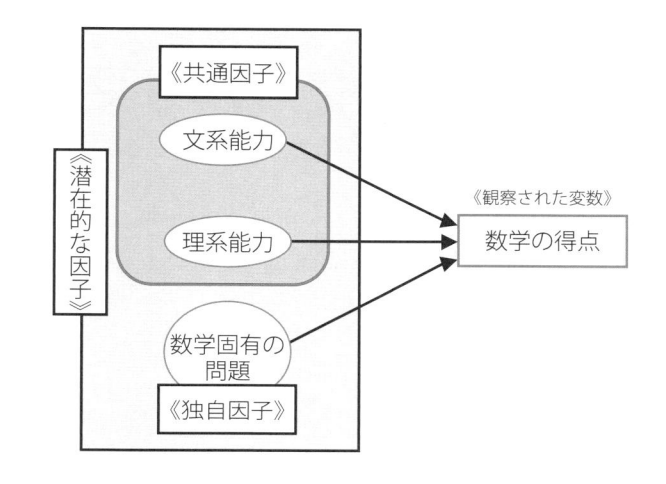

1–3 共通因子を見つけることが因子分析の目的

因子分析では，我々が直接知ることができる観測変数のデータには，潜在的な共通因子と独自因子が関係していると想定する．さらに，共通因子にはいくつか複数の因子があることが想定されている．

因子分析をパス図で表現し，結果の出力に対応する部分を図示してみた．

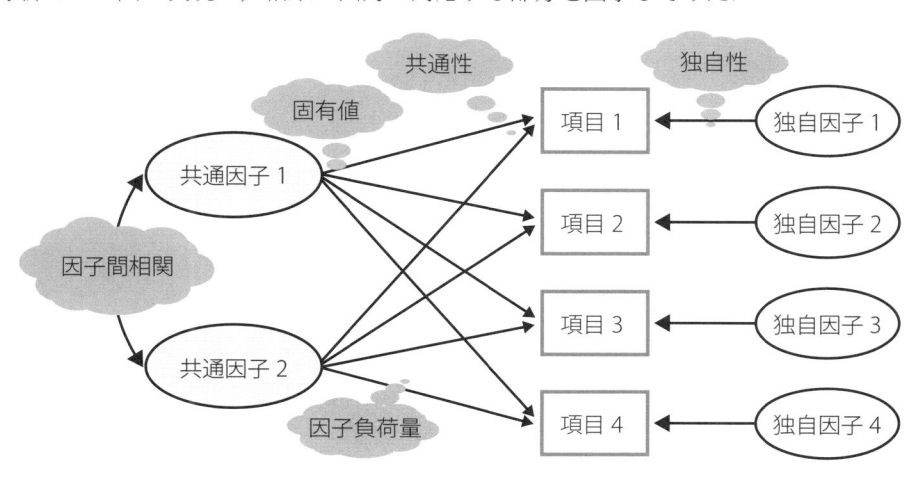

ここまでの内容は非常に基本的な因子分析の考え方なので，より詳しく知りたい人は各自文献で調べてほしい．

直交（バリマックス）回転

　小学生 20 名を観察し，「外向性：extroversion」「社交性：sociability」「積極性：activeness」「知性：intellectuality」「信頼性：reliability」「素直さ：honesty」という 6 つの観点からそれぞれの小学生を評定した．以下のデータを因子分析し，2 つの因子を見いだしなさい．

　これまでの手順を参考にデータを Excel に入力してみよう．

ID	extroversion	sociability	activeness	intellectuality	reliability	honesty
1	3	4	4	5	4	4
2	6	6	7	8	7	7
3	6	5	7	5	5	6
4	6	7	5	4	6	5
5	5	7	6	5	5	5
6	4	5	5	5	6	6
7	6	6	7	6	4	4
8	5	5	4	5	5	6
9	6	6	6	7	7	6
10	6	5	6	6	5	5
11	5	4	4	5	5	5
12	5	5	6	5	4	5
13	6	6	5	5	6	5
14	5	5	4	4	5	3
15	5	6	4	5	6	6
16	6	6	6	4	4	5
17	4	4	3	6	5	6
18	6	6	7	4	5	5
19	5	3	4	3	5	4
20	4	6	6	3	5	4

2-1 データの読み込み

```
(wd<- getwd())
x <- read.csv(paste0(wd,"/chap9sample1.csv"))
x              # 読み込んだデータの確認
```

2-2 因子数の決定

　因子分析を行うときには，因子数を決定する必要がある．**因子数を決定する**ときには，固有値の変化を見る．

■固有値とスクリープロットの表示

　相関行列を求めて，**固有値**を計算する．まず分析対象のみを取り出して，x1 に代入する．x1 の相関行列は，cor(x1) で求められるので，固有値をもとめる eigen 関数の引数に cor(x1) をいれる．固有値の結果は e$value で表示される．

```
x1 <- x[,-1]          # ID の列（1 番目の列）を取り除き，x1 に代入する．
x1
e <- eigen(cor(x1))
e$value                              # 回転前の固有値
cumsum(e$value)/sum(e$value)*100     # 累積説明率
```

```
> e$value       # 回転前の固有値
[1] 2.6911757 1.5214560 0.7145326 0.4821828 0.3340264 0.2566265
> cumsum(e$value)/sum(e$value)*100              # 累積説明率
[1]  44.85293  70.21053  82.11940  90.15578  95.72289 100.00000
```

ここで示されているのが**固有値**と**累積説明率**である．

　固有値は第 1（2.691）から次第に小さくなっていく．

　固有値は変数の数だけ出力される（ここでは 6 つの変数を扱っているので 6 つまで）．

　見ると，固有値が 2.69，1.52，0.71 と変化しているので，ここでは 2 因子を想定することにする（因子数の想定の仕方は次の章で詳しく述べる）．

```
plot(e$value,type="b")
```

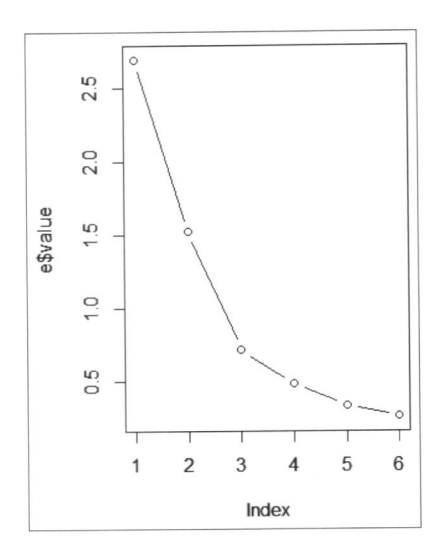

　上記のスクリプトを実行すると，スクリープロットは右のように表示される．

　固有値の値が大きいほど，<u>その因子と分析に用いた変数群との関係が強い</u>ことを表す．これは「変数群のその因子への寄与率が高い」と言い換えられる．

　固有値が小さい因子は，<u>変数との関係があまりない</u>ということを意味している．

　固有値は，いくつの因子が存在しうるのかを判断する材料となる．おおまかにだが，固有値が 1 以上あれば，少なくとも 1 つの測定値がその因子の影響を受けているとイメージしてほしい．

2-3　因子分析の実行と結果の読みとり

■因子分析の実行

　因子分析を行う関数には factanal 関数が基本関数として組み込まれているが，この関数は最尤法しかサポートしていないため，psych パッケージ内にある fa 関数を用いる．指定しなければいけないのは，因子分析の対象となるデータ，因子数，回転方法，因子分析手法（因子抽出法）の 4 つである。

　この例題では，データは x1，因子数は nfactors＝2，回転方法は rotate＝"varimax"，最後に手法であるが，factor method の略である fm の引数で指定する。今回は主因子法を用いることにし，fm＝"pa" を指定する．因子分析結果を fa.out のオブジェクトに収納して，小数点以下 3 位（digits＝3 で指定），因子負荷量の高い順番に並び替える sort＝T のオプションをつけて print 関数を用いて結果を表示させる．

```
library(psych)# psych パッケージの読み込み
fa.out <- fa(x1, nfactors = 2, rotate = "varimax",fm = "pa")
print(fa.out, digits=3, sort=T)
```

■出力結果の読みとり

出力の以下の部分を見る．

```
Factor Analysis using method =  pa
Call: fa(r = x1, nfactors = 2, rotate = "varimax", fm = "pa")
Standardized loadings (pattern matrix) based upon correlation matrix
                item  PA1   PA2    h2    u2  com
honesty            6 0.898 0.077 0.812 0.188 1.01
intellectuality    4 0.659 0.159 0.460 0.540 1.12
reliability        5 0.650 0.147 0.444 0.556 1.10
activeness         3 0.055 0.832 0.695 0.305 1.01
extroversion       1 0.208 0.702 0.536 0.464 1.17
sociability        2 0.160 0.656 0.456 0.544 1.12


                        PA1   PA2
SS loadings            1.735 1.668   <------------  因子寄与
Proportion Var         0.289 0.278   <------------  因子寄与率
Cumulative Var         0.289 0.567   <------------  累積寄与率
Proportion Explained   0.510 0.490
Cumulative Proportion  0.510 1.000
```

Loadings 因子負荷量：PA1，PA2 の列で表示

Communality 共通性：h2 の列で表示

Uniquenesses 独自性：u2 の列で表示

SS Loadings 因子寄与（因子負荷の平方和）：この結果の場合，第 1 因子が 1.735，第 2 因子が 1.668 である．

Proportion Var 因子寄与率（分散説明率）：この場合，第 1 因子の寄与率は，28.9％，第 2 因子の寄与率は 27.8％である．

Cumulative Var 累積寄与率：この場合，2 つの因子の累積寄与率は 56.7％である．

■共通性（Communality）と独自性（Uniquenesses）

因子分析は「共通因子」を探るために行う．共通性（h2）とは，<u>各測定値に対して，共通因子の部分がどの程度あるのかを示す指標</u>である．一方，**独自性（u2）**とは，各測定値に対して，各

項目がどの程度ユニーク（独自）であるかを示す．

　共通性は原則として最大値は 1 となる．1 から共通性を引いた値が「独自性」となる．たとえば，**外向性**の場合は $1-.536=.464$ になる．

　共通性が大きな値を示している測定値（ここでは各教科）は，共通因子から大きな影響を受けているという（独自因子の影響力は少ない）ことになり，逆に小さな値を示している測定値は，共通因子からあまり影響を受けていない（独自因子の影響力が大きい）ことになる．

■バリマックス回転後の因子負荷量 loadings

　次に，バリマックス回転後の**因子負荷量**をみる．

　因子の解釈を行う際には，**回転後の因子負荷量**をみる（因子の回転をすでに指定したので，回転後の結果が出力されている）．

```
                  item  PA1    PA2
honesty            6   0.898  0.077
intellectuality    4   0.659  0.159
reliability        5   0.650  0.147
activeness         3   0.055  0.832
extroversion       1   0.208  0.702
sociability        2   0.160  0.656
```

　.35 とか .40 程度の因子負荷量を基準として，因子を解釈することがよく行われる．この場合，第 1 因子は**素直さ・知性・信頼性**の因子負荷量が高い．また第 2 因子は，**積極性・外向性・社交性**の因子負荷量が高い．あえて名前をつければ，**第 1 因子を「知的能力」，第 2 因子を「対人関係能力」**と解釈することができるだろう．

■因子分析結果を Table に表す

　レポートにまとめるときには，R の出力表をそのまま掲載はできない．かならず Excel などで表を作成すること．研究誌に掲載されている因子分析表をよく参考にして作成してほしい．

　たとえば次の表のように，バリマックス回転を行った場合には，共通性も記載する（プロマックス回転の場合には共通性は記載しない）．なお記載する桁数は，小数点以下 3 位を四捨五入して，小数点以下 2 桁の記載でよいだろう．

　さらに，わかりやすく見やすい形にしようとするなら，.35 や .40 以上の因子負荷量をボールド（太字）にすると，結果が見やすくなる．項目数が多い場合，第 1 因子から因子負荷量が大きい順に並べるとより見やすい．直交回転の場合には，右側に共通性を記載するとともに，下側に因子寄与，

因子寄与率，累積寄与率を記載する．

●Rの出力表 ⇒ Excelへの貼り付け

コンソール画面あるいはコンパイルしたhtml形式のレポートで表を作る部分をドラッグしてコピーする．一度，メモ帳に貼り付ける．「ctrl+A」で全選択をして，コピーし，Excelに貼り付ける．貼り付けのオプションで，「テキストファイルウィザードを使用」を選択する．「カンマやタブなどの区切り文字によってフィールドごとに区切られたデータ」を選択し，「次へ」．区切り文字の「スペース」と「連続した区切り文字は1文字として扱う」にチェックをいれて，「次へ」．そして，「完了」．そのあとExcel上で形式を整える．

Excel上で，1以下となる値の小数点以下のみの表示に変えるには，変更したいセルを選択したうえで，ユーザ定義での種類を.00と変更すればよい．

Table　評定項目の因子分析結果（バリマックス回転後の因子負荷量）

	I	II	共通性
素直さ	.90	.08	.81
知性	.66	.16	.46
信頼性	.65	.15	.44
積極性	.06	.83	.70
外向性	.21	.70	.54
社交性	.16	.66	.46
因子寄与	1.74	1.67	3.40
累積寄与率	28.90%	56.70%	

STEP UP

　相関係数や因子負荷量，α係数など，-1から$+1$までの値をとる数値は「.00」と1桁目の数値を省いて記述する．平均値や SD，t 値や F 値など± 1以上の値をとる数値は「0.00」と1桁目の数値を省かないで記述する．

■「因子軸の回転」の意味

　今回，バリマックス回転をした後の因子負荷量を解釈している．「回転する」というのは，測定値と因子がうまく合致するように，回転前の因子負荷量を縦軸と横軸を原点中心に回転させることである．バリマックス回転というのは，縦軸と横軸が直角であることを保って回転させる方法（**直**

交回転）の1つである．このような回転は R が自動的に行う．因子分析では「軸を回転」させることにより，より明確に潜在的な因子を見いだそうとする．

バリマックス回転のほかに有名なものに**プロマックス回転**がある．これは**斜交回転**の1つであり，縦軸と横軸をそれぞれ別々に回転させる方法である．プロマックス回転をした場合は，論文の記載に共通性や因子寄与は記入しない．

因子分析を行うときには，バリマックス回転のような直交解ではなく，プロマックス回転のような斜交解を推奨する研究者が多いが，バリマックス回転でうまく因子が分かれるように解釈できるならば，バリマックス回転で十分であろう（因子を見いだす際に因子間の相関がないことを仮定して（このことを「因子の直交性を仮定する」という），求めた因子（解）のことを直交解という．一方で，因子間の相関があることを前提に求めた因子（解）は斜交解とよばれる．一般的な因子分析の計算では，最初に直交解を求めたうえで次に紹介する斜交回転によって，斜交解が求められる（南風原[5]，2002）．

いずれにしても「回転」という手法は，それを行うことで，因子負荷量の高低がよりはっきりとわかるようになり，因子分析の結果の解釈をしやすくしようとする方法である．

また心理学における尺度作成の場合，因子分析は1回で終わるものではなく，項目の削除をしつつ，想定する因子数を変えながら，くり返し因子分析を行い，尺度を洗練させたものにしていくのが一般的な手続きである．

斜交回転

■例題

10 項目からなる友人獲得尺度（小塩 [32]）を 50 名に実施したデータを因子分析する．項目内容は右の通りである．回答は

1. いいえ
2. どちらかというといいえ
3. どちらともいえない
4. どちらかというとはい
5. はい

の 5 つの選択肢のうちどれか 1 つに○をつける形式で測定されている（5 件法

◎ 友人獲得尺度の項目内容

1. 悩みを話し合えるような友人ができた
2. たくさんの友人と一緒に遊ぶようになった
3. 一生つきあっていけるような友人ができた
4. グループで色々なことをするようになった
5. 言いたいことを何でも言い合える友だちができた
6. みんなで一緒にいることが多くなった
7. お互いに信頼できる友人ができた
8. たくさんの人と知り合いになった
9. 友達と心から理解し合えるようになった
10. 友達グループの一員になった

という）．なお，尺度によっては逆転項目が設定されているものがある．逆転項目とは，1. に○をつけたら 5 点，5. に○をつけたら 1 点といったように，得点を逆向きに算出する項目のことである．

100 名分のデータは以下の通りである．なお以下のデータは，すでに逆転項目の処理を行ったものである（一般的には逆転項目の処理は因子分析後に行うが，今回はわかりやすさを優先した）．

◆友人獲得尺度の解答データ（50 名分：オリジナルデータ）

番号	F1	F2	F3	F4	F5	F6	F7	F8	F9	F10
1	4	4	3	4	3	4	3	4	4	4
2	3	2	4	4	4	2	4	5	2	4
3	3	4	4	2	2	4	4	3	2	4
4	1	1	4	3	2	1	2	5	1	4
5	4	4	5	5	3	3	3	4	4	4
6	4	4	3	4	2	3	3	3	2	4
47	4	2	3	4	3	4	3	4	3	2
48	3	5	5	4	3	1	2	5	5	5
49	3	1	1	4	2	1	2	2	2	1
50	2	3	2	4	2	4	3	4	4	4

◎このデータは，東京図書の Web サイト（www.tokyo-tosho.co.jp）からダウンロードできます．

3–1 斜交回転（プロマックス回転による因子分析）

■データの読み込みと分析部分の抽出

```
(wd<- getwd())
x <- read.csv(paste0(wd,"/chap9sample2.csv"))
x          # 読み込んだデータの確認
x1 <- x[,-1]          # ID（番号）の列（1番目の列）を取り除き，x1 に代入する．
x1
```

■固有値の算出，スクリープロットの描写と累積説明率の算出

```
e <- eigen(cor(x1))
e$value                                            # 回転前の固有値
plot(e$value,type="b")                # スクリープロットの描写
cumsum(e$value)/sum(e$value)*100       # 累積説明率
```

```
>  e$value                                # 回転前の固有値
 [1] 3.0143578 1.4849184 1.1837010 1.0074388 0.8190887 0.6862481 0.6342693 0.4402088 0.4185840 0.3111850
> plot(e$value,type="b")              # スクリープロットの描写
> cumsum(e$value)/sum(e$value)*100        # 累積説明率
 [1]  30.14358  44.99276  56.82977  66.90416  75.09505  81.95753  88.30022  92.70231  96.88815 100.00000
```

■プロマックス回転による因子分析の実行

psych パッケージ内にある fa 関数を用いる．指定しなければいけないのは，因子分析の対象となるデータ，因子数，回転方法，因子分析手法の4つである。

この例題では，データは x1，因子数は nfactors＝2，回転方法は rotate＝"promax"，因子分析手法は主因子法，fm＝"pa" を指定する．因子分析結果を fa.out のオブジェクトに収納して，小数点以下3位，因子負荷量の高い順番に並び替える sort＝T のオプションで print する．

```
library(psych) # psych パッケージの読み込み
fa.out <- fa(x1, nfactors=2, rotate="promax",fm="pa")
print(fa.out, digits=3, sort=T)
```

```
Standardized loadings (pattern matrix) based upon correlation matrix
                                          item   PA1    PA2     h2    u2   com
F2_ たくさんの友人と一緒に遊ぶようになった      2   0.759 -0.222 0.4775 0.522 1.17
F1_ 悩みを話し合えるような友人ができた          1   0.584  0.141 0.4329 0.567 1.12
F9_ 友達と心から理解し合えるようになった        9   0.565  0.250 0.5055 0.494 1.38
F3_ 一生つきあっていけるような友人ができた      3   0.471  0.186 0.3326 0.667 1.30
F7_ お互いに信頼できる友人ができた              7   0.410 -0.063 0.1494 0.851 1.05
F10_ 友達グループの一員になった                10   0.065  0.707 0.5437 0.456 1.02
F4_ グループで色々なことをするようになった      4  -0.252  0.528 0.2260 0.774 1.43
F8_ たくさんの人と知り合いになった              8   0.056  0.508 0.2860 0.714 1.02
F6_ みんなで一緒にいることが多くなった          6   0.067  0.415 0.2006 0.799 1.05
F5_ 言いたいことを何でも言い合える友だちができた 5   0.053  0.252 0.0779 0.922 1.09

                         PA1   PA2
SS loadings             1.747 1.485
Proportion Var          0.175 0.148
Cumulative Var          0.175 0.323
Proportion Explained    0.541 0.459
Cumulative Proportion   0.541 1.000

 With factor correlations of
         PA1   PA2
PA1 1.000 0.438
PA2 0.438 1.000
```

　バリマックス回転の表と違い，因子間相関の表が追加されている．これは，プロマックス回転のような「斜交回転」は，因子間に相関があることを仮定しているためであり，因子を抽出した後に因子間の相関係数が出力される．

　バリマックス回転のような「直交回転」の場合，因子間の相関が「0」であることを仮定しているので，因子間相関は出力されない．

■因子分析結果の Table

　プロマックス回転を行った場合，Table の作成に必要な情報は，項目内容・因子パターンに示された負荷量・因子間相関である．バリマックス回転の Table とは異なり，共通性や因子寄与は記入しない．

Table　友人獲得尺度の因子分析結果（プロマックス回転後の因子パターン）

	I	II
F2. たくさんの友人と一緒に遊ぶようになった	.76	−.22
F1. 悩みを話し合えるような友人ができた	.58	.14
F9. 友達と心から理解し合えるようになった	.57	.25
F3. 一生つきあっていけるような友人ができた	.47	.19
F7. お互いに信頼できる友人ができた	.41	−.06
F10. 友達グループの一員になった	.07	.71
F4. グループで色々なことをするようになった	−.25	.53
F8. たくさんの人と知り合いになった	.06	.51
F6. みんなで一緒にいることが多くなった	.07	.42
F5. 言いたいことを何でも言い合える友だちができた	.05	.25
因子間相関		.44

■斜交回転とは

プロマックス回転というのは，縦軸と横軸をそれぞれ別々に回転させる方法のひとつであり，2つの軸が直角ではなく斜めになることから「斜交回転」と呼ばれる．

この2つの軸は，因子間相関が0のときに直角となる．すでに説明したように，直交回転の1つであるバリマックス回転は，直角を保ったまま回転する方法であった．

プロマックス回転は軸をそれぞれ別に回転させるので，因子間に相関があってもかまわない．また，結果的に因子間相関が0に近くなることもある．

因子分析を行うときには，バリマックス回転のような直交回転ではなく，プロマックス回転のような斜交回転を推奨する研究者もいる．プロマックス回転を行い，因子間相関が0に近いことを確認した後で，バリマックス回転を行う場合もある．

■推薦図書・引用文献

● 因子分析についての解説書として有名なのは，松尾・中村 [29] である．一読してもらいたい．豊田 [31] も参考になる．

[29] 松尾太加志・中村知靖　2002『誰も教えてくれなかった因子分析』北大路書房
[30] 小塩真司　2012『研究事例で学ぶ SPSS と Amos による心理・調査データ解析 第2版』東京図書
[31] 豊田秀樹 編著　2012『因子分析入門─R で学ぶ最新データ解析─』東京図書
[32] 小塩真司　1999「高校生における自己愛傾向と友人関係のあり方との関連」『性格心理学研究』8, 1–11.

演習問題 第9章

YGPI（YG 性格検査®）を 50 名に実施した．YGPI は以下に示す 12 の下位尺度で構成されている．これらの下位尺度を因子分析し，構造を検討しなさい．

なお，因子分析の手法は主因子法・プロマックス回転とし，因子数は 2 を指定すること．

D：抑うつ性	Ag：攻撃性
C：回帰性傾向	G：一般的活動性
I：劣等感	R：のんきさ
N：神経質	T：思考的外向
O：主観的	A：支配性
Co：非協調的	S：社会的外向

◎このデータは，東京図書の Web サイト（www.tokyo-tosho.co.jp）からダウンロードできます．

番号	D	C	I	N	O	Co	Ag	G	R	T	A	S
1	13	15	10	4	16	8	7	19	18	16	8	6
2	9	19	15	13	11	13	16	12	19	14	6	12
3	18	3	10	7	4	3	7	16	14	12	12	14
4	7	12	10	9	6	6	9	6	12	9	7	11
5	7	12	10	15	12	13	9	6	12	10	6	11
6	19	13	16	16	15	10	10	9	12	4	8	12
7	14	14	1	18	18	8	16	14	10	0	16	18
8	20	19	16	19	15	11	11	14	12	3	9	16
9	18	14	12	10	12	8	14	6	14	10	4	2
10	12	8	16	14	10	10	10	2	10	12	2	8
11	14	13	19	11	15	11	7	6	14	10	10	12
12	14	10	10	6	7	4	7	13	13	14	11	10
13	17	18	16	17	14	17	19	14	9	6	12	7
14	20	17	10	17	18	13	13	10	13	4	11	12
15	16	17	18	15	12	13	7	11	12	10	6	11
16	16	10	4	10	10	12	10	12	14	6	4	12
17	16	16	8	16	14	12	8	4	10	10	4	4
18	20	8	12	14	12	8	10	0	8	4	1	2
19	20	9	11	14	13	11	3	11	11	4	10	16
20	20	19	14	16	14	14	16	5	14	8	11	9
21	14	14	14	14	12	6	16	6	14	10	4	8
22	14	9	16	6	10	3	11	17	18	13	11	15
23	0	6	4	10	4	4	14	4	12	12	12	14
24	16	8	18	10	12	10	4	8	9	8	4	3
25	15	13	17	13	16	4	6	12	6	5	6	6
26	14	16	16	16	10	11	9	5	11	5	4	6
27	20	18	18	16	12	16	12	5	10	4	9	12
28	18	18	16	16	10	16	12	2	8	6	0	4
29	16	11	10	10	8	8	7	7	7	5	7	3
30	7	1	9	5	7	9	15	10	18	12	14	18
31	12	8	16	5	7	6	8	9	12	10	6	8
32	4	10	8	7	6	6	10	12	8	10	4	8
33	8	3	5	9	6	7	12	15	8	7	2	18
34	14	16	18	18	14	18	10	4	16	6	4	8
35	20	6	8	10	9	12	2	15	4	10	6	8
36	20	17	15	16	14	10	13	9	11	6	3	12
37	18	17	14	9	12	16	10	19	14	2	12	16
38	8	6	5	10	11	12	11	10	18	8	14	16
39	12	10	11	13	10	7	5	8	10	9	7	11
40	17	16	15	11	15	10	12	10	13	11	3	8
41	18	16	15	14	12	12	8	3	9	10	3	11
42	12	8	6	6	9	5	12	12	10	8	16	18
43	2	3	2	3	1	5	9	13	11	11	12	18
44	18	13	11	10	18	7	16	7	13	15	4	8
45	16	12	18	18	17	7	5	5	10	10	5	6
46	0	10	0	6	4	4	16	17	16	18	16	18
47	20	4	9	15	11	10	6	2	4	5	7	3
48	20	12	15	13	17	14	12	9	10	4	9	12
49	15	16	8	14	17	12	19	12	18	11	12	15
50	20	8	15	13	15	17	9	2	4	2	5	2

chap9exercise.csv にデータがしまわれているとする.

```
(wd<- getwd())
x <- read.csv(paste0(wd,"/chap9exercise.csv"))
x            # 読み込んだデータの確認
x1 <- x[,-1]          # ID（番号）の列（1 番目の列）を取り除き，x1 に代入する.
x1
e <- eigen(cor(x1))
e$value                              # 回転前の固有値
plot(e$value,type="b")              # スクリープロットの描写
cumsum(e$value)/sum(e$value)*100             # 累積説明率
library(psych)# psych パッケージの読み込み
fa.out <- fa(x1, nfactors=2, rotate="promax",fm="pa")
print(fa.out, digits=3, sort=T)
```

主因子法・プロマックス回転の因子負荷量

	item	PA1	PA2
C	2	0.830	0.264
O	5	0.827	0.136
N	4	0.816	-0.044
Co	6	0.711	0.051
D	1	0.618	-0.220
I	3	0.514	-0.332
T	10	-0.458	0.100
S	12	-0.109	0.783
A	11	-0.148	0.721
R	9	0.070	0.623
Ag	7	0.302	0.575
G	8	-0.166	0.551

因子間相関

```
With factor correlations of
         PA1     PA2
PA1   1.000  -0.342
PA2  -0.342   1.000
```

D：抑うつ性	Ag：攻撃性
C：回帰性傾向	G：一般的活動性
I：劣等感	R：のんきさ
N：神経質	T：思考的外向
O：主観的	A：支配性
Co：非協調的	S：社会的外向

第 **10** 章

因子分析を使いこなす

Section 1　尺度作成のポイント

1-1　因子分析は何度も行う

　手もとにあるデータをうまく解釈するためには，何度も因子分析を行ってみる必要がある.

　また，因子分析結果の解釈の仕方も1通りに決まるものではないし，解釈を行う際には，その背景にある理論と照らし合わせることが必要となる.

　ここでは，実際に因子分析を行う手順を見ていこう.

1-2　尺度を作成する

　卒業研究などである概念を測定しようと思い，その概念を測定する適切な尺度が先行研究に見当たらない場合，新たな尺度を作成することがある.

- 自由記述をもとに尺度項目を作成したのだが，いくつの下位尺度に分かれるかを調べたい.
- 新たにいくつかの項目からなる尺度を作成したのだが，いくつの下位尺度に分かれるのかを検討したい.
- 先行研究の複数の尺度項目を組み合わせて新たな尺度を作成したのだが，その下位尺度を明らかにしたい.
- 事前に設定した下位尺度どおりに分かれるのかを検討したい.

……といった場合，因子分析を行う必要がある（ただし，むやみやたらに行うものではない. 先行研究で因子数が確定しており，それに疑問がないのであれば，再度行う必要はない. あるいは後の章で述べる確認的因子分析を行うこともよいだろう）.

1–3 尺度を作成する際の因子分析の手順

(1) 因子分析の前に……項目のチェック

因子分析を行う前に，それぞれの項目の得点分布について検討しておきたい．なお，因子分析を行う際のサンプル数（データ数・人数）については，経験的には，項目数の 10 倍程度あることが望ましいようである（項目数が 10 項目なら，少なくとも 100 名）．

- 質問項目を作成する際には，事前にどのような分布となるかを予想する．それぞれの質問項目は，どのような分布が仮定されているだろうか．何段階かの選択肢のうち，中央の選択者が多く，両極の選択者が少ない分布が仮定されているだろうか．あるいは，ほとんどの人が「いいえ」と答え，ごく少数の人だけが「はい」と答えるような分布だろうか．

  ▶ 一般の人々に見られる心理的な個人差を測定する場合には，多くの人が「普通」の反応をし，極端に反応する人々は少ないと考えられる．したがって，中央付近に回答する人が多くなり，両極端の回答をする人は少なくなるだろう．

  ▶ 非行傾向や病理傾向など，多くの人が「なし」と反応する中で少数の「あり」と反応する人々を見つけ出したい場合がある．このような場合には，片方の端に多くの人々の回答が集まるような分布を示すだろう．

- 何度か予備調査を行い，事前に仮定されたような分布の回答が得られそうかどうかを確認しよう．10 名程度の回答を得るだけでも，得点分布の目安になる．

- 質問項目の表現が決まったら，いくつかの質問項目と一緒に本調査を行う．そして，事前に想定した分布に対してどのようなデータが得られているかを確認する．

  ▶ たとえば，事前に「中央付近の回答者が多いだろう」と予測したにもかかわらず…
  - 多くの人の回答が右端（高い得点方向）に寄ってしまっている　　　　　　　　　　→ **天井効果**
  - 多くの人の回答が左端（低い得点方向）に寄ってしまっている　　　　　　→ **フロア効果（床効果）**

  ▶ また，事前に「中央付近の回答者が多いだろう」と予測したにもかかわらず，人数のピークが両端に見られるようなケース（**二峰性**）もある．「あるか，ないか」「するか，しないか」など二者択一的な質問項目の表現の際に，このような得点分布となりやすい．

  ▶ 回答が中央（「どちらともいえない」）に集中することもある．質問項目が難解な場合などに，このようなことが起こりやすい．

- hist 関数を利用して，ヒストグラムを描くと，天井効果・フロア効果（床効果）の判断をしやすいだろう．

- 天井効果やフロア効果が著しく見られたり，中央付近に極端に偏った回答や，二峰性の回答は不適切な

項目として削除する.

（2）因子数の決定

固有値やスクリープロット（p.168）を見て，因子数をいくつにするか決定する．因子数を決定するときの基準には，以下のようなものがある．

1. 研究者が仮説から決める.
2. 固有値やスクリープロットを見て，固有値が大きく落ち込むところまでを採用する.
3. 固有値が 1 以上の因子数を採用する（カイザー基準）.
4. 累積寄与率がある程度の値を越えるところで判断する（50％など）.

以上が代表的なものであるが，R での **psych パッケージ**にある，**fa.parallel 関数**では，並行分析という手法で推薦される主成分数と因子数が表示される。また **vss 関数**では，VSS 基準と呼ばれる結果が出される。この場合，表示された MAP（Minimum Average Partial）が一番小さい値の因子数の採用が推薦となる。また第 11 章で説明する適合度指標を参考にして適合度が高い因子数のモデルを採用する方法もある.

参考スクリプト

```
library(psych)   #   psych パッケージの呼び出し
fa.parallel(x)   # 並行分析      x は因子分析の対象となるデータフレーム
vss(x)                   # the Very Simple Structure(VSS) riterion
```

上記の一応の基準はあるが，回転後に「**解釈可能性**」，つまり抽出された因子をうまく解釈することができるかどうかという観点が最も重要である.

（3）因子分析のくり返し

因子分析を実行し，回転を行う（直交回転：バリマックス回転など，斜交回転：プロマックス回転など）．想定する下位尺度間が相互に独立，つまり「互いに相関を仮定しない」場合は直交回転を行う．想定する下位尺度間に「相関を仮定する」場合は斜交回転を行う.

メモ：まず斜交回転を行い，相互に相関がみられなければ再度直交回転を行えばよい，と考える研究者もいる．なぜなら人間が回答するような場合では，その回答の背景にある心理的な因子を考える際に，相互に独立であると考えるよりも，互いに何らかの関連性があると考えた方がよいともいえるからである.

次に，一定の基準で項目の取捨選択を行う．その基準としては，以下のことが考えられる．

- 共通性が「0.16 以上」であること（直交回転の場合，いずれかの因子に .40 以上の負荷量を示すことが期待されるため）．
- 一定の値の因子負荷量を基準とする．たとえば，.35 や .40，.50 など
- 1 つの因子に最低 3 項目が高い負荷を示していること．
- 1 つの項目が複数の因子に高い負荷量を示す場合には……
  ▶「尺度作成」が目的の因子分析の場合には，削除することがある．
  ▶因子構造を探る場合や因子得点を算出して後の分析に使用する場合には，削除しないこともある．

項目を削除したら，再度，因子分析を行う．このあたりは試行錯誤しながら行う．たとえば，最も基準に合わない 1 項目を削除してみて再度因子分析を行い，結果を見る．次に，他の項目を削除して再度因子分析を行うなどを試みる．

なお，因子分析はあくまでも「今あるデータに基づいて因子を推定する」ものであるため，調査対象が変われば異なる因子が抽出されることも十分に考えられる．

（4）最終的な因子分析

何度も試行錯誤しながら因子分析をくり返し，最終的な因子分析結果を出力する．最終的な因子分析結果を出力したら，因子分析表を作成する．

レポートや論文の［**結果**］の部分に因子分析の手順を記述する．ただし，因子分析を何回行ったかとか，1 つずつどの順番で項目を外していったかなどは書かなくてもよい．

記述する必要があるものは，以下のとおりである．

1. 因子抽出法は何を使ったか（主因子法，重み付け最小 2 乗法，最尤法など）
2. 因子数はどうやって決めたか
3. 回転法は何を使ったか
4. 削除した項目数や内容，および削除の基準
5. 因子名はどうやって決めたか
6. 因子分析表（因子負荷量や因子寄与など）

では，実際にやってみよう．

尺度作成の実際

2−1 幼児性尺度の作成

　ある学生のグループが作成した「**幼児性尺度**」の尺度構成を行ってみよう．この尺度は，いわゆる大学生や大人の「幼さ」を測定しようと試みるものである．

　この尺度は23項目で構成されており，項目内容は以下のとおりである．「まったくあてはまらない(1)」から「非常によくあてはまる(5)」までの5件法で測定されている．調査対象は大学生111名である（データは，浅井・加納・河尻・後藤・酒井・志水・水谷・宮田［38］による）．

　データは，p.185の表のとおりである．データを入力する際には，「名前」にA01など変数名のみを入力しておくと，データの処理も楽になる．データをコピーするか，Excelファイルを直接Rに読みこんで作業をしよう．

◎幼児性尺度の項目内容

A01　人の話を黙って聞いていられない	A14　自分一人で何かを決めることが苦手だ
A02　自分はすぐ調子に乗るタイプだ	A15　思っていることや感情が，ついつい表情に出てしまう
A03　一人で行動することが好きではない	A16　人に指図されるのは嫌いだ
A04　友達がやるからという理由で何をするか決めることが多い	A17　自分のやりたくないことはやらないことが多い
A05　気分によって考えがコロコロ変わる	A18　授業中そわそわして落ち着かない
A06　わからないことがあったとき，まずは自分で考えたい	A19　欲しいと思ったものは手に入らないと気がすまない
A07　買い物に行ったとき，予定していなかった物まで買ってしまうことがある	A20　自分に都合が良くない考えは受け入れないことが多い
A08　他人のペースに合わせることができる	A21　お金は先のことを考えて使っている
A09　夏休みの宿題は終わりがけにあわててやっていた	A22　カッとなることがあっても冷静になって考え直すことができる
A10　自分の失敗を周りのせいにすることが多い	A23　楽しいときにはどこでもはしゃぐ
A11　約束の時間によく遅刻をしてしまう	
A12　同じ失敗をくり返してしまうことが多い	
A13　勉強をしているときに他のことに気をとられやすい	

NO	A01	A02	A03	A04	A05	A06	A07	A08	A09	A10	A11	A12	A13	A14	A15	A16	A17	A18	A19	A20	A21	A22	A23
1	1	2	2	4	2	4	4	4	2	2	1	2	4	4	2	4	2	2	2	4	2	4	2
2	1	1	1	2	4	4	2	2	4	2	1	2	4	4	2	4	5	5	4	4	4	3	2
3	1	4	1	4	4	5	1	5	1	3	1	3	5	2	2	1	4	4	1	5	4	2	2
4	2	4	5	4	5	2	3	3	2	1	5	3	5	2	3	2	3	5	3	2	5	5	5
5	1	1	1	3	5	4	5	5	5	1	5	5	5	5	5	5	5	5	5	5	5	3	5
6	2	2	2	2	2	4	3	4	4	2	4	2	4	2	2	4	3	2	4	3	4	4	3
7	2	3	2	3	2	4	2	4	3	3	2	2	2	3	1	2	3	2	2	3	4	2	2
8	1	4	2	5	5	3	4	3	5	1	4	5	5	5	5	2	4	3	4	4	2	2	4
9	2	4	2	3	3	4	4	4	4	3	4	2	2	4	3	3	2	4	3	5	3	3	4
10	4	4	1	3	3	5	5	5	4	3	4	2	4	5	3	3	4	2	3	4	4	4	4
11	3	5	4	3	4	3	3	3	2	3	3	3	3	3	5	3	5	3	5	3	3	3	5
12	1	3	2	1	2	5	2	5	5	2	5	2	2	1	2	4	1	1	3	2	3	5	3
13	1	4	3	4	2	5	4	5	3	3	1	4	3	4	2	3	2	4	3	2	4	4	4
14	2	5	2	3	4	4	3	3	5	4	5	4	4	2	2	4	4	2	2	5	1	2	5
15	1	5	4	3	3	2	4	5	5	2	1	1	5	3	1	2	5	1	5	3	4	5	3
16	1	4	1	2	4	5	4	4	5	4	5	5	2	3	5	3	2	2	4	2	3	1	1
17	4	4	4	3	3	2	3	4	5	3	2	2	4	5	3	4	3	2	3	3	3	2	3
18	2	3	2	2	4	5	3	3	5	3	3	3	4	5	3	3	2	3	2	3	4	3	3
19	2	4	3	4	5	4	4	4	5	3	4	4	5	3	3	3	4	3	5	4	2	3	4
20	3	4	2	4	2	3	4	3	4	4	4	4	4	4	4	4	4	3	4	5	4	1	3
21	1	3	5	5	5	3	5	5	5	5	5	5	5	5	5	5	5	1	3	3	1	1	5
22	3	5	3	3	4	3	5	5	5	5	5	5	5	5	5	5	5	4	5	5	1	3	5
23	1	2	3	2	5	2	1	5	1	2	1	1	2	3	5	2	4	5	2	2	5	2	5
24	3	4	2	2	4	4	4	4	5	4	4	4	5	5	4	5	3	5	4	3	3	2	2
25	2	4	2	1	3	4	1	5	2	2	3	2	5	1	5	5	4	1	4	2	5	3	3
⋮	⋮	⋮	⋮	⋮	⋮	⋮	⋮	⋮	⋮	⋮	⋮	⋮	⋮	⋮	⋮	⋮	⋮	⋮	⋮	⋮	⋮	⋮	⋮
85	2	2	3	3	4	3	3	4	4	2	2	4	3	3	3	2	3	2	2	4	3	4	4
86	2	2	4	4	2	4	2	3	4	2	1	2	3	2	3	4	3	2	4	2	4	3	3
87	3	3	2	2	4	3	2	3	3	4	1	2	3	2	3	5	3	2	1	4	4	2	3
88	2	4	4	3	5	2	2	4	4	3	1	3	4	4	4	4	2	3	3	3	3	4	3
89	2	4	2	2	4	2	4	3	1	2	2	3	4	3	2	2	3	3	4	3	2	4	3
90	3	2	2	2	2	4	2	4	4	3	4	3	4	2	3	2	2	2	2	4	4	3	3
91	3	4	3	3	3	4	4	3	1	3	1	3	2	3	4	4	3	3	3	5	3	3	3
92	3	4	3	3	4	4	5	3	3	1	2	3	2	4	4	3	2	3	4	2	3	4	4
93	2	4	2	2	2	2	4	4	1	3	5	5	3	2	3	5	3	3	2	4	4	2	2
94	3	3	3	3	3	4	3	4	4	3	2	3	3	3	3	4	2	3	3	4	4	3	3
95	3	5	1	3	2	2	5	4	3	2	4	2	5	3	4	2	1	1	2	2	2	4	5
96	5	3	2	4	5	3	4	4	5	4	4	3	4	4	4	3	3	4	2	2	2	2	4
97	1	4	2	4	4	3	4	4	5	2	4	4	5	4	5	4	4	3	4	4	4	4	5
98	1	1	3	3	2	4	3	4	1	3	2	3	2	4	3	4	3	3	4	3	4	3	2
99	1	3	4	4	5	3	4	3	3	2	2	2	3	4	3	3	4	2	3	4	2	4	5
100	2	3	5	5	5	2	5	3	5	3	5	4	5	5	5	5	2	5	3	3	3	3	5
101	3	5	5	3	5	2	5	1	2	5	4	5	4	4	5	4	3	5	5	4	4	3	5
102	1	4	1	2	4	5	2	5	5	3	4	4	5	1	1	5	5	1	2	5	2	4	1
103	3	3	2	2	5	5	1	4	1	3	1	3	4	4	2	4	4	1	1	3	2	4	3
104	1	1	1	2	4	4	2	2	3	1	3	4	4	1	2	1	1	1	1	4	1	4	1
105	2	3	4	3	2	4	2	3	2	1	2	2	4	3	2	2	2	2	3	5	3	3	2
106	2	3	2	3	3	3	3	4	2	2	2	2	2	2	2	2	2	2	3	4	4	2	2
107	3	4	5	4	4	5	5	3	5	4	4	5	5	4	4	3	3	2	2	1	1	4	3
108	4	4	2	4	5	5	5	4	2	4	5	5	4	5	5	5	4	5	5	5	5	2	4
109	2	2	1	3	4	4	5	5	2	1	3	4	5	2	5	5	1	3	2	2	2	4	4
110	2	4	3	4	4	3	4	4	3	4	4	4	4	4	3	4	2	4	3	4	3	4	4
111	4	4	2	3	4	4	4	4	5	4	4	4	4	4	3	4	4	3	3	2	3	3	4

◎東京図書 Web サイト（www.tokyo-tosho.co.jp）からダウンロード可能.

2-2 因子分析の前に

lessonChap10 の R project を作成し，フォルダに，chap10sample1.csv のファイルを保存しておく．

■データの取り込みと記述統計量の確認

```
(wd<- getwd())
x <- read.csv(paste0(wd,"/chap10sample1.csv"))
head(x)              # 読み込んだデータの頭部分の確認
dim(x)               # 行列の大きさの確認
library(psych)       # psych パッケージの読み込み
describe(x)          # 記述統計量の算出
```

23 項目の平均値と標準偏差を算出し，得点の分布をチェックする．

```
> library(psych)      # psych パッケージの読み込み
> describe(x)         # 記述統計量の算出
     vars   n mean   sd median trimmed  mad min max range  skew kurtosis   se
A01     1 111 2.20 1.03      2    2.09 1.48   1   5     4  0.73    -0.07 0.10
A02     2 111 3.33 1.08      4    3.35 1.48   1   5     4 -0.30    -0.78 0.10
A03     3 111 2.48 1.20      2    2.37 1.48   1   5     4  0.60    -0.55 0.11
                              (以下，省略)
```

● ヒストグラムを描いて，得点分布をチェックする．

A01「人の話を黙って聞いていられない」のヒストグラムを描いてみよう．

```
hist(x[,1],breaks=seq(0.5, 5.5, 1),xlab=names(x[1]),main=names(x[1]))
```

ヒストグラムを描く関数は hist 関数であり，ここでの分析対象の変数は，x. のデータフレームの 1 列目の A01 である．それを x[,1] で指定している．また 5 件法であるので，数値は 1, 2, 3, 4, 5 であり，0.5 から 1.5 に何個，1.5 から 2.5 に何個，……4.5 から 5.5 に何個あるかを数えてヒストグラムにするために，breaks（分割）という引数を使う．seq 関数は，sequence（数列）の略である．seq（0.5, 5.5, 1）というのは正確には，seq(from=0.5, to=5.5, by=1) ということであり，0.5, 1.5, 2.5, 3.5, 4.5, 5.5, という数列を出している．xlab＝names(x[1]) は，x のデータフレームの 1 番目の変数名を，x 軸に表示する引数である．main＝names(x[1]) は，同じく 1 列目の変数名を表の上部に表示する．

★ xlab＝names(x[i])，main＝names(x[i]) のデータフレームの列の指定には，カンマはいらない．

右は，第 1 項目「人の話を黙って聞いていられない」のヒストグラムである．得点がやや左方向に偏っているが，この程度であれば許容範囲内かもしれない．

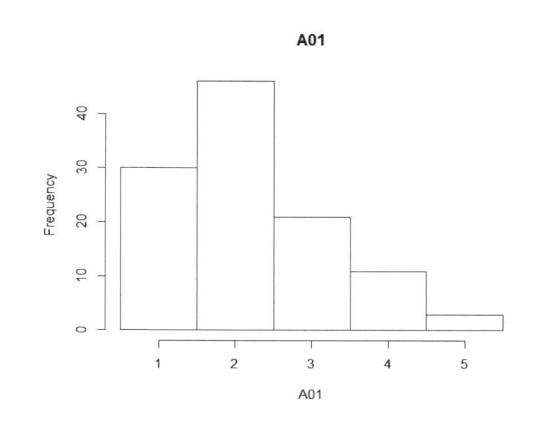

さて，23 変数のヒストグラムを 1 枚，1 枚描いていくのは大変なため，その時にヒストグラムを描く関数を繰り返し実行するためのコマンドとして for 文を使う．for(i in 1：23)｛繰り返し実行する関数｝という形式である。括弧内の意味は，i を 1, 2, 3 …20, 21, 23 の数値を順番に変えていくということである．

先の A01 のヒストグラムを 1 列目から 23 列目まで描く for 文は次の通りになる．

```
for( i in 1:23)    {
  hist(x[,i],breaks=seq(0.5, 5.5, 1),xlab=names(x[i]),main=names(x[i]))
}
```

一瞬で，23 枚のヒストグラムが描かれて，A23 のヒストグラムが右下に表示される．前のグラフを見るためには，下記の左矢印をクリックするとよい．

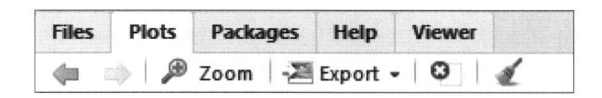

次に，A09「夏休みの宿題は終わりがけにあわててやっていた」という質問項目に注目してみよう．記述統計量は平均値：3.56 で標準偏差：1.48 である．ヒストグラムは次のようになる．

●「非常によくあてはまる」（5 点）と回答した人数が多く，その他の回答（1〜4）は同程度となっている．

●本調査の前に予備調査をすることで，表現を調整する機会も得られる．たとえばこの項目を，

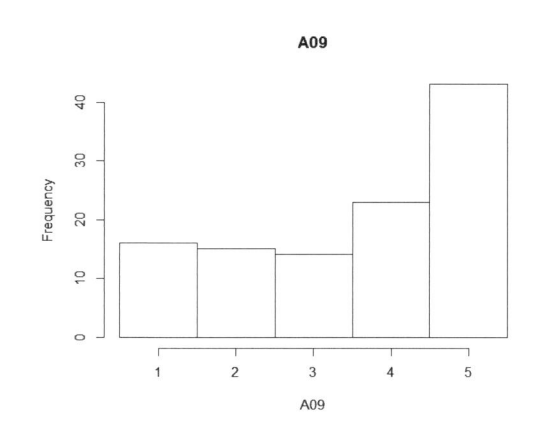

「夏休みの宿題はいつも最終日ギリギリにやっていた」という表現に変えると，得点のピークが低い方向へと移動するかもしれない（やってみないとわからないが……）．

- 質問項目のレベルで正規分布に完全に従わせることは難しい．あまりに厳しい基準を設定すると，多くの質問項目が排除され，本来測定したい概念が測定できなくなる可能性があるので注意が必要である．
- 重要なことは得点分布そのものではなく，測定したい内容が測定できているかどうかである．この質問項目が「幼児性」を反映しており，子どもっぽい回答者とそうではない回答者を適切に見分けることができていれば問題はない．
- 以上のことに留意した上で，今回はすべての質問項目を用いてこれ以降の分析を進めていこう．

2-3 因子数の決定

固有値を算出して，スクリープロットを描くとともに，累積寄与率も算出する．

```
e <- eigen(cor(x))
e$value                                        # 回転前の固有値
plot(e$value,type="b")           # スクリープロットの描写
cumsum(e$value)/sum(e$value)*100           # 累積説明率
```

```
> e$value                                        # 回転前の固有値
 [1] 5.0322696 2.0388954 1.8564454 1.4940498 1.4393827 1.1690260 1.0050737
                        （一部のみ掲載）
```

因子数を決めるには，この「固有値」の変化を見る．固有値は第1因子より 5.03，2.04，1.86，1.49，1.44，1.17……と変化している．

第1因子と第2因子の差は 2.99，第2因子と第3因子の差は .018，第3因子と第4因子の差は .036，第4因子と第5因子の差は .006，第5因子と第6因子の差は .027である．

第3因子と第4因子の差，第5因子と第6因子の差が，前後に比べて大きいようで

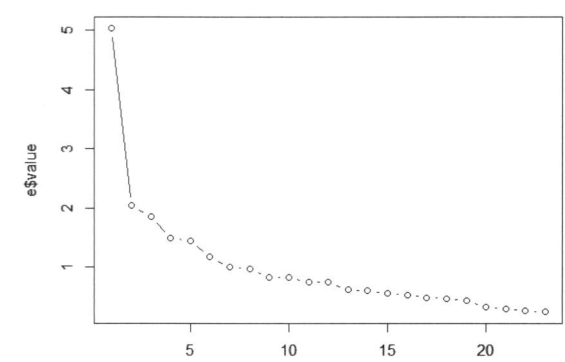

ある.

　スクリープロットを見てみると，やはり，第3因子と第4因子の間，第5因子と第6因子の間の段差（傾き）が大きいように見える.

　これらを見ると，どうも3因子構造か5因子構造とするのが適当なようである.

　また，累積説明率は第3因子までで38.82%，第5因子までで51.57%である.

```
> cumsum(e$value)/sum(e$value)*100              # 累積説明率
 [1]   21.87943  30.74420  38.81570
                        （一部のみ掲載）
```

　では暫定的に，因子数を **3因子**と決めて，次の分析を行ってみよう.

　5因子の場合はどうなるかについては，各自で分析を行ってみてほしい.

2-4　1回目の因子分析（項目の選定）

■ psych パッケージの fa 関数を使う．オプションの指定は以下のようにする.

　因子数の指定は3因子.　　nfactors＝3

　回転方法はプロマックス回転.　　rotate＝"promax"

　手法は，主因子法.　　fm＝"pa"

　小数点3位の表示の指定で digits＝3，因子負荷量の高い順に並び替えで，sort＝T のオプションを print 関数につける.

```
fa.out <- fa(x, nfactors=3, rotate="promax",fm="pa")
print(fa.out, digits=3, sort=T)
```


■出力の見方

（1）**因子抽出後の「共通性」（h2）をチェック**

　▶共通性が著しく低い項目，たとえば A08（.02）に注意する.

（2）**「パターン行列」をみる**

　▶パターン行列を見ると，A05，A19，A10，A08，A23 の5項目については，いずれの因子の負

荷量も .35 の基準を満たしていないことがわかる.

▶ただし，A05 の第 1 因子への負荷量は .32，A10 の第 2 因子への負荷量は .33 と，微妙な値である.

```
      item    PA3     PA1     PA2       h2     u2  com
A09      9  0.661  -0.117  -0.305   0.3457  0.654  1.48
A13     13  0.532  -0.023  -0.019   0.2664  0.734  1.01
A02      2  0.462   0.154  -0.051   0.2726  0.727  1.25
A07      7  0.460  -0.111   0.175   0.2666  0.733  1.41
A21     21 -0.437  -0.027   0.119   0.1734  0.827  1.15
A20     20  0.428   0.395  -0.061   0.4417  0.558  2.03
A12     12  0.369   0.163   0.108   0.2614  0.739  1.57
A11     11  0.350   0.298  -0.104   0.2588  0.741  2.15
A05      5  0.324   0.238   0.247   0.3766  0.623  2.76
A19     19  0.266   0.177   0.133   0.1966  0.803  2.27
A15     15 -0.006   0.630   0.067   0.4202  0.580  1.02
A22     22  0.281  -0.567  -0.304   0.3935  0.606  2.06
A16     16  0.020   0.567  -0.272   0.3187  0.681  1.44
A18     18 -0.052   0.533   0.015   0.2692  0.731  1.02
A17     17  0.304   0.375   0.019   0.3311  0.669  1.92
A01      1  0.137   0.353   0.014   0.1855  0.815  1.30
A10     10  0.199   0.331   0.053   0.2208  0.779  1.70
A08      8  0.098  -0.113   0.067   0.0193  0.981  2.63
A04      4  0.284  -0.235   0.718   0.6679  0.332  1.54
A03      3 -0.205   0.050   0.574   0.2892  0.711  1.27
A06      6  0.239  -0.083  -0.544   0.2672  0.733  1.43
A14     14  0.261  -0.031   0.531   0.4430  0.557  1.46
A23     23  0.167   0.272   0.286   0.2973  0.703  2.60
```

2−5 　2 回目の因子分析（因子構造の明確化）

　では次に，因子分析を行う際に，明らかに負荷量が低かった A08，A19，A23 の 3 項目を分析から外してみよう．最初に先ほどと同じように固有値を算出し，スクリープロットを描いて，その変化を見てみる.

　分析データから A08，A19，A23 を外すということは，8 列目，19 列目，23 列目を外すということである．この時，列の指定でマイナス記号をつければよい．−c(8, 19, 23) という列の指定となる.

```
x1 <- x[,-c(8, 19, 23)]        # x1 という分析対象の新しいデータフレームをつくる
e <- eigen(cor(x1))
e$value                        # 回転前の固有値
plot(e$value,type="b")         # スクリープロットの描写
cumsum(e$value)/sum(e$value)*100     # 累積説明率
```

　スクリープロットを見てみよう．先ほどよりも，第 3 因子と第 4 因子の傾きが大きくなっていることがわかるだろうか．つまり，より明確に 3 因子構造を示すようになってきたことを意味する.

■因子分析の実行

先ほどと同様，3因子，プロマックス回転，主因子法で因子分析を fa 関数で実行しよう．

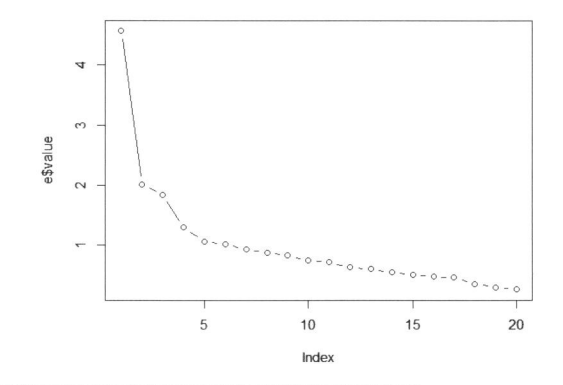

```
fa.out <- fa(x1, nfactors=3, rotate="promax",fm="pa")
print(fa.out, digits=3, sort=T)
```

次に，「**因子負荷量の行列：パターン行列**」をみてみよう．

やはり A05 の負荷量はいずれの因子についても .35 に満たないようである．

先ほどとは異なり，A10 は第2因子に .35 以上の数値を示している．

A11 の第1因子への負荷量は .328 であり，.35 以下となっている．

A01 の第2因子への負荷量は .348 であり，こちらも .35 以下となっている．

また，A20 は，第1因子と第2因子ともに .35 以上の負荷量を示している．

	item	PA3	PA1	PA2	h2	u2	com
A09	8	0.665	-0.139	-0.262	0.369	0.631	1.40
A13	12	0.530	-0.031	0.034	0.278	0.722	1.01
A02	2	0.450	0.135	-0.073	0.258	0.742	1.24
A07	7	0.444	-0.121	0.164	0.219	0.781	1.43
A21	19	-0.444	-0.014	0.085	0.188	0.812	1.08
A12	11	0.369	0.163	0.160	0.292	0.708	1.78
A11	10	0.328	0.290	-0.092	0.254	0.746	2.14
A05	5	0.327	0.231	0.250	0.372	0.628	2.73
A16	15	-0.089	0.651	-0.276	0.362	0.638	1.39
A15	14	-0.017	0.599	0.056	0.372	0.628	1.02
A22	20	0.299	-0.596	-0.311	0.436	0.564	2.04
A18	17	-0.072	0.506	-0.019	0.223	0.777	1.04
A20	18	0.363	0.435	-0.042	0.448	0.552	1.96
A17	16	0.238	0.413	0.042	0.334	0.666	1.62
A10	9	0.186	0.351	0.064	0.241	0.759	1.60
A01	1	0.131	0.348	0.005	0.181	0.819	1.28
A04	4	0.349	-0.261	0.681	0.599	0.401	1.82
A14	13	0.320	-0.060	0.611	0.551	0.449	1.53
A06	6	0.188	-0.055	-0.524	0.265	0.735	1.28
A03	3	-0.155	0.024	0.523	0.257	0.743	1.18

■さてどうする？

さて，このあたりが今後の分析の分かれ道となるところである．とくに複数因子に高い負荷量を示している項目のとり扱いである．

A05 はおそらく省いていく方針で考えてもよいだろう．

A11 も負荷量は .35 を満たしていないので，この項目も削除したほうがよいかもしれない．

A20 は第 1 因子と第 2 因子の複数因子に高い負荷量を示しているが，第 2 因子に .435 の負荷量を示している．ただし，その差は .072 と小さいので，削除したほうがよいかもしれない．

もしかしたら，すでに削った項目を再度含めてみると，どこかの因子に高い負荷量を示すようになるかもしれない．

さあ，この後，どのように分析を進めていけばよいのであろうか？ ここには「これが正解だ！」というものはない．上で削除したほうがよいと述べた項目でも，その項目内容が大事であれば，残していくことも考えられる．また場合によっては，因子分析手法や回転方法を変えてみることもよいかもしれない．「こっちのほうがよりよいのではないか？」というものだけである．各自で試行錯誤をくり返す必要がある．

2-6 3 回目の因子分析

さきの因子分析の結果を踏まえて，A05，A11，A20 の項目を削除して因子分析を実行してみよう．もともとの対象データである x から，5 列目，8 列目，11 列目，19 列目，20 列目，23 列目を削除して，x2 という分析対象データフレームを作成する．あとは x2 を用いて，同様に因子分析を実行する．

```
x2 <- x[,-c( 5, 8, 11, 19, 20, 23)]
fa.out <- fa(x2, nfactors=3, rotate="promax",fm="pa")
print(fa.out, digits=3, sort=T)
```

```
     item    PA3    PA1    PA2    h2    u2   com
A09     7  0.653 -0.095 -0.278 0.385 0.615 1.40
A13    10  0.521  0.000  0.030 0.281 0.719 1.01
A21    16 -0.453 -0.046  0.090 0.206 0.794 1.10
A02     2  0.435  0.154 -0.071 0.243 0.757 1.30
A07     6  0.423 -0.105  0.181 0.222 0.778 1.49
A12     9  0.347  0.154  0.184 0.266 0.734 1.96
A15    12  0.027  0.619  0.054 0.417 0.583 1.02
A16    13 -0.054  0.575 -0.243 0.301 0.699 1.37
A22    17  0.258 -0.542 -0.321 0.415 0.585 2.12
A18    15 -0.034  0.514 -0.030 0.246 0.754 1.02
A17    14  0.251  0.388  0.051 0.304 0.696 1.76
A01     1  0.171  0.381  0.000 0.221 0.779 1.39
A10     8  0.213  0.361  0.065 0.255 0.745 1.70
A04     4  0.315 -0.237  0.664 0.571 0.429 1.71
A14    11  0.323 -0.041  0.605 0.556 0.444 1.54
A03     3 -0.148  0.017  0.539 0.272 0.728 1.15
A06     5  0.167 -0.057 -0.511 0.255 0.745 1.24
```

A12 の因子負荷量が .347 とわずかに .35 を下回っている．ほかには，複数の因子に高い負荷量を示す項目はなくなった．

■因子分析の手法について

　fm の引数で指定する因子分析手法（抽出法）であるが，数学的には最尤法 ml が優れているとされている．しかし，場合によっては，理論上は許されていない因子負荷量が 1 を超える値を出すような計算結果となるデータがある。そのような不適解となった場合には最尤法以外の方法を指定して，再度，因子分析を行う必要がある。私見であるが，最尤法 "ml"，重み付け最小 2 乗法 "wls"，主因子法 "pa" の順番で指定して実行することがよさそうである。また場合によっては，因子負荷量が 1 を超えた項目は削除したほうがよいであろう（最尤法の指定法は，fm＝"ml" である）．

　別のオプションであるが，もし分析結果に基づく因子得点を保存して，後の分析に使うのであれば，scores＝TRUE の引数をつける。出力結果（たとえば，fa.out とするならば）は，fa.out$scores で因子得点が取り出せる（p.198）．

2-7 因子を解釈する

　因子分析はただ行えばよいというものではなく，結果が出たら**因子の解釈**をする．ここでいう因子の解釈とは，**因子を命名する**ことである．3 回目の因子分析結果を，まずは Excel の表にする．

		第 1 因子	第 2 因子	第 3 因子
A09	夏休みの宿題は終わりがけにあわててやっていた	.65	−.10	−.28
A13	勉強をしているときに他のことに気をとられやすい	.52	.00	.03
A21	お金は先のことを考えて使っている	−.45	−.05	.09
A02	自分はすぐ調子に乗るタイプだ	.44	.15	−.07
A07	買い物に行ったとき，予定していなかった物まで買ってしまうことがある	.42	−.11	.18
A12	同じ失敗をくり返してしまうことが多い	.35	.15	.18
A15	思っていることや感情が，ついつい表情に出てしまう	.03	.62	.05
A16	人に指図されるのは嫌いだ	−.05	.58	−.24
A22	カッとなることがあっても冷静になって考え直すことができる	.26	−.54	−.32
A18	授業中そわそわして落ち着かない	−.03	.39	−.03
A17	自分のやりたくないことはやらないことが多い	.25	.38	.05
A01	人の話を黙って聞いていられない	.17	.38	.00
A10	自分の失敗を周りのせいにすることが多い	.21	.36	.07
A04	友達がやるからという理由で何をするか決めることが多い	.32	−.24	.66
A14	自分一人で何かを決めることが苦手だ	.32	−.04	.61
A03	一人で行動することが好きではない	−.15	.02	.54
A06	わからないことがあったとき，まずは自分で考えたい	.17	−.06	−.51

ただし名前をつける時には，それなりの理由，根拠，説得力が必要になる．自分だけに通用する名前をつけてはいけない．多くの人が項目内容を見て納得できる名前をつけることが重要である．この解釈可能性がみたされた因子分析でないと意味がない．そういう意味で，因子分析はくりかえし行い，因子を命名するという点で，この手法は研究者のセンスが問われる．

　たとえば，上に示された因子分析結果を見ると……

> ● **第1因子**には，「夏休みの宿題は終わりがけにあわててやっていた」「勉強をしているときに他のことに気をとられやすい」「自分はすぐ調子に乗るタイプだ」といった項目が正の負荷量，「お金は先のことを考えて使っている」という項目が負の負荷量を示している．どうも，後先考えずに行動する傾向を意味しているように思われるが，それを表現する簡潔な因子名は何だろうか？
>
> ● **第2因子**には「思っていることや感情が，ついつい表情に出てしまう」「人に指図されるのは嫌いだ」といった項目が正の負荷量，「カッとなることがあっても冷静になって考え直すことができる」が負の負荷量を示している．その次の「授業中そわそわして落ち着かない」という項目の意味もあわせて考えると，この因子の名前はどうなるだろうか？
>
> ● **第3因子**は「友達がやるからという理由で何をするか決めることが多い」「自分一人で何かを決めることが苦手だ」「一人で行動することが好きではない」が正の負荷量，「分からないことがあったとき，まずは自分で考えたい」が負の負荷量を示している．比較的まとまりが良い因子であるが，どのような名前を付けるか？

　たとえば，第1因子を落ち着きの欠如，第2因子を抑制の欠如，第3因子を依存性といった命名が考えられる．こうやって解釈を考えてみると，因子分析は最初の項目内容の作り方に大きく左右されることにも気づくだろう．

尺度の信頼性の検討

因子分析を行って，下位尺度が決定したら，次は**尺度の信頼性の検討**を行う．

信頼性の検討の仕方にはいくつかあるが，よく使われる方法として，ここでは「α 係数」を算出する方法を学ぶ．

α 係数がある程度の数値（.80）以上であれば，**尺度の内的整合性が高い**と判断される．ただしこれは測定している概念や項目数などにもよるので，明確な基準があるわけではない．しかし，.50 を切るような尺度は再検討すべきであろう．ただし，α 係数は高ければ高いほどよいのかというと，必ずしもそうではない．極端な話をすれば，全く同じ内容の項目を複数用意して測定すれば，α 係数は非常に高くなる．しかし，そのような尺度が望ましいとはいえないだろう．たとえば α 係数が .90 を超えるような尺度も同じ内容をくり返し尋ねているだけの項目だけが残っている可能性があるので，検討し直す場合もある．

3-1 α 係数の算出

たとえば，先ほどのデータで，α 係数を算出してみよう．

例として，先ほどの「3 回目の因子分析」の結果（p.192）を採用したとしよう．

- 第 1 因子に高い負荷量を示した項目は

  ▶ **A09**，**A13**，**A21**（**逆転**），**A02**，**A07**，**A12** の 6 項目．

A21 は負の負荷量を示しているので，**逆転項目**とする．

- 第 2 因子に高い負荷量を示した項目は

  ▶ **A15**，**A16**，**A22**（**逆転**），**A18**，**A17**，**A01**，**A10** の 7 項目．

A22 は負の負荷量を示しているので，**逆転項目**とする．

- 第 3 因子に高い負荷量を示した項目は

  ▶ **A04**，**A14**，**A03**，**A06**（**逆転**），の 4 項目．

A06 は負の負荷量を示しているので，**逆転項目**とする．

ここで，**A06**，**A21**，**A22** はそれぞれの因子に高い負の負荷量を示しているので**逆転項目**と考える．

■ α 係数の算出

第1因子が含まれるデータフレームの指定は，A09，A13，A21，A02，A07，A12 の変数のみが含まれるようにすればよい．これらは変数名の番号と列番号が x のデータフレームの番号と同じである．そこで，x[, c(9, 13, 21, 2, 7, 12)]でよい．もし変数名をそのまま指定するなら，「" "」をつけて，次のようにする．x[, c("A09", "A13", "A21", "A02", "A07", "A12")]

alpha 関数の引数に，上記で説明したデータフレームを指定する．

さらに引数として，check.keys＝T を追記する．このオプションで，自動的に逆転項目を識別し，逆転させて，α 係数を算出してくれる．

```
alpha( x[,c(9, 13, 21, 2, 7, 12)],check.keys=T)
```

もしくは，

```
alpha( x[,c("A09","A13","A21","A02","A07","A12")],check.keys=T)
```

逆転項目が識別されたら，以下のメッセージが最後に出力される．

```
Warning message:
In alpha(x[, c(9, 13, 21, 2, 7, 12)], check.keys = T) :
    Some items were negatively correlated with total scale and were
automatically reversed.
 This is indicated by a negative sign for the variable name.
```

すなわち，逆転項目を自動的に逆転させて処理し，逆転項目にマイナスサインを付加してしめしているという説明である．

```
Reliability analysis
Call: alpha(x = x[, c(9, 13, 21, 2, 7, 12)], check.keys = T)

  raw_alpha std.alpha G6(smc) average_r S/N   ase mean   sd median_r
     0.62      0.63    0.61      0.22 1.7 0.055  3.4 0.71     0.23

 lower alpha upper     95% confidence boundaries
0.52 0.62 0.73
```

raw_alpha の値が，α 係数の値である．この6項目からなる尺度の信頼性 α 係数は .62 である．

```
Reliability if an item is dropped:
     raw_alpha std.alpha G6(smc) average_r S/N alpha se  var.r med.r
A09      0.59      0.59     0.55     0.23 1.5    0.062 0.0042  0.24
A13      0.55      0.56     0.52     0.20 1.3    0.066 0.0043  0.22
A21-     0.57      0.58     0.54     0.22 1.4    0.064 0.0064  0.22
A02      0.58      0.60     0.56     0.23 1.5    0.062 0.0056  0.22
A07      0.60      0.61     0.57     0.24 1.5    0.059 0.0065  0.26
A12      0.59      0.60     0.55     0.23 1.5    0.061 0.0028  0.23
```

　次のこの出力表をみてみよう．これは，項目が削除された場合の Cronbach のアルファの部分になる．注意すべきは，変数 A21−となっていることである．A21 を逆転項目として識別し，α 係数を算出したことがわかる．

　この表は，「その項目を除いた場合に」α 係数がいくつになるかを表す．たとえば今回の分析結果から，6 項目全体の α 係数は .62 である（やや低い値といえるだろう）が，もし「A09」を除いて尺度を構成すると，α 係数はさらに .59 へ下がってしまうことがわかる．今回の結果では，項目を削った方が α 係数の値が上昇するということはないようであるが，明らかに上昇する（0.10 以上上昇するなど）場合には削除した方がよい可能性もある．

　上記の結果からは，この 6 項目で尺度を構成してよいと判断しよう．

　同様に，第 2 因子に高い負荷量を示した 7 項目の尺度からなる α 係数と，第 3 因子に高い負荷量を示した 4 項目からなる尺度の α 係数を算出してみよう．

```
alpha( x[,c(15, 16, 22, 18, 17, 1, 10)],check.keys=T)
alpha( x[,c(4, 14, 3, 6)],check.keys=T)
```

　2 番目の尺度では A22−と表示されており，それが逆転項目として処理されていることがわかる．この尺度の α 係数は .70 である．

　3 番目の尺度では A06−と表示されており，それが逆転項目として処理されていることがわかる．この尺度の α 係数は .66 である．

α 係数は高ければよいのか？

- α 係数は，項目数と項目の分散，尺度得点の分散から計算される．
- 項目数が増えるほど，そして項目間の相関係数が高いほど，α 係数は高い値になる．
  - ▶項目数が多ければ，項目間の相関があまり高くなくても α 係数は高い値をとりうる．
- α 係数は高ければ高いほどよいのかというと，必ずしもそうではない．
  - ▶α 係数が高ければ，項目間の相関係数が高く，内的一貫性が高い尺度を構成することができる．
  - ▶しかし，項目間の相関が高いということは，同じような意味の項目がその尺度の中に多数入っていることを意味することにもなる．
  - ▶たとえば内向的な傾向を測定するために，「あなたは人と話すのが苦手ですか」という項目を 10 個揃えて 1 つの尺度を構成すると，α 係数は極めて高い値になる（同じ項目なので当然だが）．
  - ▶しかしそれは，内向性という概念の範囲全体をカバーしていることにはならない．「人と話すのが苦手であるか否か」という概念の周辺だけを 10 項目も使ってカバーしているにすぎない．
  - ▶心理学で測定しようとする概念は，ある程度の幅をもったものであり，その概念の幅をある程度カバーするには，互いに関連しながらも異なる意味をもつ項目を複数用意する必要がある．
- 少数の項目で高い信頼性を得ても，その測定は目指した特性の一部しかカバーできず，逆に多くの内容を盛りこもうとすれば，内的整合性は高くならない．これを「帯域幅と忠実度のジレンマ」と呼ぶこともある（繁桝算男・柳井晴夫・森 敏昭，[39] p.221〜224）．

3-2 下位尺度得点の算出

次は**下位尺度得点**を算出する．

因子得点と**下位尺度得点**はまったく異なるものなので注意する．

> **因子得点**は因子分析 fa 関数の引数オプション score ＝ T で算出することが可能である．平均 0，分散 1 に標準化された値となる（標準偏差も当然 1 となる）．
> **下位尺度得点**は，各因子に高い負荷量を示した項目の<u>得点を合計</u>したり，高い負荷量を示した<u>項目の平均値を計算</u>したりして算出する．

　レポートや論文を書く際には，「**どうやって尺度の得点を算出したのか**」を記述する必要がある．それが書かれていないと，その尺度の平均値や標準偏差が何を指しているのかわからなくなる．必ず項目の合計得点による尺度得点なのか，平均値を用いた尺度得点なのかを記述する．

ときに，因子分析の斜交回転後の「因子間相関」と下位尺度得点を算出した後の「下位尺度間相関」を混同しているケースもあるので，記述するときには注意してほしい．

■逆転項目の処理

　尺度得点を計算するために，新たに A06R，A21R，A22R という変数を，x のデータフレームに追加する．

```
#A06R, A21R, A22R の作成
x$A06R <- 6-x$A06
x$A21R <- 6-x$A21
x$A22R <- 6-x$A22
names(x)                          # 変数が追加されたかを確認
```

● 計算の仕方の説明

　この尺度は1点から5点までの得点範囲をとるため，逆転させるときには「6」から引く．もちろん，1点から6点までの得点範囲であれば「7」から，0点から5点までの得点範囲であれば「5」から引き算する．つまり，［とりうる最大値＋最小値］から，該当する変数を引き算する．

　なお，それぞれの変数名の前に x$ と表記されているのは，x のデータフレームの変数という意味であることを思い出してもらいたい．

■尺度得点の計算処理

　逆転項目の得点を出したので，その変数を使って，各下位尺度得点を算出する．第1因子に高い負荷量を示した6項目からなる尺度得点の変数名を，F1 としよう．同様に，第2因子に高い負荷量を示した7項目からなる尺度得点の変数名を，F2，第3因子に高い負荷量を示した4項目からなる尺度得点の変数名を F3 とする．

　以下の書式で，x のデータフレームに，新たな変数名での尺度得点が収納される．

　x$ 新たな変数名 <- with(x, 尺度得点の計算式)

```
x$F1 <- with(x, A09 + A13 + A21R + A02 + A07 + A12)
x$F2 <- with(x, A15 + A16 + A22R + A18 + A17 + A01 + A10)
x$F3 <- with(x, A04 + A14 + A03 +A06R)
names(x)            #尺度得点の変数が追加されたかの確認
```

　なお，今回のように下位尺度で項目数が異なる場合には「合計値」を下位尺度得点とすると，項目数が多い下位尺度は値が高く，少ない下位尺度は低くなるので，直観的にどの下位尺度の値が高

いのかがわからなくなる．その場合は「項目平均値」を下位尺度得点とした方がよいだろう．

第3因子に負荷量の高い4項目の平均値を下位尺度得点としたい場合，たとえば F3mean という変数名に，各項目を足して4で割る計算式にすればよい．

```
x$F3mean <- with(x, (AO4 + A14 + A03 + AO6R)/4)
```

3-3 数値で調査協力者を分類する

研究の目的によっては，ある得点の平均値（や中央値）で高群と低群に分け，その後の分析を行いたい場合がある．上記で，第3因子の項目を用いて作成した下位尺度得点である F3 の平均値で，調査協力者を高群と低群に分けてみよう．

最初に**合計3**の平均値と標準偏差を算出する．

```
describe(x$F3)
```

```
     vars   n  mean   sd median trimmed  mad min max range skew kurtosis   se
X1      1 111 10.95 3.12     11   10.94 2.97   4  19    15 0.06    -0.25  0.3
```

上記の出力を見ることで，平均値は **10.95**, 標準偏差は **3.12** である．さらに，min で最低点が4点，max で最高点が19点であることがわかる．

そこで，平均値を基準に，10点以下を low とし，11点以上を high に分類しよう．

分類結果は，**F3cat** とすることにする（category の略）．

● Excel と同様の方法で ifelse 関数を使って分けることができる．

ifelse（条件式，真の場合の実行式，偽の場合の実行式）の形式である．

```
x$F3cat <- ifelse(x$F3 <= 10, "low","high")
x$F3cat <- factor(x$F3cat)                   # facotr 型に変換
head(x$F3cat)                                # 確認
```

変換されたのは文字型なので，factor 型に変換しておくこと．

たとえば，3群に分けるとしたら，下記の例を参考にしてもらいたい．

x$F3cat3 <- ifelse(x$F3<9, "C",ifelse(x$F3 >=9 & x$F3 <13, "B",ifelse(x$F3 >=13, "A",NA)))

x$F3cat3 <- factor(x$F3cat3)

3-4 新しい変数が加わったデータセットの保存

■データセットに新しい変数が加わったので，CSV 形式でファイルに保存する

CSV 形式でファイルとして保存するには，write.csv 関数を使う．

write.csv(データセット名, "保存ファイル名の指定", row.names＝F)

> **ポイント**：row.names＝F をいれておかないと，1 行目の変数名が左に一つずれて保存される．これは行数が追加されて記録されるからだ．必ず書きいれよう．

例　　　write.csv(x, "x.csv", row.names＝F)

保存される場所は，作業ディレクトリである．

```
write.csv( x, "chap10x.csv",row.names=F)
```

作業ディレクトリにある，この CSV 形式で保存されたファイルは Excel 等で直接開くこともできる．

Section **4** 確認的因子分析

ここまでで学んだ因子分析の手法は，特別な仮説を設定して分析を行うわけではないので，**探索的因子分析**とよばれる．その一方で，研究者が立てた因子の仮説を設定し，その仮説に基づくモデルにデータが合致するか否かを検討する手法を**確認的因子分析**（あるいは**検証的因子分析** confirmatory factor analysis）とよぶ．

4-1 確認的因子分析の実行

第9章 Section 2 のデータを用いて，確認的因子分析を行ってみよう．

R project の lessonChap10 のフォルダに，chap9sample1.csv を保存しよう．

このデータの場合，「外向性 extroversion」「社交性 sociability」「積極性 activeness」は，「対人関係能力 Interpersonal」因子であり，「知性 intellectuality」「信頼性 reliability」「素直さ honesty」は「知的能力 Mental」因子であるという仮説モデルを設定したとする．

■ cfa 関数による確認的因子分析

R では，lavaan パッケージの cfa 関数を用いて，確認的因子分析が行える．lavaan では，仮説に基づいた因子モデルを測定方程式と呼ばれる式で記述する．潜在変数である因子 Interpersonal が，外在変数である extroversion, sociability, activeness の3変数に対しての共通因子であるというモデルを考えると，以下の式，「=~」で結んだ式で記述する．

Interpersonal=~extroversion＋sociability＋activeness

同様に，潜在変数である Mental という因子が，外在変数である intellectuality, reliability, honesty の3変数に対しての共通因子であるというモデルを考えると，以下の式を記述する．

Mental=~intellectuality＋reliability＋honesty

これらの測定方程式を一つのモデルのオブジェクトとして，cfa 関数を用いる．

スクリプトシートに下記のスクリプトを記載して実行してみよう．

```
(wd<- getwd())
x <- read.csv(paste0(wd,"/chap9sample1.csv"))
head(x)          # 読み込んだデータの頭部分の確認
dim(x)           # 行列の大きさの確認
# lavaan パッケージの呼び出し
library(lavaan)
# 因子モデルの設定
mymodel <- '
Interpersonal =~ extroversion + sociability + activeness
Mental =~ intellectuality + reliability + honesty
'
# 確認的因子分析の実行
fit <- cfa(mymodel, data=x)
summary(fit, standardized=TRUE)
```

　測定方程式を 1 行ごとに記載して，一重引用符「‘」で囲み，オブジェクト（今回は mymodel として）に代入する．

　その mymodel を引数として，また読み込んだデータである x を data＝x として指定して，cfa 関数を実行して，その結果を fit という名称のオブジェクトに代入する．

　summary 関数で，確認的因子分析の結果を出力するが，その時，standardized＝TRUE の引数をつけて，標準化された因子負荷量も表示させる．標準化された因子負荷量は Std.all の列に表示される．

```
Latent Variables:
                   Estimate  Std.Err   z-value   P(>|z|)     Std.lv    Std.all
  Interpersonal =~
    extroversion    1.000                                     0.646      0.741
    sociability     1.070     0.415     2.578     0.010       0.691      0.682
    activeness      1.529     0.573     2.668     0.008       0.987      0.804
  Mental =~
    intellectualty  1.000                                     0.834      0.705
    reliability     0.682     0.264     2.586     0.010       0.569      0.652
    honesty         1.002     0.376     2.667     0.008       0.836      0.886

Covariances:
                   Estimate  Std.Err   z-value   P(>|z|)     Std.lv    Std.all
  Interpersonal ~~
    Mental          0.163     0.163     1.003     0.316       0.303      0.303
```

表にまとめると右の通りになる．

対人関係能力および知的能力の因子に，それぞれの項目が高い因子負荷量を示していることが確認できる．

確認的因子分析結果（標準化推定値）

	対人関係能力	知的能力
外向性	.741	
社交性	.682	
積極性	.804	
知性		.705
信頼性		.652
素直さ		.886

4-2 適合度の確認

この確認的因子分析のモデルが，データと適合しているかを確認する指標を出力しよう．fitMeasures 関数を使う．

```
fitMeasures(fit)
```

npar	fmin	chisq	df	pvalue	baseline.chisq
13.000	0.128	5.102	8.000	0.747	42.252
baseline.df	baseline.pvalue	cfi	tli	nnfi	rfi
15.000	0.000	1.000	1.199	1.199	0.774
nfi	pnfi	ifi	rni	logl	unrestricted.logl
0.879	0.469	1.085	1.106	-152.801	-150.250
aic	bic	ntotal	bic2	rmsea	rmsea.ci.lower
331.602	344.546	20.000	304.471	0.000	0.000
rmsea.ci.upper	rmsea.pvalue	rmr	rmr_nomean	srmr	srmr_bentler
0.187	0.773	0.061	0.061	0.063	0.063
srmr_bentler_nomean	crmr	crmr_nomean	srmr_mplus	srmr_mplus_nomean	cn_05
0.063	0.075	0.075	0.063	0.063	61.786
cn_01	gfi	agfi	pgfi	mfi	ecvi
79.750	0.929	0.815	0.354	1.075	1.555

上記のように多くの適合度指標がでてくるが．主に $\chi^2(8)=5.102$，$p=.747$，$GFI=.929$，$AGFI=.815$，$RMSEA<.001$ に注意を払えばよいだろう．これらの適合度の説明は第 11 章（226 ページ）を参照してもらいたい．この結果からは，この 2 因子モデルはデータと適合度が高いといえる．

もし適合度が低ければ，因子負荷量が低い（有意でない項目）を削除したりしてモデルの改善を行う．

Section 5 主成分分析

因子分析に類似した手法に「**主成分分析**」がある．ここでは，両者の類似点と相違点を見てみたい．

5−1 主成分分析の目的

　第6章で述べたように，因子分析をする目的は「共通因子を見つけること」であった．その一方で，主成分分析の目的は「情報を縮約すること」である．

　因子分析のイメージは次の左図のようなものであった．一方で，主成分分析のイメージは右図のようになる．

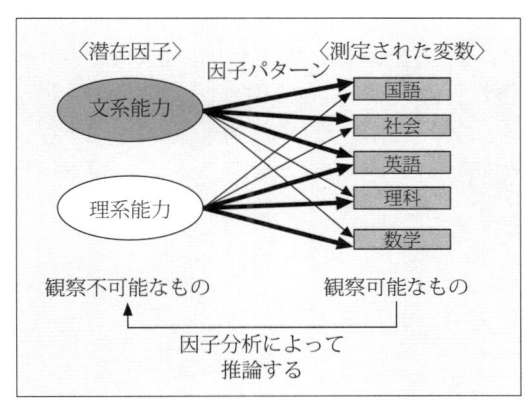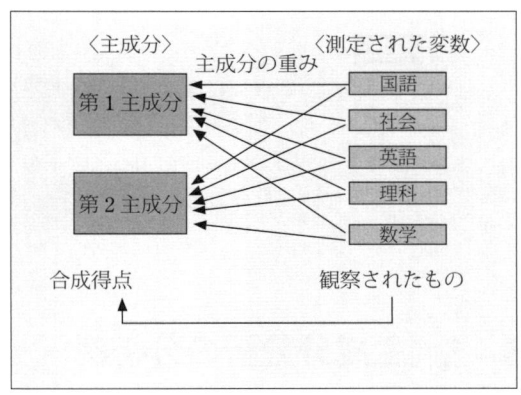

　主成分分析は，観測された変数が共有する情報（たとえば互いの相関係数）を，合成変数として集約する分析手法である．したがって，矢印の向きが因子分析とは逆になる．

- 第1主成分には測定された情報の共通点が集約される．
- 第2主成分は第1主成分に集約された残りの情報の中から，さらに共通する情報が集められる．
- 第3主成分以降も同様に，上位の主成分の残りの情報の中から共通する情報が集められる．

5-2 どんなときに主成分分析を使うのか

主成分分析を用いる場面のひとつに「合成得点を算出したい」ときがある.

たとえば，5教科のテスト結果がわかっているとき，よく5教科の得点を合計し，総合得点を算出する．国語の平均が30点（標準偏差：SD 10），数学の平均が70点（SD 20）である定期試験を考えてみよう．このようなときに国語と数学の合計得点を算出することを考えてみてほしい．国語が得意なA君は国語が40点，数学が50点であったので，合計は90点になる．数学が得意なB君は国語が20点，数学が90点であったので，2教科の合計は110点になる．単に足しあわせただけの合計得点には，数学の得点の影響がより大きく反映してしまうのではないだろうか．数学が得意な学生が上位を占め，国語が得意な学生の順位が低くなってしまうことになり，あまりフェアなやり方とはいえないだろう.

このようなときには主成分分析を用いて，各教科の点数に「重み付けをして」，合成得点を算出するとよい.

> **注意** 主成分分析を因子分析の代わりに用いている論文は存在しており，「絶対に誤り」というわけではない．因子分析を用いても主成分分析を用いても，最終的に項目得点を合計して下位尺度の得点を算出するのであれば，それは重み付けのない合成得点を得ることに相当する．因子分析と主成分分析（いずれも回転あり）で，ほぼ同じ結果になることも少なくない.

5-3 主成分分析の分析例

では，国語，社会，数学，理科，英語の5教科の得点に対して主成分分析を行ってみよう．データは次の通りである.

国語	社会	数学	理科	英語
52	58	62	36	31
49	69	83	51	45
47	71	76	62	41
53	56	66	50	28
44	52	72	60	38
39	69	54	50	34
50	67	66	45	31
53	75	81	62	56
41	54	51	48	54
63	53	55	44	35
39	39	71	59	42
55	47	82	55	51
53	64	69	57	40
78	79	66	58	54
56	62	89	67	38
37	61	69	58	53
60	55	85	48	45
46	49	60	47	31
37	59	69	32	23
39	51	62	53	24

　分析にあたって，変数名は，Kokugo, Syakai, Sugaku, Rika, Eigo とし，chap10sample2.csv に保存しておくとする．

■データの読み込みと psych パッケージの読み込み

```
(wd<- getwd())
x <- read.csv(paste0(wd,"/chap10sample2.csv"))
head(x)          # 読み込んだデータの頭部分の確認
dim(x)           # 行列の大きさの確認
library(psych)   # psych パッケージの読み込み
```

主成分分析を psych パッケージにある principal 関数を用いて実行する．

- 2つの主成分を指定するのに，nfactors＝2
- 回転をしないことを指定するのに，rotate＝"none"（デフォルトでは varimax 回転される）
- 合成得点を算出するために，scores＝T

```
pc <- principal(x, nfactors=2, rotate="none",scores=T)
pc   # 結果を表示
```

出力は下記の通り.

```
Principal Components Analysis
Call: principal(r = x, nfactors = 2, rotate = "none", scores = T)
Standardized loadings (pattern matrix) based upon correlation matrix
        PC1   PC2   h2   u2 com
Kokugo 0.56  0.59 0.67 0.33 2.0
Syakai 0.54  0.61 0.67 0.33 2.0
Sugaku 0.67 -0.37 0.58 0.42 1.6
Rika   0.75 -0.46 0.77 0.23 1.6
Eigo   0.76 -0.10 0.59 0.41 1.0

                      PC1  PC2
SS loadings          2.20 1.08
Proportion Var       0.44 0.22
Cumulative Var       0.44 0.66
Proportion Explained 0.67 0.33
Cumulative Proportion 0.67 1.00

Mean item complexity =  1.6
Test of the hypothesis that 2 components are sufficient.

The root mean square of the residuals (RMSR) is  0.15
 with the empirical chi square  8.54  with prob <  0.0035

Fit based upon off diagonal values = 0.79
```

　主成分分析での成分行列が表示されている．ここで表示される数値は「**重み**」と呼ばれる．

　第1主成分には5教科いずれも正の重みを示している．したがって，**第1主成分**は「**総合学力**」と解釈することができるだろう．**第2主成分**は，国語と社会が正の重み，数学と理科が負の重みを示している．したがって，**第2主成分**は，「文系教科と理系教科の**いずれの得点が高いか**」を表すと解釈することもできるだろう．またh2に共通性が表示される．

　SS loadings には，主成分分析後の負荷量平方和が，Proportion Var と Cumulative Var で，主成分寄与率と，主成分累積寄与率が示されている．全分散のうち2つの主成分で説明される部分は66％となっている．

　score＝T で，主成分得点を算出するように指定したので，2つの主成分に相当する得点が各ケースについて算出される．

```
pca.score <- pc$scores             # 得点を ,pca.score のオブジェクトに収納
pca.score <- data.frame(pca.score) # pca.score をデータフレームの形にする
head(pca.score)                    # データを確認
x <- cbind(x, pca.score)           # 元の x に追加
head(x)                            # データを確認
```

　主成分得点である，PC1 と PC2 が追加されているのを確認したら，下記の通り，基礎統計量と，主成分得点間の相関係数を算出してみよう．

```
describe(x[,c("PC1","PC2")])
with(x, cor(PC1,PC2))
```

▶主成分得点は，平均が「0」，分散（標準偏差）が「1」になる．

▶主成分得点間の相関係数は「r＝0」，つまり無相関になることを覚えておこう．

■推薦図書・引用文献

● ここまで，多変量解析とよばれる分野のなかで，重回帰分析，クラスタ分析，因子分析，主成分分析について学んできた．ここでとりあげなかった分析もまだいろいろとある．さらに勉強をしたい人のために以下の本を挙げておく．

[33] B. エヴェリット，石田基広（訳）2007『R と S–PLUS による多変量解析』丸善出版

[34] 金 明哲　2007『R によるデータサイエンス』森北出版
　　（この本は雑誌に掲載された記事がもととなっている．その記事は http://www1.doshisha.ac.jp/~mjin/R/ で読める）

[35] Peter Dalgaard，岡田昌史（監訳）2007『R による医療統計学』丸善出版

[36] 豊田秀樹（編著）2008『データマイニング入門　― R で学ぶ最新データ解析―』東京図書

[27] 豊田秀樹（編著）2012『回帰分析入門― R で学ぶ最新データ解析』東京図書

[31] 豊田秀樹（編著）2012『因子分析入門　― R で学ぶ最新データ解析―』東京図書
　　● 質問紙調査では自由記述をしてもらうことがあるかもしれないが，その分析も手軽にできるようになってきている．以下の［37］を参考にしてもらいたい．［38］［39］は，この章での引用文献である．

[37] 石田基広　2008『R によるテキストマイニング入門』森北出版

[38] 浅井・加納・河尻・後藤・酒井・志水・水谷・宮田　2003「大学生における幼児性と攻撃性の関係」基礎実習 B（調査法）最終レポート（中部大学）

[39] 繁桝算男・柳井晴夫・森 敏昭（編著）1999『Q&A で知る 統計データ解析』サイエンス社

12 項目の形容詞について自分にどの程度当てはまるかを 30 名に実施したデータを因子分析し，下位尺度を構成しなさい．

[手順]

・固有値の変化を見て，因子数を考える．

・主因子法・プロマックス回転で因子分析を行い，因子負荷量を見ながら項目の取捨選択をする．

・項目の取捨選択をした後，さらに因子分析を行い，因子負荷量を見ながら外すべき項目がないかどうかをチェックする．

・最終的な因子分析が終わったら，得られた因子に名前をつける

・各下位尺度の α 係数を算出する．

[項目]

B01	楽しい
B02	友好的な
B03	受容的な
B04	リラックスした
B05	親密な
B06	暖かい
B07	面白い
B08	解放的な
B09	忠実な
B10	信頼できる
B11	立派な
B12	感じがよい

番号	B01	B02	B03	B04	B05	B06	B07	B08	B09	B10	B11	B12
1	4	5	5	4	4	5	4	4	4	4	4	4
2	5	5	5	3	5	5	5	3	5	5	4	5
3	4	5	5	5	4	5	4	5	4	4	4	5
4	4	5	5	4	4	4	4	3	3	4	4	5
5	5	5	5	6	5	5	5	4	5	5	4	4
6	4	5	6	3	3	6	2	4	5	4	4	5
7	4	5	6	3	4	4	1	4	4	2	1	1
26	2	2	4	3	3	3	2	3	2	3	2	4
27	4	4	4	4	3	3	3	4	4	4	4	4
28	5	6	4	5	5	5	6	4	3	6	4	7
29	5	5	4	3	4	4	4	5	6	4	2	6
30	5	5	5	3	4	5	3	5	3	5	5	5

◎東京図書 Web サイト（www.tokyo-tosho.co.jp）からダウンロード可能．

lessonChap10 の R project のフォルダに，chap10exercise.csv のファイルを保存する．

```
(wd<- getwd())
x <- read.csv(paste0(wd,"/chap10exercise.csv"))
head(x)            # 読み込んだデータの頭部分の確認
dim(x)             # 行列の大きさの確認
library(psych)     # psych パッケージの読み込み
x1 <- x[,-1]       # ID の列を削除する
head(x1)
e <- eigen(cor(x1))
e$value                                # 回転前の固有値
plot(e$value,type="b")                 # スクリープロットの描写
cumsum(e$value)/sum(e$value)*100       # 累積説明率
# 固有値の変化を見ると，3因子が適切なようである.
fa.out <- fa(x1, nfactors=3, rotate="promax",fm="pa")
print(fa.out, digits=3, sort=T)
# 比較的きれいな3因子構造が見られた.
# ただし，「B09 忠実な」については，他の因子負荷量に比べると
# やや低めの値となっている.
# 全体的な因子負荷量のバランスを見ながら，
# 項目の取捨選択を行うのがよいだろう.
alpha( x1[,c(3, 5, 6, 4, 9)],check.keys=T)
alpha( x1[,c(1, 7, 8, 2)],check.keys=T)
alpha( x1[,c(12, 10, 11)],check.keys=T)
```

```
     item    PA1     PA3     PA2
B03     3  0.702 -0.123 -0.232
B05     5  0.680  0.191  0.155
B06     6  0.660  0.169  0.093
B04     4  0.610  0.104  0.190
B09     9  0.406 -0.055  0.219
B01     1  0.109  0.903 -0.106
B07     7 -0.393  0.803  0.219
B08     8  0.212  0.618 -0.212
B02     2  0.045  0.498  0.150
B12    12 -0.215  0.072  0.814
B10    10  0.194 -0.066  0.782
B11    11  0.244 -0.123  0.746
```

- 因子名としては，たとえば，第1因子を「親密さ」，第2因子を「楽しさ」，第3因子を「誠実さ」と命名することができるだろう．
- この場合，「親密さ」（B03，B04，B05，B06，B09）の α 係数は .80 であり，「楽しさ」（B01，B02，B07，B08）の α 係数は .76，「誠実さ」（B10，B11，B12）の α 係数は .83 である．

共分散構造分析

パス解析とは

　パス解析とは，重回帰分析や共分散構造分析（構造方程式モデリング）を応用した解析のことである.

　パス解析では，変数の因果関係や相互関係を図（パス図；パス・ダイアグラム）で表現する.

1-1 パス図を描く

　パス図とは，変数間の相関（共変）関係や因果関係を矢印で結び，図に表したものである. まずは，基本的なパス図の描き方を学んでいこう.

（1）**矢印**
　　●**因果関係**は片方向きの矢印「→」で，**相関関係（共変関係）**は双方向の矢印「↔」で表す. この矢印（→ や ↔）を「**パス**」という.
　　●パスの傍らには，「**パス係数**」と呼ばれる数値や有意水準（*，**，***）が記入される.
　　●片方向きの矢印に記入するパス係数は，（重）回帰分析や共分散構造分析などで算出される，標準偏回帰係数を用いる（なお，回帰分析の結果は，パス係数の近似値になる）.
　　●双方向の矢印の場合は，相関係数や偏相関係数を記入する.

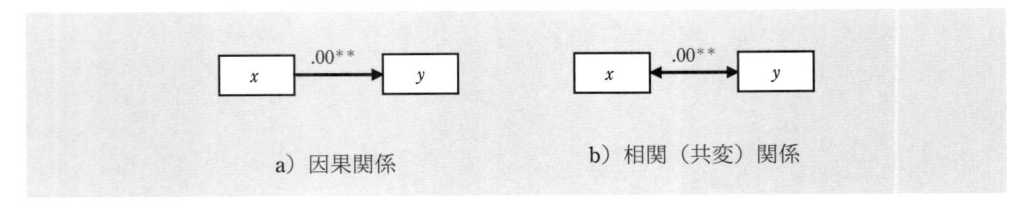

a）因果関係　　　　b）相関（共変）関係

（2）**観測変数**
　　観測変数とは，<u>直接的に測定された変数</u>のことである
　　（因子分析でいえば「項目」にあたる）.
　　● 観測変数は**四角**で囲む.

（3）潜在変数

　　潜在変数とは，<u>直接的に観察されていない，仮定上の変数</u>のことである（因子分析でいえば「因子（共通因子）」にあたるものである）.

- 潜在変数は「**円**」または「**楕円**」で囲む.
- 観測変数と潜在変数を合わせて「**構造変数**」という.

（4）誤差変数

　　誤差変数は，<u>分析にかけている部分以外の要因を意味する変数</u>のことである（因子分析でいえば，誤差として扱われる「独自因子」にあたる）.

- 誤差変数は，レポートなどでは**囲まない**ことが多いが，分析の際には潜在変数と同様に円や楕円で囲む.

（5）外生変数と内生変数

　　外生変数とは，<u>モデルの中で一度も他の変数の結果とならない変数</u>のことである．外から導入される変数なので，外生変数という.

　　内生変数とは，<u>少なくとも一度は他の変数の結果になる変数</u>のことである.

　　モデルの内部でその変動が説明されるので，内生変数という.

1-2 パス図の例

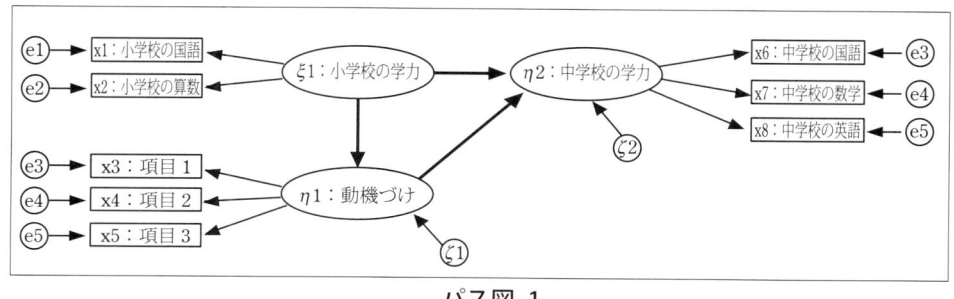

パス図 1

たとえば，「小学校の学力が高い者ほど中学校の学力も高い」「小学校の学力が高い者ほど中学校での学業への動機づけも高まる」「学業の動機づけが高いほど中学校の学力も高くなる」という仮説を設定したとしよう．

そして，小学校時の国語と算数の成績，3 項目からなる動機づけ尺度，中学校の国語，数学，英語の成績がデータとして得られているとする．このような場合の各変数の扱いは，以下のようになる．

1. 潜在変数
   ▶学力や動機づけは，直接的に観察することができない「構成概念」なので，**潜在変数**として設定し，楕円で描く．

2. 観測変数
   ▶小学校の国語と算数，中学校の国語・数学・英語の成績，動機づけ尺度の各項目は，直接的に観察可能なので，**観測変数**とし，四角で囲む．

3. 外生変数と内生変数
   ▶小学校の学力はどこからも影響を受けていないので，**外生変数**である．
   ▶その他の変数（動機づけ，中学校の学力，各成績や項目）は，いずれかから影響を受けているので，**内生変数**である．

4. 誤差変数
   ▶いずれかから影響を受けている変数には，外部からの誤差である**誤差変数**（e や ζ［ゼータ］）が影響を与える．

記号の整理

パス解析で使用する記号を示す．ギリシア文字が使われるので馴染（なじ）みがないかもしれない．

	構造変数		誤差変数	
	内生変数	外生変数	内生変数	外生変数
観測変数	x	(x)	−	−
潜在変数	η［イータ］	ξ［グザイ］	−	e, ζ［ゼータ］

（豊田ほか　1992『原因をさぐる統計学―共分散構造分析入門』講談社）

1-3 測定方程式と構造方程式

（1）測定方程式

測定方程式とは，<u>共通の原因としての潜在変数が複数個の観測変数に影響を与えている様子を記述するための方程式</u>である．これは，構成概念に相当する潜在変数が，観測変数によってどのように測定されているかを記述する方程式であるともいえる．

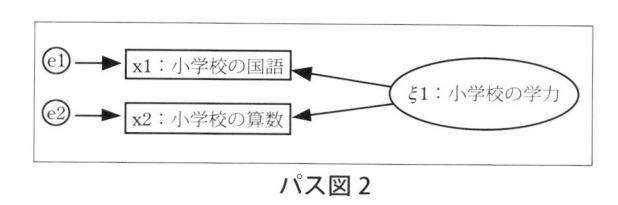

パス図2

たとえば，パス図1のうち，この部分が**測定方程式**になる．因子分析でいえば，**ξ1：小学校の学力**が「共通因子」，**x1：小学校の国語，x2：小学校の算数** が「項目」，**e1，e2** が「独自因子」に相当する．測定方程式は，因子分析を表現しているようなものである．

Rでのlavaanパッケージでは，'**小学校の学力＝〜小学校の国語＋小学校の算数**'と表す．

（2）構造方程式

構造方程式は，<u>因果関係を表現するための方程式</u>である．潜在変数が別の潜在変数の原因になる，観測変数が別の観測変数の原因になる，観測変数が潜在変数の原因になる，といった関係を記述する．

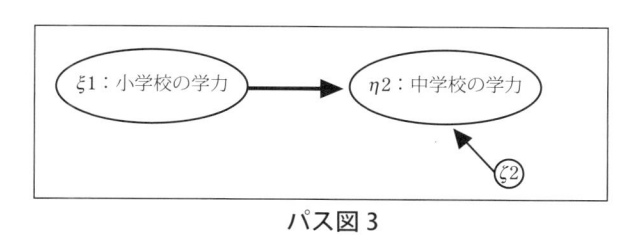

パス図3

たとえば，パス図1のうち，この部分が**構造方程式**になる．この場合，小学校の学力という潜在変数が，中学校の学力という潜在変数に影響を与えている．影響を与える，という観点からいえば，回帰分析に近いものと考えることができる．

Rでのlavaanパッケージでは，'**中学校の学力〜小学校の学力**'と表す．

補足：変数を囲まないパス図

研究によっては，円や楕円，四角で囲まないパス図の場合もある．たとえば右の図のようなものである．

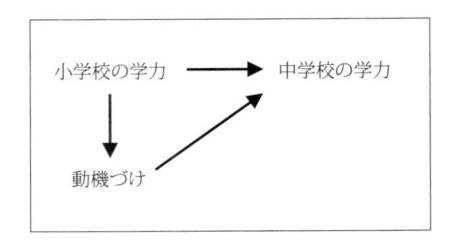

変数を因子分析し，因子ごとに得点を合計し，（重）回帰分析をくり返してパス図を描く場合，このような描き方をすることがある．

では，「**共分散構造分析**」という手法を用いて，パス解析を行ってみよう．

1-4 共分散構造分析

これまでに説明してきた重回帰分析や因子分析など，多変量解析の多くは，共分散構造分析（構造方程式モデリング）の一部と言い換えることもできる．

共分散構造分析で扱うのは「**因果モデル**」である．つまり，ある変数が別の変数に影響を与えることや，ある観測変数がある潜在変数から影響を受けることなどを扱う．共分散構造分析の因果モデルは，使用者が設定しなければならない．したがって，どのような分析がどのような因果モデルに相当するのかを知っておく必要がある．

共分散構造分析（1）

2-1 測定変数を用いたパス解析（分析例 1）

まずは潜在変数を仮定しないモデルを分析してみよう.

「自己肯定感は対人関係の満足度に影響を及ぼす」「自己肯定感は対人積極性に影響を及ぼす」「対人積極性は対人関係の満足度に影響を及ぼす」であろうという仮説を立てた. データは以下のとおりである. 自己肯定感は Koutei, 対人積極性は Sekkyoku, 満足度は manzoku という変数名とする. 共分散構造分析を用いて, この仮説が成り立つことを示したい.

この仮説から設定されるモデルをパス図に表すと, 以下のようなものになる.

ID	Koutei	Sekkyoku	Manzoku
1	34	7	8
2	31	6	4
3	30	4	3
4	17	3	5
5	13	2	2
6	18	4	5
7	17	4	2
8	28	4	7
9	23	5	5
10	29	3	4
11	33	7	8
12	25	3	2
13	37	5	6
14	24	6	5
15	33	6	7
16	38	8	7
17	23	5	3
18	20	3	2
19	26	6	8
20	37	3	7

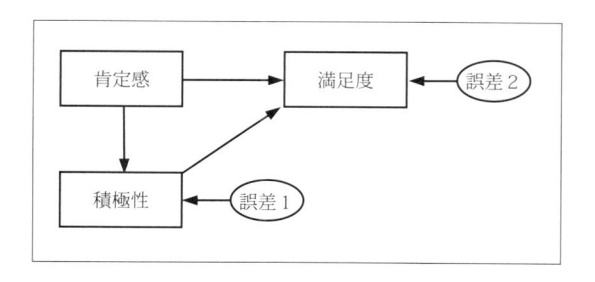

仮説には「誤差変数」が出てこないが, 先に説明したようにいずれかの変数から影響を受ける変数（従属変数になるもの, パス図で矢印の向けられている変数）には, 「影響によって説明される以外」の要因である誤差変数をつける. また「誤差変数」を楕円で囲んでいるが, 誤差変数も直接観測されない「潜在変数」であるといえるので, このような形にしている.

レポートや論文に最終的なパス図を描くときには, 誤差変数を示さないこともある.

2-2 データの読み込みと分析手順

lessonChap11 の R project を作成し，chap11sample1.csv をフォルダに保存する．
データを読み込み，lavaan パッケージを読み出す．

```
(wd<- getwd())
x <- read.csv(paste0(wd,"/chap11sample1.csv"))
head(x)        # 読み込んだデータの頭部分の確認
dim(x)         # 行列の大きさの確認
library(lavaan) # lavaan パッケージの読み込み
```

2-3 モデル式の指定と共分散構造分析の実行

仮説では，満足度は，肯定感と積極性から影響を受ける．言い換えると，満足度へと，肯定感と積極性が回帰する．モデル式では，'Manzoku ~ Koutei + Sekkyoku' となる．また積極性は肯定感から影響を受ける仮説であるので，その部分のモデル式は 'Sekkyoku ~ Koutei' となる．これら二つの構造方程式を一つのモデルとして，mymodel というオブジェクトに組み込んでみよう．

その次に，**sem 関数**で共分散構造分析を実行する．引数は mymodel と data＝x である．

```
mymodel <- 'Manzoku ~ Koutei + Sekkyoku
            Sekkyoku ~ Koutei '
fit <- sem(mymodel, data=x)
```

共分散構造分析の結果を fit というオブジェクトにしまった．
●**重要**：ひとつひとつのモデル式は 1 行ごとに記述し，モデル式全体は単一引用符「'」でかこむこと．

2-4 共分散構造分析の結果の出力

fit に格納された結果を summary 関数を用いて出力する．summary 関数での引数では，standardized＝TRUE の引数をつけることで，標準化推定値（Std.all）が出力される。さらに rsquare＝TRUE の引数をつけることで重相関係数の平方が出力される。

```
summary(fit, standardized=TRUE,  rsquare=TRUE)
```

表示の一番下の部分を見てみよう.

```
Regressions:
              Estimate  Std.Err   z-value   P(>|z|)   Std.lv   Std.all
  Manzoku ~
    Koutei      0.120    0.056     2.159     0.031     0.120    0.408
    Sekkyoku    0.533    0.248     2.147     0.032     0.533    0.406
  Sekkyoku ~
    Koutei      0.129    0.041     3.165     0.002     0.129    0.578

Variances:
              Estimate  Std.Err   z-value   P(>|z|)   Std.lv   Std.all
   .Manzoku     2.146    0.678     3.162     0.002     2.146    0.477
   .Sekkyoku    1.739    0.550     3.162     0.002     1.739    0.666

R-Square:
              Estimate
   Manzoku      0.523
   Sekkyoku     0.334
```

　Regressions の Estimate には，非標準化推定値が示され，P（>|z|）には有意確率が示され，Std. all には，標準化推定値が示されている．R-Square には重相関係数の平方（決定係数）が示されている.

■非標準化推定値

　Estimate では，標準化されない値が表示される．標準化されない値は，データの得点範囲によって数値が大きく異なってくるため，モデルを見る際にはややわかりづらい.

■標準化推定値

　一般に，レポートや論文を書く際には Std.all に示される標準化された値（−1.00 〜 ＋1.00）を用いる方がよいだろう.

　Stad.all に示されている，**肯定感**から**満足度**（.408），**積極性**から**満足度**（.406），**肯定感**から**積極性**（.578）の矢印の部分にある値は，標準化されたパス係数である.

　R-Square で示されている Estimate は，**重相関係数の平方（決定係数；R^2）**である．つまり，積極性は肯定感から影響を受ける部分が .334，（表示されていないが，誤差から影響を受ける部分が 1.000−.334＝.666）であり，満足度は肯定感や積極性から影響を受ける部分が .523，（同じく表示

されていないが誤差から影響を受ける部分が 1.000－.523＝.477）ということになる.

■有意水準

P($>$|z|）には有意確率が示されている．この結果の場合，肯定感から積極性，積極性から満足度，肯定感から満足度へのパスはいずれも有意（有意確率が .05 未満）である.

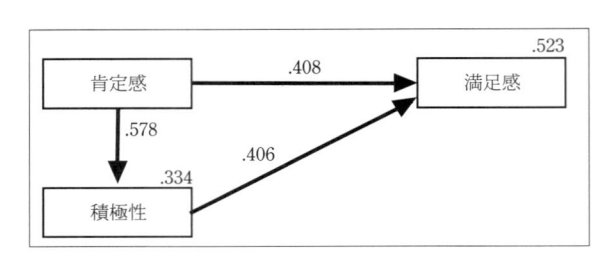

■直接効果と間接効果

この結果の場合，**満足度**に対して**肯定感**は直接的に影響を及ぼしている一方で，**積極性**を経由しても影響を及ぼしていると考えることができる．このように，ある変数が別の変数へ直接的に影響を及ぼすことを**直接効果**，他の変数を経由して影響を及ぼすことを**間接効果**という．パス解析を行う場合，直接効果と間接効果のどちらが大きいのかを問題にすることがある.

ではこの分析例で，**肯定感**の**満足度**への直接効果と間接効果のどちらが大きいのかを検討してみよう.

直接効果：標準化された係数である .408 である.

間接効果：肯定感から積極性へのパス係数（.578）と，積極性から満足度へのパス係数（.406）の「積」が間接効果になる．したがって，.578×.406＝.235 である.

この結果から，肯定感から満足度へ直接的に影響を及ぼす程度の方が，積極性を介して影響を及ぼす程度よりも大きい，ということになる.

Section 3 共分散構造分析（2）

3−1 潜在変数間の因果関係（分析例 2）

「勉強量が成績への期待に影響を及ぼす」「勉強量はテストの自信に影響を及ぼす」「成績への期待はテストの自信に影響を及ぼす」という仮説に基づいてモデルを設定した.

ID	study.a	study.b	expect.a	expect.b	confidence.a	confidence.b
1	5	6	2	3	36	31
2	4	4	5	6	51	45
3	4	7	6	5	62	41
4	5	5	5	4	50	28
5	4	5	4	5	60	38
6	5	7	3	2	50	34
7	5	6	3	5	45	31
8	6	7	5	5	62	56
9	4	5	6	6	48	45
10	4	5	5	4	44	35
11	3	3	5	5	59	42
12	6	5	5	5	55	51
13	5	6	4	5	57	40
14	8	8	6	5	58	54
15	5	6	7	7	67	60
16	5	6	7	6	58	53
17	6	5	6	6	48	45
18	4	6	5	6	47	31
19	3	4	5	4	32	23
20	4	3	4	4	25	24
21	6	5	4	5	44	38
22	4	5	6	4	45	40
23	3	3	5	4	28	33
24	3	4	6	5	36	41
25	6	7	4	5	45	39
26	3	4	3	2	35	36
27	5	6	7	5	51	43
28	5	6	3	4	54	48
29	3	4	6	7	38	26
30	3	4	7	6	60	55

調査を行い，30 名分のデータを得た.

用いている変数は以下のとおりである.

- study.a（勉強量 a）：勉強量に関する項目得点
- study.b（勉強量 b）：勉強量に関する項目得点
- expect.a（期待 a）：成績への期待に関する項目得点
- expect.b（期待 b）：成績への期待に関する項目得点
- confidence.a（自信 a）：テスト結果の自信に関する 10 項目からなる下位尺度得点
- confidence.b（自信 b）：テスト結果の自信に関する 10 項目からなる下位尺度得点

仮説を表現するパス図は以下のようになる（どこからも矢印の向けられていない勉強量以外の変数すべてに，誤差変数がついている）.

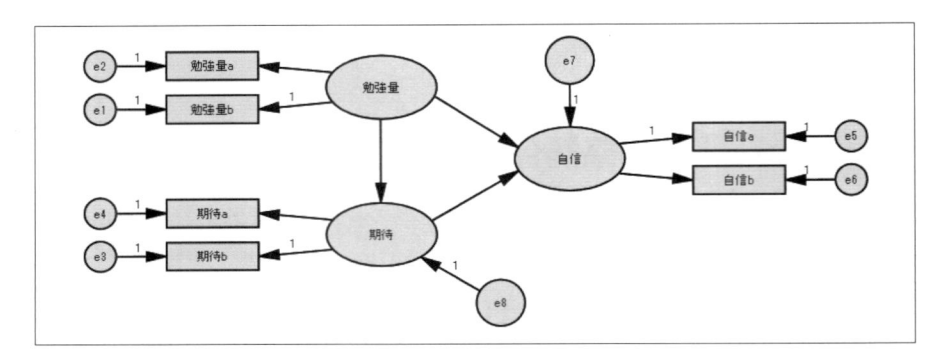

測定方程式
- ●観測変数：勉強量 a，勉強量 b が，潜在変数：勉強量から影響を受ける.
- ●観測変数：期待 a，期待 b が，潜在変数：期待から影響を受ける.
- ●観測変数：自信 a，自信 b が，潜在変数：自信から影響を受ける.
- ●それぞれの観測変数は誤差からの影響も受ける.

lavaan パッケージのモデル式（勉強量を Study, 期待を Expectancy, 自信を Confidence とする.）

```
# これは説明であり,ここでは打ち込まない.
#    Study =~ study.a + study.b
#    Expectancy =~ expect.a + expect.b
#    Confidence =~ confiednce.a + confidence.b
```

構造方程式
- ●期待は勉強量から影響を受ける.
  - ▶期待は勉強量から影響を受ける以外の要因（誤差）からも影響を受ける.
- ●自信は勉強量と期待から影響を受ける.
  - ▶自信は勉強量と期待以外の要因（誤差）からも影響を受ける.

lavaan パッケージのモデル式

```
# これは説明であり,ここでは打ち込まない.
#    Expectancy ~ Study
#    Confidence ~ Study + Expectancy
```

3-2 データの読み込みと分析手順

　lessonChap11 の R project に，chap11sample2.csv をフォルダに保存する．新しい R script シート
を出し，そこにスクリプトを書いていく．

　データを読み込み，lavaan パッケージを読み出す．

```
(wd<- getwd())
x <- read.csv(paste0(wd,"/chap11sample2.csv"))
head(x)          # 読み込んだデータの頭部分の確認
dim(x)           # 行列の大きさの確認
library(lavaan)  # lavaan パッケージの読み込み
```

3-3 モデル式の指定と共分散構造分析の実行

　3-1 で説明した測定方程式と構造方程式を mymodel として設定する．モデル全体は，単一引用
符「 ' 」でかこむことを忘れないようにする．

```
mymodel <- ' <------------    単一引用符
# 測定方程式
Study =~ study.a + study.b
Expectancy =~ expect.a + expect.b
Confidence =~ confidence.a + confidence.b
# 構造方程式
Expectancy ~ Study
Confidence ~ Study + Expectancy
 '  <------------   単一引用符

fit <- sem(mymodel, data=x)
summary(fit, standardized=TRUE,  rsquare=TRUE)
```

3-4 モデルの評価

　共分散構造分析のモデル評価のための指標を算出しよう．そのための関数は fitMeasures 関数で
ある．共分散構造分析を実行した結果の fit のオブジェクトを，fitMeasures に組み込む．

```
fitMeasures(fit)
```

以下の出力が表示される.

npar	fmin	chisq	df	pvalue	baseline.chisq
15.000	0.153	9.162	6.000	0.165	94.929
baseline.df	baseline.pvalue	cfi	tli	nnfi	rfi
15.000	0.000	0.960	0.901	0.901	0.759
nfi	pnfi	ifi	rni	logl	unrestricted.logl
0.903	0.361	0.964	0.960	-378.582	-374.001
aic	bic	ntotal	bic2	rmsea	rmsea.ci.lower
787.164	808.182	30.000	761.479	0.133	0.000
rmsea.ci.upper	rmsea.pvalue	rmr	rmr_nomean	srmr	srmr_bentler
0.294	0.202	0.471	0.471	0.052	0.052
srmr_bentler_nomean	crmr	crmr_nomean	srmr_mplus	srmr_mplus_nomean	cn_05
0.052	0.061	0.061	0.052	0.052	42.232
cn_01	gfi	agfi	pgfi	mfi	ecvi
56.051	0.920	0.719	0.263	0.949	1.305

さて, モデルの評価を行う際には, **1. モデル全体の評価**, **2. モデルの部分評価**, という 2 つの段階をふまえる. ここで出力された指標はモデル全体の評価指標である.

1. モデル全体の評価
χ^2 検定 (chisq)
- 因果モデル全体が正しいかどうかの検定として, χ^2 検定の結果が出力される.
- 帰無仮説として「構成されたモデルは正しい」という設定を行うので, χ^2 値が対応する自由度のもとで, 一定の有意水準の値よりも小さければ, モデルは棄却されないという意味で, 一応採択される (有意でなければ採択される).
- ただしこの指標はサンプルサイズが大きくなればモデルが棄却されやすくなるため重要視されてこなくなっている.
  - ▶上の表では, chisq, df, pvalue の部分を見る.

chisq (χ^2) ＝9.162, df (自由度) ＝6, pvalue (有意確率) ＝.165 となっている. この場合, 有意確率が有意でなかったので, モデルは棄却されないと判断される.

適合度指標 (GFI, AGFI)
GFI (Goodness of Fit Index; 適合度指標)
- 通常 0 から 1 までの値をとり, モデルの説明力の目安となる.
- GFI が 1 に近いほど, 説明力のあるモデルといえる (GFI が高くても「よいモデル」というわけではないので注意).

AGFI（Adjusted Goodness of Fit Index；修正適合度指標）

- 値が 1 に近いほどデータへの当てはまりがよい.
- 「GFI≧AGFI」であり，GFI に比べて AGFI が著しく低下するモデルはあまり好ましくない.
  - ▶先の表では，gfi，agfi の部分を見る．GFI＝.920，AGFI＝.719 となっている.

基準比較（CFI，RMSEA）

CFI（Comparative Fit Index）

- 作成したモデルが独立モデル（変数間に関連を仮定しない）から飽和モデル（自由度が 0 でこれ以上パスを引くことができないモデル）の間のどこに位置するかを表現する.
- 値が 1 に近いほどデータへのあてはまりがよい.

RMSEA（Root Mean Square Error of Approximation）

- モデルの分布と真の分布との乖離を 1 自由度あたりの量として表現した指標.
- 一般的に，0.05 以下であればあてはまりがよく，0.1 以上であればあてはまりが悪いと判断する.
  - ▶先の表では，cfi と rmsea を見る．CFI＝.960，RMSEA＝.133 となっている.

情報量基準（AIC；Akaike's Information Criterion；赤池情報量基準）

- 複数のモデルを比較する際に，モデルの相対的な良さを評価するための指標となる.
- 複数のモデルのうちどれがよいかを選択する際には，AIC が最も低いモデルを選択する.
  - ▶先の表では，aic を見る．AIC＝787.164 となっている.

2. モデルの部分評価

下記の出力部分をみてみよう.

```
Latent Variables:
                 Estimate  Std.Err  z-value  P(>|z|)   Std.lv  Std.all
  Study =~
    study.a         1.000                               0.970    0.806
    study.b         1.213    0.313    3.883    0.000     1.177    0.918
  Expectancy =~
    expect.a        1.000                               1.161    0.874
    expect.b        0.787    0.240    3.278    0.001     0.914    0.753
  Confidence =~
    confidence.a    1.000                               9.251    0.875
    confidence.b    0.901    0.177    5.082    0.000     8.331    0.865
```

```
Regressions:
                 Estimate  Std.Err  z-value  P(>|z|)   Std.lv   Std.all
  Expectancy ~
    Study          -0.029    0.258   -0.112    0.911   -0.024   -0.024
  Confidence ~
    Study           5.468    1.730    3.161    0.002    0.573    0.573
    Expectancy      4.659    1.625    2.867    0.004    0.585    0.585
```

　Study（勉強量）から Expectancy（期待）へのパス係数が，有意確率（P(>|z|)＝.911）となっていることから，有意でないことがわかるだろう．

　この表の後に次のように，重相関係数の平方（決定係数；R^2）が R-Square に出力されているので確認してほしい．Expectancy（期待）の決定係数が極めて低いことがわかるだろう．

```
Variances:
                 Estimate  Std.Err  z-value  P(>|z|)   Std.lv   Std.all
    .study.a        0.508    0.240    2.117    0.034    0.508    0.350
    .study.b        0.260    0.303    0.856    0.392    0.260    0.158
    .expect.a       0.418    0.361    1.158    0.247    0.418    0.237
    .expect.b       0.637    0.269    2.364    0.018    0.637    0.433
    .confidence.a  26.182   14.055    1.863    0.062   26.182    0.234
    .confidence.b  23.355   11.672    2.001    0.045   23.355    0.252
    Study           0.941    0.404    2.331    0.020    1.000    1.000
    .Expectancy     1.347    0.561    2.402    0.016    0.999    0.999
    .Confidence    29.555   16.169    1.828    0.068    0.345    0.345

R-Square:
                 Estimate
    study.a         0.650
    study.b         0.842
    expect.a        0.763
    expect.b        0.567
    confidence.a    0.766
    confidence.b    0.748
    Expectancy      0.001
    Confidence      0.655
```

3-5　モデルの改良

　結果を見ると，どうやら**勉強量**から**期待**へのパスがみられないようである．そこで，勉強量から期待へのパスを削除（Expectancy～Study の構造方程式を削除）し，再度分析を行ってみる．この時に，勉強量と期待との間に相関があることを仮定しないでおく．そのために使う式は，チルダを

二つ並べた〜である．この意味は相関をもつということである．今回は，相関がないことを仮定するので，Study 〜 0*Expectancy と後者の変数に数値 0 を掛けた表示式とする．

```
mymodel2 <- '
# 測定方程式
Study =~ study.a + study.b
Expectancy =~ expect.a + expect.b
Confidence =~ confidence.a + confidence.b
# 構造方程式
Confidence ~ Study + Expectancy
# 残差の相関
Study ~~ 0*Expectancy
'

fit <- sem(mymodel2, data=x)
summary(fit, standardized=TRUE,  rsquare=TRUE)
fitMeasures(fit)
```

■結果はどのようになったか？

χ^2 検定の結果を探す．

- chisq＝9.173，df＝7，pvalue＝.240 となっている．
  ▶先のモデルよりも自由度が増えていることに注目．

モデル適合の **GFI**(gfi)，**AGFI**(agfi) の部分を探す．

- GF＝.919，AGFI＝.758 である．
  ▶先のモデルに比べて GFI はほとんど変わらないが，AGFI は増加している．

CFI(cfi) **の部分を探す．**

- **CFI＝.973 と，やや増加している．**

RMSEA（rmsea）の部分を探す．

- RMSEA＝.102 になっている．

AIC（aic）の部分を探す．

  ▶AIC＝785.176 と，先のモデルに比べて AIC は低下している．

npar	fmin	chisq	df	pvalue	baseline.chisq
14.000	0.153	9.173	7.000	0.240	94.929
baseline.df	baseline.pvalue	cfi	tli	nnfi	rfi
15.000	0.000	0.973	0.942	0.942	0.793
nfi	pnfi	ifi	rni	logl	unrestricted.logl
0.903	0.422	0.975	0.973	-378.588	-374.001
aic	bic	ntotal	bic2	rmsea	rmsea.ci.lower
785.176	804.793	30.000	761.203	0.102	0.000
rmsea.ci.upper	rmsea.pvalue	rmr	rmr_nomean	srmr	srmr_bentler
0.261	0.288	0.565	0.565	0.051	0.051
srmr_bentler_nomean	crmr	crmr_nomean	srmr_mplus	srmr_mplus_nomean	cn_05
0.051	0.060	0.060	0.051	0.051	47.005
cn_01	gfi	agfi	pgfi	mfi	ecvi
61.421	0.919	0.758	0.306	0.964	1.239

　GFI はほぼ同じ値であるが，AGFI がより高く，AIC がより低くなっているので，先のモデルよりも今回のモデルの方がデータにうまく適合していると考えられる．つまり，「勉強量が期待を経由して自信に影響を及ぼす」というモデルよりも，「勉強量と期待はそれぞれ独自に自信に影響を及ぼす」というモデルの方が今回のデータにはうまく適合しているということである．

　このように，いくつかの指標を見比べることによって，「よりよいモデル」を探索していくことが，共分散構造分析の特徴である．因子分析のときと同様に，何度も共分散構造分析を行い，理論にもデータにもうまく適合するモデルを探索していくのが一般的といえるだろう．忘れてはいけないのは，このようなモデルは理論を背景としているという点である．もちろんこのような分析をとおして新たな発見がなされることもあるが，必ずしも最もデータに適合するモデルが，最もよいモデルであるとは限らないので注意が必要である．

STEP UP

　モデル修正には，modificationindices 関数が有益である。その場合，mi の値が高いパスを加えると適合度が高まる。スクリプト例：modificationindices（fit）

共分散構造分析（3）

4-1 双方向の因果関係（分析例3）

　共分散構造分析では，重回帰分析や因子分析では仮定できない「**双方向の因果関係**」を仮定することもできる．

　では，p.232 のデータを用いて，双方向の因果関係の分析を行ってみよう．

　この研究では，「ケンカに対する捉え方」を，Positive－Negative，関係修復志向－関係崩壊志向の2つの構成概念で捉える尺度を作成し，信頼感尺度（天貝，1995）との関連を検討した．

　その結果，信頼感尺度は，**関係修復志向－関係崩壊志向**に関連する傾向が見られた．ケンカに対する肯定的（－否定的）な態度は，ケンカをした後に関係を修復可能（－不可能）とする志向性と大きくかかわっていた．この研究ではこの2つの構成概念を相互に独立した関係であると仮定していたのであるが，次のように考えることもできる．すなわち，ケンカに対して肯定的な態度をとることは，ケンカをしても関係が修復できるという志向性につながり，逆にケンカをしても関係が修復できるという志向性をもっていれば，ケンカに対して肯定的な態度をとることにつながる，という考え方である．

　そこで，以下のような因果関係を仮定してみよう．

> 1. **信頼感**は，（ケンカをした後に）**関係が修復する－崩壊するという信念**に影響を及ぼす．
> 2. **関係が修復する－崩壊するという信念**は，**ケンカを肯定的－否定的に捉える態度**に影響を及ぼす．
> 3. **ケンカを肯定的－否定的に捉える態度**は，**関係が修復する－崩壊するという信念**に影響を及ぼす．

　データは，以下の変数について大学生 100 名から得られたもので，下の表のとおりである．

〈信頼感〉

　不信：信頼感尺度の「不信」下位尺度得点（平均 32.70，*SD* 7.70）

　自信頼：信頼感尺度の「自分への信頼」下位尺度得点（平均 24.23，*SD* 4.07）

他信頼：信頼感尺度の「他人への信頼」下位尺度得点（平均 33.25, *SD* 4.83）

〈ケンカに対する態度〉

肯定：ケンカに対する捉え方尺度の「Positive」下位尺度得点（平均 23.89, *SD* 4.72）

否定：ケンカに対する捉え方尺度の「Negative」下位尺度得点（平均 22.53, *SD* 4.21）

〈ケンカに対する志向性〉

修復：ケンカに対する捉え方尺度の「関係修復志向」下位尺度得点（平均 20.01, *SD* 3.94）

崩壊：ケンカに対する捉え方尺度の「関係崩壊志向」下位尺度得点（平均 15.01, *SD* 3.86）

＊設定する潜在変数は，**信頼感・態度・志向性**である．

番号	distrust	self.trust	other.trust	positive	negative	mending	breakup
1	22	28	37	22	27	15	20
2	40	27	34	6	35	15	24
3	43	26	27	23	20	16	19
4	28	24	38	25	26	24	15
5	28	25	32	17	21	18	15
6	28	28	32	22	32	18	20
7	33	27	33	31	23	26	16
8	23	26	37	32	15	23	6
9	23	19	36	32	16	28	13
10	44	25	38	18	30	18	22
11	38	25	32	28	18	25	13
⋮	⋮	⋮	⋮	⋮	⋮	⋮	⋮
89	27	25	35	22	27	25	11
90	27	24	29	21	27	18	15
91	24	22	39	28	22	22	16
92	42	18	27	26	21	18	16
93	30	27	39	28	19	23	18
94	38	22	30	27	17	22	13
95	44	18	33	36	15	30	5
96	33	20	37	24	26	19	19
97	32	21	28	13	25	20	20
98	30	28	31	26	21	19	13
99	30	22	28	25	21	18	19
100	29	27	32	31	20	21	22

（麻生ほか　2003「信頼感尺度とケンカに対する捉え方の関係」
基礎実習 B（調査法）最終レポート（中部大学）による）

◎データは，東京図書の Web サイト（www.tokyo-tosho.co.jp）からダウンロード可能．

4-2 パス図の描画と方程式の記述と実行

　ここでは，以下のような図を描く．これまでの例を参考にして，各自で描き，変数を指定してほしい．

- ●潜在変数（楕円）は3つ，**信頼感・態度・志向性**である．
- ●観測変数（長方形）：**不信・自信頼・他信頼**は，潜在変数（楕円）：**信頼感**から影響を受ける．
- ●観測変数（長方形）：**肯定・否定**は，潜在変数（楕円）：**態度**から影響を受ける．
- ●観測変数（長方形）：**修復・崩壊**は，潜在変数（楕円）：**志向性**から影響を受ける．
- ●いずれかからの影響を受ける変数には，誤差（円）からも影響を受ける．
- ●誤差は全部で9つある．**e1** から **e9** という変数名をつける．
- ●もし行っていなければ，係数の指定を忘れないようにする（以下の図のようにつければよい）．

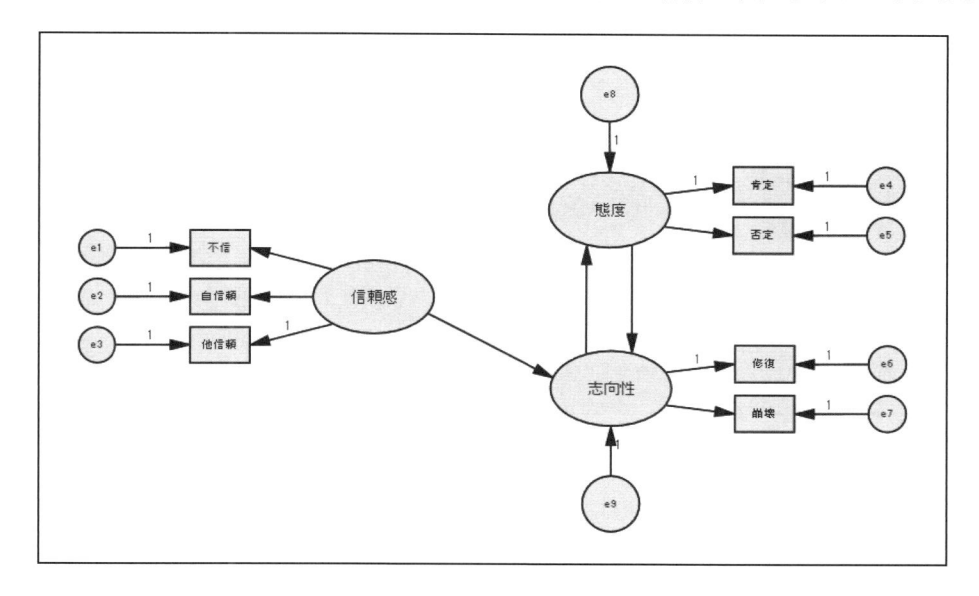

　ここでは，潜在変数の信頼感を Trust，態度を Attitude，志向性を Orientation としよう．また観測変数の不信，自信頼，他信頼を distrust，self.trust，other.trust とし，肯定と否定を positive，negative とし，修復と崩壊を mending，breakup としよう．そして，chap11sample3 のファイルにデータがあるとし，lessonChap11 の R project フォルダに保存されているとする．

測定方程式は下記のとおりとなる.

Trust =~ distrust + self.trust + other.trust

Attitude =~ positive + negative

Orientation =~ mending + breakup

構造方程式は下記のとおりとなる.

Orientation ~ Trust + Attitude

Attitude ~ Orientation

ここまで理解ができたら，下記のとおり共分散構造分析を実行してみよう．

```
(wd<- getwd())
x <- read.csv(paste0(wd,"/chap11sample3.csv"))
head(x)          # 読み込んだデータの頭部分の確認
dim(x)           # 行列の大きさの確認
library(lavaan) # lavaan パッケージの読み込み

mymodel <- '
# 測定方程式
Trust =~ distrust + self.trust + other.trust
Attitude =~ positive + negative
Orientation =~ mending + breakup
# 構造方程式.
Orientation ~ Trust + Attitude
Attitude ~ Orientation
'

fit <- sem(mymodel, data=x)
summary(fit, standardized=TRUE,  rsquare=TRUE)
fitMeasures(fit)
```

　測定方程式の推定値（Estimate）を見てみよう．それぞれの測定方程式の最初に記述した，distrust，positive，mending の推定値はすべて 1 となっているのがわかる．lavaan では最初の変数の係数を 1 にデフォルトで設定したうえで，計算が行われている．

　標準化推定値は std.all を見る．

```
Latent Variables:
                   Estimate  Std.Err  z-value  P(>|z|)   Std.lv  Std.all
  Trust =~
    distrust          1.000                               4.542   0.593
    self.trust       -0.216    0.103   -2.089    0.037   -0.982  -0.243
    other.trust      -0.885    0.192   -4.604    0.000   -4.018  -0.837
  Attitude =~
    positive          1.000                               4.024   0.856
    negative         -0.760    0.153   -4.976    0.000   -3.057  -0.730
  Orientation =~
    mending           1.000                               3.553   0.907
    breakup          -0.661    0.121   -5.478    0.000   -2.350  -0.612

Regressions:
                   Estimate  Std.Err  z-value  P(>|z|)   Std.lv  Std.all
  Orientation ~
    Trust            -0.505    0.106   -4.741    0.000   -0.645  -0.645
    Attitude          0.343    0.125    2.752    0.006    0.388   0.388
  Attitude ~
    Orientation       0.266    0.190    1.400    0.161    0.235   0.235

Variances:
                   Estimate  Std.Err  z-value  P(>|z|)   Std.lv  Std.all
   .distrust        38.022    6.556    5.800    0.000   38.022   0.648
   .self.trust      15.413    2.217    6.951    0.000   15.413   0.941
   .other.trust      6.924    3.015    2.297    0.022    6.924   0.300
   .positive         5.888    2.977    1.978    0.048    5.888   0.267
   .negative         8.202    2.017    4.066    0.000    8.202   0.467
   .mending          2.706    1.740    1.555    0.120    2.706   0.176
   .breakup          9.207    1.499    6.142    0.000    9.207   0.625
    Trust           20.628    7.345    2.809    0.005    1.000   1.000
   .Attitude        12.734    3.993    3.189    0.001    0.786   0.786
   .Orientation      3.672    2.061    1.782    0.075    0.291   0.291

R-Square:
                   Estimate
    distrust          0.352
    self.trust        0.059
    other.trust       0.700
    positive          0.733
    negative          0.533
    mending           0.824
    breakup           0.375
    Attitude          0.214
    Orientation       0.709
```

図に，標準化推定値 Std.all と決定係数 R-Square を記入してみよう．

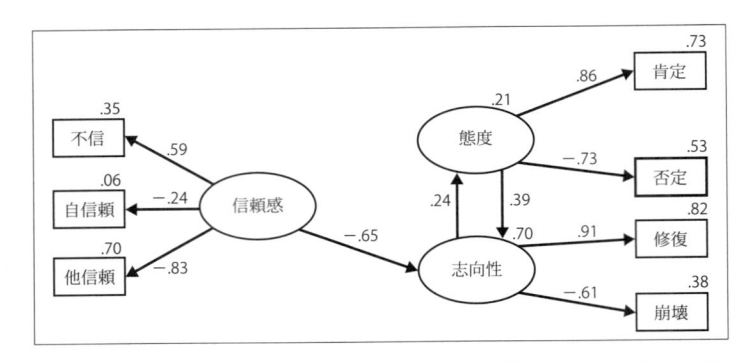

```
           npar            fmin         chisq              df          pvalue   baseline.chisq
         17.000           0.171        34.112          11.000           0.000          219.306
    baseline.df  baseline.pvalue           cfi             tli             nnfi              rfi
         21.000           0.000         0.883           0.778           0.778            0.703
            nfi            pnfi           ifi             rni             logl   unrestricted.logl
          0.844           0.442         0.889           0.883       -1969.918        -1952.862
            aic             bic        ntotal            bic2            rmsea   rmsea.ci.lower
       3973.836        4018.124       100.000        3964.433           0.145            0.091
 rmsea.ci.upper     rmsea.pvalue           rmr     rmr_nomean             srmr     srmr_bentler
          0.201           0.003         1.391           1.391           0.076            0.076
srmr_bentler_nomean           crmr   crmr_nomean      srmr_mplus  srmr_mplus_nomean         cn_05
          0.076           0.088         0.088           0.076           0.076           58.678
          cn_01             gfi          agfi            pgfi             mfi             ecvi
         73.482           0.912         0.777           0.358           0.891            0.681
```

モデル全体の評価

χ^2 検定を見てみよう．$\chi^2 = 34.1$，$df = 11$，$p < .001$ であり，有意となっているのであまりよいモデルではない可能性がある．

モデル適合の GFI, AGFI, CFI, RMSEA

GFI は .912 と比較的高い値であるが，AGFI は .777 でやや低い．CFI は .883, RMSEA は .145 である．

モデルの部分評価

先ほどのパス係数の表を見てみよう．検定では，志向性から態度へのパス（Attitude ~ Orientation）が有意ではないようだ（$p = .16$）．

4-3 モデルの改良

　志向性から態度へのパスが有意でなかったので，このパスを削除し，モデルを改良してみよう．そのうえで，適合度指標を確認してみよう．

```
mymodel2 <- '
# 測定方程式
Trust =~ distrust + self.trust + other.trust
Attitude =~ positive + negative
Orientation =~ mending + breakup
# 構造方程式.
Orientation ~ Trust + Attitude
# 残差の相関
Trust ~~ 0*Attitude
'

fit <- sem(mymodel2, data=x)
summary(fit, standardized=TRUE, rsquare=TRUE)
fitMeasures(fit)
```

```
Latent Variables:
                 Estimate  Std.Err  z-value  P(>|z|)   Std.lv   Std.all
  Trust =~
    distrust        1.000                              4.510    0.589
    self.trust     -0.222    0.104   -2.129    0.033   -1.002   -0.248
    other.trust    -0.896    0.197   -4.544    0.000   -4.040   -0.841
  Attitude =~
    positive        1.000                              3.869    0.823
    negative       -0.822    0.163   -5.032    0.000   -3.180   -0.759
  Orientation =~
    mending         1.000                              3.421    0.895
    breakup        -0.673    0.128   -5.263    0.000   -2.300   -0.606

Regressions:
                 Estimate  Std.Err  z-value  P(>|z|)   Std.lv   Std.all
  Orientation ~
    Trust          -0.508    0.107   -4.741    0.000   -0.669   -0.669
    Attitude        0.459    0.101    4.560    0.000    0.520    0.520
```

　すべてのパス係数は有意な値 $p(>|z|)$ になった．

npar	fmin	chisq	df	pvalue	baseline.chisq
16.000	0.178	35.611	12.000	0.000	219.306
baseline.df	baseline.pvalue	cfi	tli	nnfi	rfi
21.000	0.000	0.881	0.792	0.792	0.716
nfi	pnfi	ifi	rni	logl	unrestricted.logl
0.838	0.479	0.886	0.881	-1970.667	-1952.862
aic	bic	ntotal	bic2	rmsea	rmsea.ci.lower
3973.335	4015.017	100.000	3964.485	0.140	0.088
rmsea.ci.upper	rmsea.pvalue	rmr	rmr_nomean	srmr	srmr_bentler
0.195	0.004	1.716	1.716	0.086	0.086
srmr_bentler_nomean	crmr	crmr_nomean	srmr_mplus	srmr_mplus_nomean	cn_05
0.086	0.097	0.097	0.085	0.085	60.044
cn_01	gfi	agfi	pgfi	mfi	ecvi
74.621	0.912	0.796	0.391	0.889	0.676

GFI＝.912，AGFI＝.796，AIC＝3973.335 となる．

AGFI がより高く，AIC がやや低くなっているので，先のモデルよりはデータにうまく適合するモデルとなる．

この場合，自分や他者を信頼している人ほど，またケンカに対して肯定的な態度をとる人ほど，ケンカをしても関係が修復できるという信念をもつと考えられる．

他にもモデルを考えることができるので，いろいろと試してみてほしい．

適合度指標を選択して出力するときは，下記のように指標を指定して実行すればよい．

```
fitMeasures(fit,fit.measures=c("gfi","agfi","cfi","rmsea"))
```

5–1 相違を調べる方法（分析例4）

　共分散構造分析を行う際，男女や世代など，グループ間で同じモデルの比較を行いたいときがある．そのような分析に対応する多母集団の同時分析を行ってみよう．

■自尊感情のモデル例

　単純な重回帰分析の例を行ってみよう．学業成績，友人との親密性，自尊感情について，男女10名ずつからデータを得た．このデータで，学業成績と親密性が自尊感情に及ぼすというモデルを，男女で比較する．

　変数名は，sex, score, intimacy, selfesteem とする．

　chap11sample4.csv に保存して，lessonChap11 の R project フォルダに置いておこう．

sex	score	intimacy	selfesteem
F	2	2	4
F	1	2	1
F	3	5	5
F	4	4	2
F	2	3	3
F	3	4	3
F	2	4	3
F	3	4	2
F	2	4	4
F	2	2	2
M	2	4	2
M	3	4	4
M	3	3	5
M	2	4	3
M	3	4	2
M	3	4	3
M	4	4	3
M	2	5	3
M	3	3	3
M	4	4	3

■データの読み込みと男女別の相関関係の検討

　psych パッケージを使って，男女別に相関関係を見てみよう．

　x のデータフレームで，女性だけのデータを指定するのは，x[x$sex＝＝"F",] であり，2列目，3列目，4列目だけのデータを指定するのは，x[, c(2:4)] であることを思い出してほしい．そうすると，女性だけの学業成績，友人との親密性，自尊感情のデータは，x[x$sex＝＝"F", c(2:4)] となる．

　同様に，男性だけのデータを取り出して分析してみよう．

　ここで使う関数は，pairs.panels 関数と corr.test 関数である．

```
(wd<- getwd())
x <- read.csv(paste0(wd,"/chap11sample4.csv"))
head(x)            # 読み込んだデータの頭部分の確認
dim(x)             # 行列の大きさの確認
library(psych)
pairs.panels(x[x$sex=="F",c(2:4)]) # 女性の相関
corr.test((x[x$sex=="F",c(2:4)]))  # 相関係数の検定
pairs.panels(x[x$sex=="M",c(2:4)]) # 男性の相関
corr.test((x[x$sex=="M",c(2:4)]))   # 相関係数の検定
```

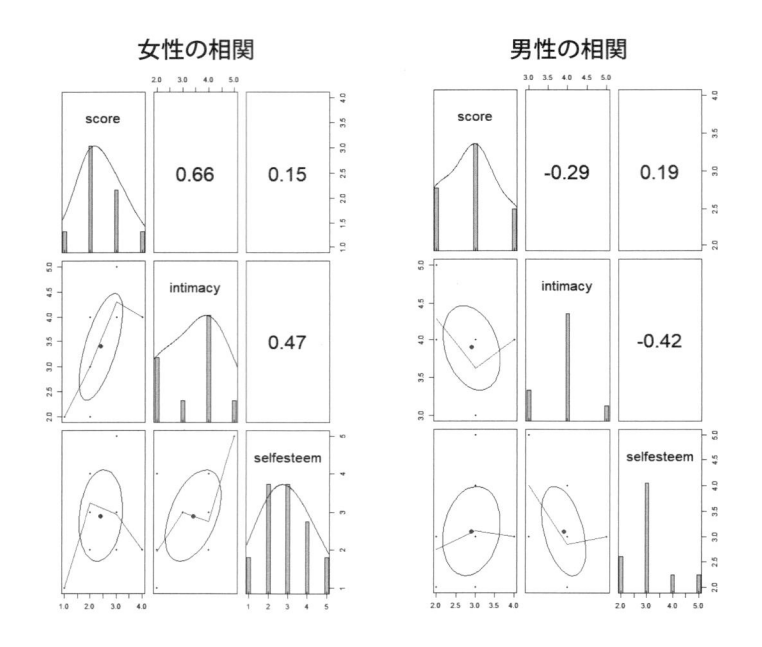

男女で相関関係にどのような違いがみられるだろうか.

■ lavaan パッケージによる分析

自尊心に, 学業成績と友人との親密性が影響を及ぼすという構造方程式は以下のとおりとなる.

selfesteem ~ score + intimacy

また男女別に分析を行うためには, lavaan の sem 関数では, group＝"群を示す変数名", すなわち, ここでは group＝"sex" の引数を付け加えるだけでよい.

```
library(lavaan)  # lavaan パッケージの読み込み

mymodel <- '
# 構造方程式.
selfesteem ~ score + intimacy
'

fit <- sem(mymodel, data=x, group="sex")
```

　結果の表示は，以前と同様，summary 関数と，適合度には fitMeasures 関数を用いる．なお，このモデルは飽和モデル（自由度 0）なので，適合度は検討できない．

```
summary(fit, standardized=TRUE,  rsquare=TRUE)
fitMeasures(fit)
```

　なお，シンプルに，標準化された推定値と p 値の表を出力するには，standardizedSolution 関数を用いるとよい．

```
standardizedSolution(fit)
```

　次の表を見てみよう．

```
          lhs op        rhs group est.std    se      z pvalue ci.lower ci.upper
1  selfesteem  ~      score     1  -0.275 0.352 -0.781  0.435   -0.965    0.415
2  selfesteem  ~   intimacy     1   0.648 0.299  2.171  0.030    0.063    1.233
3  selfesteem ~~ selfesteem     1   0.740 0.223  3.325  0.001    0.304    1.176
4       score ~~      score     1   1.000 0.000     NA     NA    1.000    1.000
5       score ~~   intimacy     1   0.662 0.000     NA     NA    0.662    0.662
6    intimacy ~~   intimacy     1   1.000 0.000     NA     NA    1.000    1.000
7  selfesteem ~1                1   1.217 1.136  1.072  0.284   -1.009    3.443
8       score ~1                1   3.000 0.000     NA     NA    3.000    3.000
9    intimacy ~1                1   3.334 0.000     NA     NA    3.334    3.334
10 selfesteem  ~      score     2   0.071 0.297  0.240  0.811   -0.512    0.654
11 selfesteem  ~   intimacy     2  -0.404 0.265 -1.523  0.128   -0.924    0.116
12 selfesteem ~~ selfesteem     2   0.815 0.211  3.858  0.000    0.401    1.229
13      score ~~      score     2   1.000 0.000     NA     NA    1.000    1.000
14      score ~~   intimacy     2  -0.292 0.000     NA     NA   -0.292   -0.292
15   intimacy ~~   intimacy     2   1.000 0.000     NA     NA    1.000    1.000
16 selfesteem ~1                2   6.362 2.659  2.393  0.017    1.151   11.573
17      score ~1                2   4.143 0.000     NA     NA    4.143    4.143
18   intimacy ~1                2   7.242 0.000     NA     NA    7.242    7.242
```

　1 は，女性における（group＝1），自尊心（selfesteem）への学業成績（score）への影響力を示している．est.std が標準化された推定値のパス係数であり，その値は－.275 であり，p 値を見る

と，.435 と有意なパスではないことがわかる．

2 は，同じく女性における，自尊心への親密性（intimacy）への影響力を示している．パス係数は，.648 であり，$p=.030$ と 5％水準で有意である．

10 は，男性における（group＝2），自尊心（selfesteem）への学業成績（score）への影響力を示している．est.std が標準化された推定値のパス係数であり，その値は−.071 であり，p 値を見ると，.811 と有意なパスではないことがわかる．

11 は，同じく男性における，自尊心への親密性（intimacy）への影響力を示している．パス係数は，−.404 であり，$p=.128$ と有意なパスではないことが分かる．

なお，学業成績と親密性との相関係数（score ~ intimacy）は，女性は 5 番を見ればよい．r＝.662 であり，男性は 14 番を見ると，−.292 である．先の男女別の相関係数の検討と同じ値であることが確認できる．

group の 1，2 が男性なのか，女性なのかを確認したければ，str(x$sex) と打ちこめばよい．下記の表示がされて，F が先なのか，M が先なのかが分かる．

```
> str(x$sex)
 Factor w/ 2 levels "F","M": 1 1 1 1 1 1 1 1 1 1...
```

次に，パス係数の違いに統計的な意味があるのかどうかを見るために，下記のスクリプトで新しい関数 paratest を設定する．

```
# # # # # # # 2群のパス係数の差の比較の関数を利用# # # # #
paratest <- function(f){
  para <- parameterEstimates(f)
  n <- nrow(para)/2
  out.df <- para[1:n,1:3]
  out.df <- transform(out.df, z=NA, p=NA)
  for (i in 1:n){
    a1 <- para$est[i]
    s1 <- para$se[i]
    a2 <- para$est[i+n]
    s2 <- para$se[i+n]
    zp <- (abs(a1-a2)/sqrt(s1^2+s2^2))
    out.df[i,4] <- zp
    out.df[i,5] <- 2*pnorm(-abs(zp)) }
  print(out.df)
}
# # # # # # # # # # # # # # # # # # # # # # # # # # # # # # # # # # # # # # # # # # # # # # #
```

この関数に，共分散構造分析の結果オブジェクトである fit を処理させると，パス係数の差の比較の結果が出力される．

```
paratest(fit)
```

```
         lhs op        rhs         z          p
1 selfesteem  ~       score 0.7596702 0.44745177
2 selfesteem  ~    intimacy 2.1953924 0.02813546
3 selfesteem ~~ selfesteem 0.7920569 0.42832750
4      score ~~       score       Inf 0.00000000
5      score ~~    intimacy       Inf 0.00000000
6   intimacy ~~    intimacy       Inf 0.00000000
7 selfesteem ~1             1.5104127 0.13093815
8      score ~1                   Inf 0.00000000
9   intimacy ~1                   Inf 0.00000000
```

　z の値と p 値が出力される．z の値が絶対値で「1.96」以上であればパス係数の差が 5% 水準で有意，絶対値で「2.33」以上であれば 1% 水準で有意，絶対値で「2.58」以上であれば 0.1% 水準で有意と判断される。

　2を見てみよう．これは，自尊心に対して，親密性が与える影響のパス係数の差の検定結果である．$z=2.195$, $p=.028$ であり，このデータの場合，親密性から自尊感情へのパス係数について，男女で有意な差が認められるということになる．

●結果の記述の仕方

　学業成績と友人との親密性が自尊心に与える影響を検討するために，R3.5.1 上の lavaan package（0.6.3）を用いて多母集団の同時分析を行った．結果から，女性においてのみ親密性から自尊心へのパスが有意であった．なお，パラメータ間の差の検定を行ったところ，親密性から自尊心へのパスについて男女のパス係数が有意に異なっていた（$p<.05$）。

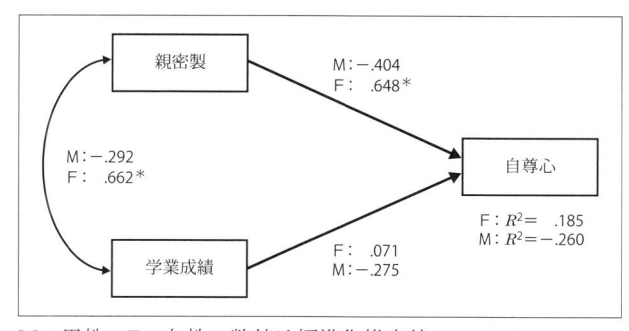

　M：男性，F：女性　数値は標準化推定値　*p<.05

●重要

　この章で取り上げた例題のデータ数（サンプル数）は少ない. 共分散構造分析を行うときには, 少なくとも 100〜200 人が必要だとされているので注意されたい.

【推薦図書・引用文献】

［40］麻生・大脇・川口・神崎・新谷・杉原・橘・田村・中原・盛　2003『信頼感尺度とケンカに対する捉え方の関係』基礎実習 B（調査法）最終レポート（中部大学）

［41］小島隆矢, 山本将史（著）2013『Excel で学ぶ共分散構造分析とグラフィカルモデリング』オーム社

［26］豊田秀樹（編）2014『共分散構造分析［R 編］―構造方程式モデリング』東京図書

［42］小杉考司・清水裕士　2014『M-plus と R による構造方程式モデリング入門』北大路書房

［43］Yves Rosseel 2012 年 12 月 19 日版（日本語訳：荒木孝治　岸谷和広　馬場一　2013 年 1 月 24 日）
lavaan：構造方程式モデリングおよびその他のための R パッケージバージョン 0.5–12（ベータ版）
http://www.ec.kansai-u.ac.jp/user/arakit/documents/lavaanPackageVer0.5-12.pdf

［44］Yves Rosseel 2014 年 6 月 13 日版（日本語訳 荒木孝治 2014 年 9 月 12 日）
lavaan チュートリアル
http://www.ec.kansai-u.ac.jp/user/arakit/documents/lavaanTutorial%20June%2013,%202014.pdf

［45］村上 隆, 行廣隆次（監修）2018『心理学・社会科学研究のための構造方程式モデリング：Mplus による実践 基礎編』ナカニシヤ出版

第11章

　友人からの評価が自分自身の評価（自信）にどの程度影響を与えるのかについて検討するために，大学生30名に対して各大学生につき友人3名からの評価を調査し，自信に関する3項目を各大学生の自己評定によって得た．データは以下のとおりである

　「友人の評価Valuation」と「自信Competence」という潜在変数を設定し，「友人の評価」から「自信」への影響力を検討しなさい．

ID	friend_1	friend_2	friend_3	confidence_1	confidence_2	confidence_3
1	3	3	4	6	6	6
2	4	4	4	5	5	6
3	4	3	4	4	4	4
4	4	4	4	6	6	6
5	3	2	2	4	2	6
6	4	2	2	6	6	6
7	4	4	4	6	6	6
8	4	3	4	5	5	6
9	4	4	3	6	5	5
10	4	4	4	5	6	6
11	4	3	4	6	5	6
12	4	4	2	6	6	6
13	4	4	4	5	4	6
14	4	4	3	4	5	5
15	4	4	4	6	5	5
16	4	3	3	6	6	6
17	3	3	2	6	5	5
18	4	4	4	5	2	4
19	4	4	4	6	6	6
20	4	3	3	6	6	6
21	3	3	4	6	6	6
22	4	4	4	6	6	6
23	4	2	4	6	5	5
24	4	4	3	2	2	5
25	4	4	3	4	6	5
26	4	4	4	5	5	4
27	4	4	4	5	4	5
28	4	4	3	5	6	5
29	4	4	3	4	5	6
30	3	2	1	6	6	5

```
(wd<- getwd())
x <- read.csv(paste0(wd,"/chap11exercise.csv"))
head(x)          # 読み込んだデータの頭部分の確認
dim(x)           # 行列の大きさの確認
library(lavaan)  # lavaan パッケージの読み込み

mymodel <- '
# 測定方程式
Valuation =~ friend_1 + friend_2 + friend_3
Competence =~ confidence_1 + confidence_2 + confidence_3
# 構造方程式.
Competence ~ Valuation
'

fit <- sem(mymodel, data=x)
summary(fit, standardized=TRUE,  rsquare=TRUE)
fitMeasures(fit)
```

結果は以下のとおり.

このデータの場合, 友人から自信へのパス係数（標準化係数）は, −.077 で有意ではない.
したがって, 友人の評価は自信に対してほとんど影響を及ぼさないと考えられる.

```
Latent Variables:
                  Estimate  Std.Err  z-value  P(>|z|)   Std.lv   Std.all
  Valuation =~
    friend_1         1.000                               0.264    0.710
    friend_2         2.069    0.857    2.414    0.016     0.547    0.762
    friend_3         1.816    0.755    2.404    0.016     0.480    0.574
  Competence =~
    confidence_1     1.000                               0.706    0.732
    confidence_2     1.502    0.632    2.378    0.017     1.060    0.877
    confidence_3     0.442    0.195    2.270    0.023     0.312    0.465

Regressions:
                  Estimate  Std.Err  z-value  P(>|z|)   Std.lv   Std.all
  Competence ~
    Valuation       -0.207    0.626   -0.330    0.741    -0.077   -0.077
```

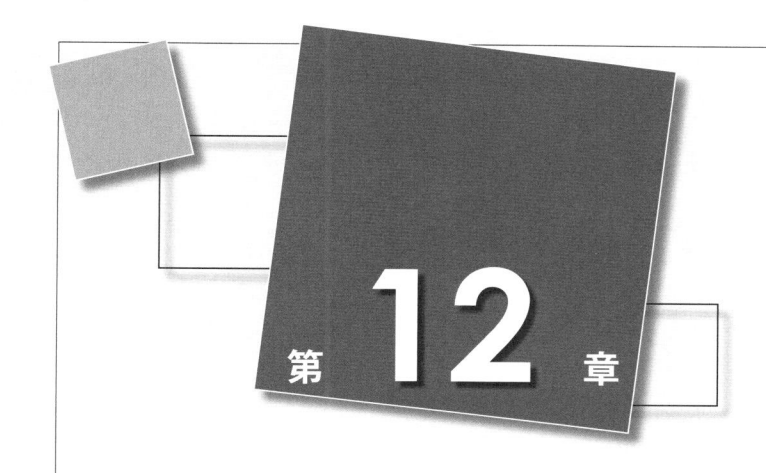

12

章

心理学論文作成の実際

友人関係スタイルと
注目・賞賛欲求

分析の背景

　ここでは，尺度の検討を行ったあとにその尺度を用いてグループを構成し，他の得点を比較することを試みる．このような分析手続きは，これまでの心理学論文で数多く見られるものである．本分析例では，グループを構成する手法の1つとして，クラスタ分析を行う．また，下位尺度得点ではなく，因子得点を利用する手法についても練習してみよう．

　群間の得点比較は，1要因の分散分析で行う．分散分析と多重比較の結果をうまく読み取ることができるように練習してみよう．ここでは以下のことを復習しながら分析をすすめる．

1. 平均値と標準偏差の算出	2. 因子分析	3. 因子得点の算出
4. 相関係数 　 5. クラスタ分析	6. χ^2 検定	7. 1要因の分散分析

1−1 研究の目的

　従来，青年期の友人関係は，特定の相手との親密な関係を営むことが特徴とされてきた．しかし近年，相手に気遣いつつ友人関係を営む青年の姿や，友人と距離を置いた接し方をとる青年の姿が報告されている．本研究では，このような青年期の友人関係スタイルに注目する．

　またこのような現代青年に特有とされる友人関係の背景には，他者からの注目や賞賛を求める傾向が関連している可能性がある．他者からの注目や賞賛を過剰に求める者は，相手に気遣いができず，友人との親密な関係を構築できない可能性が考えられるからである．そこで本研究では，青年の友人関係スタイルと注目・賞賛欲求との関連を検討する．

1−2 項目内容と調査の方法

■項目内容

　　A01_ お互いの領分にふみこまない
　　A02_ 心を打ち明ける

A03_ 相手の言うことに口をはさまない
A04_ お互いのプライバシーには入らない
A05_ 楽しい雰囲気になるよう気をつかう
A06_ 相手に甘えすぎない
A07_ みんなで一緒にいることが多い
A08_ 友達グループのメンバーからどう見られているか気になる
A09_ 互いに傷つけないよう気をつかう
A10_ 相手の考えていることに気をつかう

■調査対象

大学生 200 名（男性 100 名，女性 100 名）に対して調査を行った．平均年齢は 20.22（*SD* 1.63）歳であった（他のデータを加工した仮想データ）．

■調査内容

● 友人関係尺度

岡田[52] によって作成された友人関係尺度から 10 項目を選択して用いた．回答は，普段の友人関係について当てはまるかどうかを，「全くあてはまらない（1 点）」「あまりあてはまらない（2 点）」「どちらともいえない（3 点）」「ややあてはまる（4 点）」「とてもよくあてはまる（5 点）」の 5 段階で求めた．

● 注目・賞賛欲求尺度

小塩[53][32] によって作成された自己愛人格目録短縮版の下位尺度のうち，「注目・賞賛欲求」下位尺度の以下の 10 項目を用いた．

- 私には，みんなの注目を集めてみたいという気持ちがある
- 私は，みんなからほめられたいと思っている
- 私は，どちらかといえば注目される人間になりたい
- 周りの人が私のことを良く思ってくれないと，落ちつかない気分になる
- 私は，多くの人から尊敬される人間になりたい
- 私は，人々を従わせられるような偉い人間になりたい
- 機会があれば，私は人目につくことを進んでやってみたい
- 私は，みんなの人気者になりたいと思っている
- 私は，人々の話題になるような人間になりたい
- 人が私に注意を向けてくれないと，落ちつかない気分になる

回答は友人関係尺度と同じ 5 段階で求めた．データにはこの尺度の合計得点が入力されている．

1–3 分析のアウトライン

1. 項目分析

▶友人関係尺度 10 項目の平均値と標準偏差（*SD*）を求め，天井効果やフロア（床）効果が見られる項目がないかどうかをチェックする．

2. 因子分析

▶事前の因子数は想定されていないので，探索的因子分析を行う．

3. 友人関係スタイルによる調査対象のグループ分け

▶今回のようなデータの場合，いくつかのグループ分けの手法が考えられる．

下位尺度得点を利用 or 因子得点を利用	下位尺度得点	因子分析を行い，因子を見いだす	
		α 係数を算出し，内的整合性を確認する	
		項目得点を合計したり項目平均値を算出したりすることによって下位尺度得点を算出する	
		利点	今後研究が続く場合に，下位尺度得点を比較することができる
		欠点	下位尺度得点を算出することにより，因子分析によって得られる構造の情報が失われる可能性がある
	因子得点	因子分析を行い，因子を見いだす	
		因子得点を算出する	
		利点	因子分析によって得られる構造の情報を後の分析で利用することができる
		欠点	別の調査を行い因子分析結果が変わった場合，調査間の結果を比較することが困難になる．また，因子得点は平均 0，分散 1 に標準化されるため，今回の得点と後の調査で得られたデータの得点を比較することが困難である
得点を利用してグループ分け or クラスタ分析を利用	得点	平均値や中央値によって調査対象を「高群」「低群」に分類する．たとえば，2 つの変数 A，B から 4 つのグループ（A 高 B 高，A 高 B 低，A 低 B 高，A 低 B 低）を見いだすなど	
		利点	研究者がもつ理論を分類に反映させることができる
		欠点	2 変数 A，B から 4 グループに分類する場合，変数 A と変数 B が無相関であれば得られる 4 群の人数比率はほぼ等しくなるが，高い相関があると 4 群の人数比率が大きく偏る可能性がある．高群・低群と 2 分類するのか，高群・中群・低群と 3 分類するのかなど，恣意的な分類となる可能性がある．また，3 変数の高低で分類すると 23＝8 群となるが，これ以上の分類はその後の分析を煩雑にするだけとなる可能性がある
	クラスタ分析	複数の変数の類似度・被類似度情報などによって，調査対象をいくつかのパターンに自動的に分類する	
		利点	たとえば，2 変数から 3 群，4 変数から 5 群など，変数間の関連情報に基づいた分類が可能となる
		欠点	うまく理論を反映した分類が可能であるかどうか，分析を行ってみるまでわからない．また，別のデータで同じ結果が得られるとはかぎらない

　今回は，**因子得点**を利用して，**クラスタ分析**を行ってみよう．

4. 分散分析

▶分類したグループ間で注目・賞賛欲求得点を比較する．

項目分析と因子分析

● データの内容と読みこみ

▶ ID，A01 〜 A10（友人関係尺度の項目），注目・賞賛欲求（尺度の合計得点）

ID	A01	A02	A03	A04	A05	A06	A07	A08	A09	A10	注目賞賛欲求
1	2	3	3	2	3	3	2	3	3	2	32
2	2	4	2	3	4	2	3	5	4	5	40
3	3	5	3	3	4	3	4	4	4	4	40
4	2	4	2	2	4	2	2	5	4	4	40
5	5	1	4	4	5	5	3	5	2	3	36
6	4	2	3	2	4	4	3	4	3	4	32
7	4	2	2	4	3	5	1	1	4	4	30
8	2	3	4	2	5	4	5	3	5	5	37
9	4	4	4	4	4	3	5	4	4	4	29
10	3	2	4	2	4	3	2	4	4	4	28
11	5	1	5	5	4	4	4	2	5	5	31
12	4	4	4	4	4	2	2	4	4	4	30
13	4	2	4	4	4	3	3	4	4	4	29
14	5	1	5	5	5	2	5	5	5	5	10
15	3	4	3	3	4	4	4	2	4	4	32
⋮	⋮	⋮	⋮	⋮	⋮	⋮	⋮	⋮	⋮	⋮	⋮
190	2	3	4	3	4	3	2	3	4	4	32
191	2	3	4	4	4	4	2	1	5	5	30
192	3	4	2	2	4	4	3	5	4	4	42
193	3	4	1	3	5	3	4	4	5	5	36
194	2	5	3	2	4	2	4	4	4	4	35
195	4	4	4	3	3	3	2	2	2	2	32
196	5	2	2	4	5	4	5	5	5	5	43
197	4	2	3	4	4	4	3	2	4	2	37
198	2	4	2	2	5	4	5	4	3	4	42
199	5	2	2	5	5	5	4	5	4	5	44
200	4	3	4	2	3	4	5	2	4	4	36

◎東京図書 Web サイトより（www.tokyo-tosho.co.jp）ダウンロード可能.

■ Rproject の作成とデータ読み込み

lessonChap12 という R project を作成し，chap12sample.csv のデータファイルをフォルダに保存する．注目・賞賛欲求の変数名はシンプルに，need としてある．

R Script シートを作り，下記のスクリプトを実行しよう．

```
(wd<- getwd())
x <- read.csv(paste0(wd,"/chap12sample.csv"))
head(x)            # 読み込んだデータの頭部分の確認
dim(x)             # 行列の大きさの確認
x.a <- x[,2:11] # 分析しやすいように友人関係尺度項目部分のみのデータフレームをつくる
head(x.a)          # 確認
```

ID，A01〜A10，need の変数の 12 列，200 行のデータが x に読み込まれたことが確認できる．

x.a は，A01 〜 A10 の変数の 10 列のデータフレームであることが確認できる．

■項目分析

友人関係尺度 10 項目の平均値と標準偏差を算出するとともに，ヒストグラムと箱ひげ図を描き，天井効果やフロア効果等の回答への偏りをチェックする．psych パッケージの呼び出しと describe 関数を使用する．また for 文を使って，10 枚のヒストグラムと箱ひげ図を描写しよう．

```
library(psych)
describe(x.a) # 基本統計量の算出
# ヒストグラムの描写
for( i in 1:10)    {
  hist(x.a[,i],breaks=seq(0.5, 5.5, 1),xlab=names(x.a[i]),main=names(x.a[i]))
}
# 箱ひげ図の描写
for( i in 1:10)    {
  boxplot(x.a[,i],breaks=seq(0.5, 5.5, 1),xlab=names(x.a[i]),main=names(x.a[i]))
}
```

	vars	n	mean	sd	median	trimmed	mad	min	max	range	skew	kurtosis	se
A01	1	200	3.26	1.04	3	3.24	1.48	1	5	4	-0.16	-0.90	0.07
A02	2	200	3.13	1.13	3	3.19	1.48	1	5	4	-0.36	-0.97	0.08
A03	3	200	2.94	1.02	3	2.92	1.48	1	5	4	0.15	-0.83	0.07
A04	4	200	3.24	1.02	3	3.20	1.48	1	5	4	0.01	-0.92	0.07
A05	5	200	3.92	0.90	4	4.03	0.00	1	5	4	-1.10	1.47	0.06
A06	6	200	3.40	1.15	4	3.42	1.48	1	5	4	-0.25	-1.02	0.08
A07	7	200	3.17	1.16	3	3.16	1.48	1	5	4	0.04	-0.95	0.08
A08	8	200	3.42	1.22	4	3.51	1.48	1	5	4	-0.47	-0.83	0.09
A09	9	200	3.73	0.93	4	3.82	0.00	1	5	4	-0.83	0.38	0.07
A10	10	200	3.87	0.93	4	3.98	1.48	1	5	4	-0.80	0.34	0.07

友人関係尺度の項目は，最小値（min）1 点から最大値（max）5 点の範囲の得点をとる.

結果で示されているように，いずれの項目も平均値（mean）は 3 点前後から 4 点弱の間に収まっている.

ヒストグラムと箱ひげ図を見ながら，各項目の得点分布の様子を確認する．A05 に注目してみよう.

A05：「楽しい雰囲気になるよう気をつかう」の得点分布を見ると，回答の半数以上が選択肢 4 に集中しており，箱ひげ図も他の項目とは異なっている.

確かに回答の集中は見られるが，回答のピークが端（1 点や 5 点）に寄るほど得点分布が偏っているわけではない.

したがって，すべての項目を因子分析で用いることにしよう.

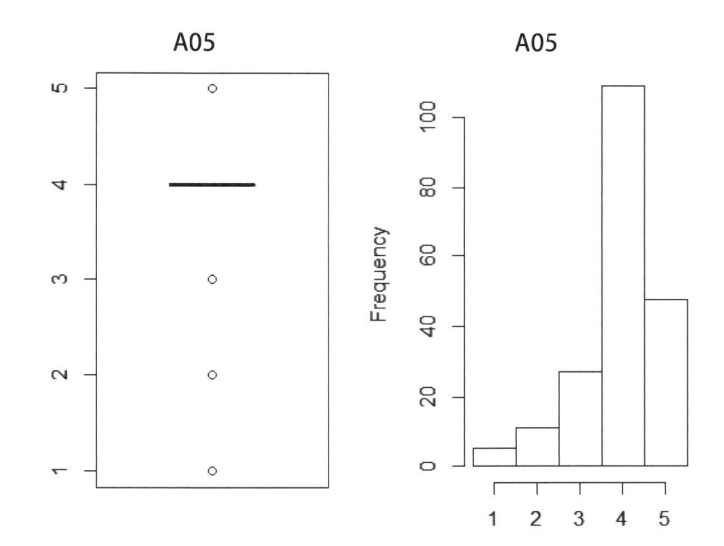

■因子分析前の検討

因子分析前の検討では，友人関係尺度が何因子構造となるのかの目安をつける.

因子分析をするまえに，固有値の変化をみる．そのために，固有値を算出し，スクリープロットを描く.

```
e <- eigen(cor(x.a))  # 回転前の固有値の計算
round(e$values, digits=3) # 見やすく，小数点以下 3 位で固有値 e$values を表示する
plot(e$values,type="b")   # スクリープロットの描写
cumsum(e$values)/sum(e$values)*100   # 累積説明率の計算
```

```
> round(e$values, digits = 3)   # 見やすく，小数点以下3位で固有値 e$values を表示する
 [1] 2.614 2.390 1.013 0.886 0.771 0.645 0.536 0.483 0.371 0.291
> plot(e$values,type="b")    # スクリープロットの描写
> cumsum(e$values)/sum(e$values)*100  # 累積説明率の計算
  [1]   26.14022   50.03579   60.16477   69.02144   76.72760   83.18164
88.54420  93.37693  97.08991 100.00000
```

固有値は 2.61，2.39，1.01，.89… と変化している．累積説明率を見ると，2 因子で 10 項目の全分散の 50.04％を説明している。

スクリープロットを見ると，第1因子と第2因子の間はあまり傾いておらず，第2因子と第3因子の間の傾き段差が大きくなっていることがわかる．

そこで，2因子構造と仮定して因子分析を行ってみよう．

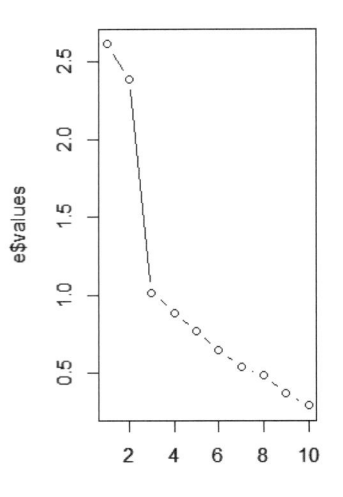

■因子分析

2因子を仮定して，因子分析を行う．ここでは，主因子法・バリマックス回転を使ってみよう．psych パッケージの fa 関数を用いる．（もし最尤法を指定する場合は，fm＝"ml" とする．）

```
fa.out <- fa(x.a, nfactors=2, rotate="varimax",fm="pa")
print(fa.out, digits=3, sort=T)
```

```
Standardized loadings (pattern matrix) based upon correlation matrix
      item    PA1    PA2     h2     u2   com
A01      1  0.802  0.043  0.646  0.354  1.01
A04      4  0.781 -0.042  0.612  0.388  1.01
A02      2 -0.624  0.209  0.433  0.567  1.22
A06      6  0.462 -0.012  0.214  0.786  1.00
A03      3  0.371  0.113  0.150  0.850  1.18
A09      9  0.173  0.723  0.553  0.447  1.11
A10     10  0.216  0.693  0.527  0.473  1.19
A05      5 -0.039  0.666  0.445  0.555  1.01
A08      8 -0.145  0.477  0.249  0.751  1.18
A07      7 -0.068  0.324  0.109  0.891  1.09
```

共通性（h2）を見る．**A03** が .150，**A07** が .109 とやや低い値になっている．

因子行列の後（出力の最後）に，回転後の因子負荷の平方和である**因子寄与**（SS loadings），**因子寄与率**（Proportion Var），**累積寄与率**（Cumulative Var），説明率（Proportion Explained），累積説明率（Cumulative Proportion）が出力される．

```
                       PA1    PA2
SS loadings          2.099  1.839   <----------   因子寄与（バリマックス回転
                                                  後の因子負荷の平方和）
Proportion Var       0.210  0.184   <----------   因子寄与率
Cumulative Var       0.210  0.394   <----------   累積寄与率
Proportion Explained 0.533  0.467
Cumulative Proportion 0.533 1.000
```

第1因子は友人関係尺度10項目の全分散の21.0%を，第2因子は18.4%を説明している．2因子の累積寄与率（累積%）は，39.4%である．

因子負荷量（PA1，PA2の列）を見る．

A07の因子負荷量は .35 未満となっているが，他の項目は第1因子，第2因子いずれかに高い負荷量を示している．

高い負荷量を示している項目内容を因子ごとに検討すると，十分に解釈可能である．ここでは，第1因子を**距離**，第2因子を**気遣い**と名づけることにしよう．

バリマックス回転を行ったとき，論文やレポートなどに示す表は以下のようになる．

項目	Factor1	Factor2	共通性
A01_ お互いの領分にふみこまない	**.80**	.04	.65
A04_ お互いのプライバシーには入らない	**.78**	−.04	.61
A02_ 心を打ち明ける	**−.62**	.21	.43
A06_ 相手に甘えすぎない	**.46**	−.01	.21
A03_ 相手の言うことに口をはさまない	**.37**	.11	.15
A09_ 互いに傷つけないよう気をつかう	.17	**.72**	.55
A05_ 楽しい雰囲気になるよう気をつかう	−.22	**.69**	.53
A10_ 相手の考えていることに気をつかう	−.04	**.67**	.45
A08_ 友達グループのメンバーからどう見られているか気になる	−.15	**.48**	.25
A07_ みんなで一緒にいることが多い	−.07	**.32**	.11
因子寄与	2.10	1.83	3.93
寄与率	21.0	18.4	39.4

■共通性と独自性

共通性は，出力のうち，h2の列の値を記入する．左側の因子負荷量の二乗和が共通性の値に一致する．なお共通性（h2）と独自性（u2）との和は1となる．

■因子寄与

出力のうち，**SS loadings**（**因子寄与**）の値を記入する．回転後の因子負荷量の縦の二乗和が因子寄与となる．たとえば第1因子であれば，$0.80^2 + 0.78^2 + (−0.62)^2 + \cdots = 2.10$ となる．

共通性の下部の因子寄与の欄には，第1因子と第2因子の因子寄与を合計した値3.93を記入する．

■寄与率

出力のうち，**Proportion Var**（**因子寄与率**）の値を，通常は％で記入するので，100倍した数を記入する．共通性の下部の寄与率の欄には，第1因子と第2因子の寄与率を合計した値を記入する．この値は**累積寄与率**（累積％）に一致する．この表に記載した寄与率ではなく，第1因子，第2因子の累積寄与率（累積％）を記入していくこともある．

2-2 因子得点の算出

さて，通常の手続きでは，このあと項目得点を合計するなどして下位尺度得点を算出する．しかし，先ほどの因子分析で高い負荷量を示した項目の得点を合計して2つの得点を算出した場合，その2つの得点間の相関が「0」になるとは限らない．たとえば項目番号10は，第1因子に.22，第2因子に.69の負荷量を示しているが，第2因子の尺度得点として項目合計得点を算出することは，第1因子への負荷量（.22）を完全に無視することになるからである．

ここでは，直交する因子構造の情報をそのまま用いるという目的で，因子得点を算出することにしよう．今回は**回帰法**（regression法）によって**因子スコア**（**因子得点**）を算出する．なお因子得点を用いる場合は，α係数は算出しない．

> **因子得点の推定方法**（小野寺・山本　2004『SPSS事典 BASE編』ナカニシヤ出版　より）
>
> **regression法**（回帰法）：推定された因子得点と真の因子得点の誤差をできるだけ小さくすることを目的とした手法．
> **Bartlett法**（バートレットの方法）：独自因子得点を最小化するように因子得点を推定する手法．
> **Anderson-Rubin法**：独自因子得点を最小化するように因子得点を推定するが，推定された因子得点が直交するという特徴をもつ．

因子得点を算出するには，今まで使ってきた**fa関数**の引数に，scores＝Tあるいは，scores＝"regression"を追加すればよい．結果のオブジェクトの**scores**に因子得点が格納される（**fa.out**が結果オブジェクトならば，fa.out$scoresに因子得点が格納される）．

```
fa.out <- fa(x.a, nfactors=2, rotate="varimax",fm="pa",scores=T)    # 因子得点の算出
head(fa.out$scores)      # 因子得点の出力の頭部分を表示
```

● ここまでの結果の記述

1. 友人関係尺度の分析

以下の分析では Windows10 上で，R version3.5.1（R Core Team，2018），psych パッケージ version 1.8.10（Revelle，2018），および anovakun 4.8.2（井関，2018）を用いた．

友人関係尺度 10 項目に対して主因子法による因子分析を行なった．相関行列から求めた固有値の変化は 2.61，2.39，1.01，0.89... というものであり，2 因子構造が妥当であると考えられた．そこで 2 因子を仮定して，主因子法・Varimax 回転による因子分析を行なった（Table 1）．累積寄与率は 39.4％であった．

各因子は以下のように解釈された．第 1 因子は「お互いの領分にふみこまない」など友人との距離をとって関わる内容の項目が高い正の負荷量を示していた．そこで「距離」因子と命名した．第 2 因子は「互いに傷つけないように気をつかう」など相手を気遣いつつ友人関係を営む内容の項目が高い正の負荷量を示していた．そこで「気遣い」因子と命名した．

この因子分析結果に基づき，Varimax 回転後の因子得点を回帰法により推定することで，「距離」得点と「気遣い」得点を算出した．

Table 1　友人関係尺度の因子分析結果（Varimax 回転後の因子行列）

項目	Factor1	Factor2	共通性
A01_ お互いの領分にふみこまない	.80	.04	.65
A04_ お互いのプライバシーには入らない	.78	−.04	.61
A02_ 心を打ち明ける	−.62	.21	.43
A06_ 相手に甘えすぎない	.46	−.01	.21
A03_ 相手の言うことに口をはさまない	.37	.11	.15
A09_ 互いに傷つけないよう気をつかう	.17	.72	.55
A05_ 楽しい雰囲気になるよう気をつかう	−.22	.69	.53
A10_ 相手の考えていることに気をつかう	−.04	.67	.45
A08_ 友達グループのメンバーからどう見られているか気になる	−.15	.48	.25
A07_ みんなで一緒にいることが多い	−.07	.32	.11
因子寄与	2.10	1.83	3.93
寄与率	21.0	18.4	39.4

調査協力者のグループ分け

3-1 因子得点の特徴（基本統計量と相関）

　ここでは，先ほど因子得点を算出することで得た**距離**得点と**気遣い**得点の特徴を見てみることにしよう．

● 平均・標準偏差

　まずは，平均や標準偏差などの基本的な統計量を確認しよう．

```
describe(fa.out$scores)   # 因子得点の基本統計量の算出
```

	vars	n	mean	sd	median	trimmed	mad	min	max	range	skew	kurtosis	se
PA1	1	200	0	0.91	-0.04	-0.02	1.08	-1.99	2.21	4.19	0.15	-0.70	0.06
PA2	2	200	0	0.88	0.13	0.05	0.70	-3.29	1.71	5.00	-0.75	1.02	0.06

　距離（PA1）と**気遣い**（PA2）の平均値（mean）はともに 0 となっている．**距離**の SD は 0.91，**気遣い**の SD は 0.88 である．このように，因子得点の計算の結果は，平均 0，標準偏差（分散）1 に標準化された値に近い数値をとっていることがわかる．

● 相関

　距離と**気遣い**と**注目賞賛欲求**の相関関係を確認してみよう．

　最初に，因子得点を最初のデータフレーム x に追加して扱おう．そのあと，pairs.panels 関数で相関プロットと相関係数を，corr.test 関数で無相関検定を実行しよう．

```
x <- cbind(x, fa.out$scores) # 因子得点を最初のデータフレームに追加する
head(x)                      # 追加されていることの確認
pairs.panels(x[,c("PA1","PA2","need")])    # 相関の検討
corr.test(x[,c("PA1","PA2","need")])       # 無相関検定
```

　距離と**気遣い**の相関は，$r=.02$ とほぼ無相関である．これは直交回転を行った因子得点の特徴で，

重回帰分析における多重共線性（p.143）をさけられるという有利な点でもある.

注目・賞賛欲求は，気遣いと正の相関（$r=.28$）を，**距離**と負の相関（$r=-.29$）を示した

無相関検定は次のとおり.

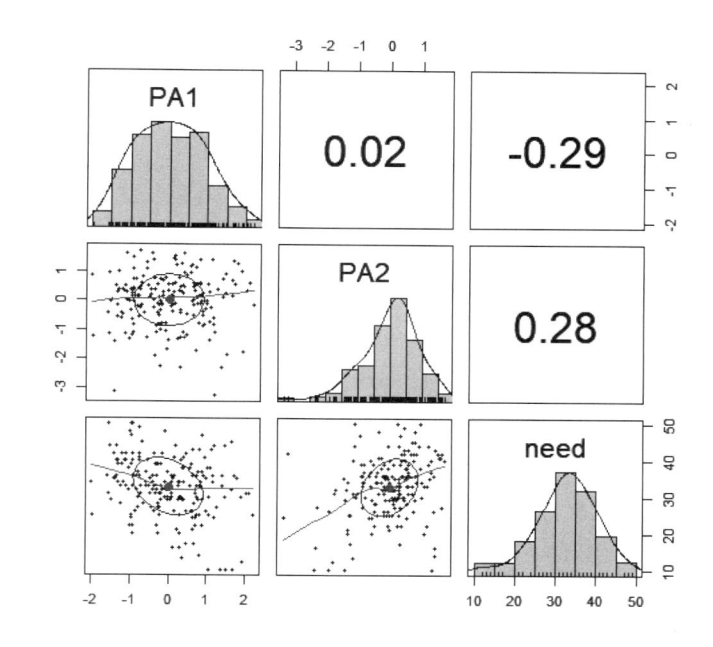

```
Probability values (Entries
above the diagonal are adjusted
for multiple tests.)
     PA1  PA2 need
PA1 0.00 0.83    0
PA2 0.83 0.00    0
need 0.00 0.00    0
```

距離と注目・賞賛欲求，気遣いと注目賞賛欲求の p 値を見ればわかるように，いずれも，0.1％水準で有意な結果である.

3-2 グループ分け（クラスタ分析）

■クラスタ分析1回目

友人関係尺度の「距離」と「気遣い」によって，調査協力者をいくつかのグループに分類してみよう. ここでは，これら2つの得点をクラスタ分析にかけることにより，いくつかのグループを導出することにしよう.

最初に，クラスタ分析に必要な距離を dist 関数で求める. そのあと，hclust 関数でクラスタ分析を実行しよう. 引数は，最初に求めた距離，手法はウォード法（"ward.D2"）である. 最後に，デンドログラムを描く.

```
d <- dist(data.frame(x$PA1, x$PA2)) #クラスタ分析のための距離の算出
hc <- hclust(d, method="ward.D2") #ユークリッド距離・ウォード法でクラスタ分析
plot(hc) #デンドログラムを描く
```

時間があれば，いくつかの手法を試してみて，どのような結果が得られるのかを比較してみてほしい.

● 結果
　デンドログラムを見る.
　Height が 10 あたりのところを横に見てみよう. 横線と 3 か所で交わるのではないだろうか.
　このことを確認して，3 つのクラスタを導出してみよう.

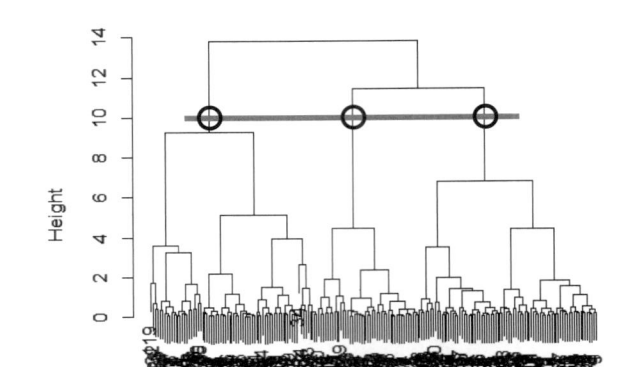

Cluster Dendrogram

d
hclust (*, "ward.D2")

■クラスタ分析 2 回目
　次に，3 つのクラスタを分類する変数を作成しよう.
　cutree 関数で，k=3 の引数を指定して 3 群に分けた結果を x のデータフレームの groups（x$groups）に代入し，factor 関数を使って要因形式に変更する.

```
x$groups <- cutree(hc, k=3)  # 3つのクラスタに分けることとし，結果をx$groupsに代入
x$groups <- factor(x$groups)  # 数値が代入されているので要因形式に変更
head(x)                       # デーフレームの確認
```

● ここまでの結果の記述
　相関関係までの結果を記述しておこう.「距離」と「気遣い」は直交回転後の因子得点を算出していることからほぼ無相関であることが自明なので，わざわざ結果に記述する必要はない.

---

2. 相互相関
　先ほど算出した友人関係の「距離」得点，「気遣い」得点と，「注目・賞賛欲求」得点との相関を，Table 2 に示す.「注目・賞賛欲求」と「距離」が有意な負の相関（$r=-.29, p<.001$），「気遣い」が有意な正の相関（$r=.28, p<.001$）を示した.

Table 2　友人関係と注目・賞賛欲求との関連

	注目・賞賛欲求
距離	$-.29***$
気遣い	$.28***$
$***p<.001$	

3–3 グループの特徴を調べる（χ^2 検定と 1 要因分散分析）

先ほどのクラスタ分析によって得られたグループの特徴を探っていこう.

■人数比率

まずは，各グループに何人の調査協力者がいるのかを確認する. 加えて，人数の偏りを検討するために，χ^2 検定も行ってみよう.

```
chi <- table(x$groups)  #テーブルを作る
chi   #各クラスタの人数を確認
chisq.test(chi)  #クラスタの人数の偏りの検定
```

結果は以下のとおり.

```
> chi <- table(x$groups)  #テーブルを作る
> chi  #各クラスタの人数を確認

 1  2  3
75 80 45
> chisq.test(chi)  #クラスタの人数の偏りの検定

        Chi-squared test for given probabilities

data:  chi
X-squared = 10.75, df = 2, p-value = 0.004631
```

［結果］

第1クラスタに75名, 第2クラスタに80名, 第3クラスタに45名が属していることがわかる.

χ^2 検定は自由度 2, χ^2 値が 10.8 で 1% 水準で有意である.

$\chi^2 = 10.8$,　$df = 2$,　$p < .01$

■クラスタの特徴を探る

次に，クラスタ分析による3群を独立変数，**距離**と**気遣い**を従属変数とした1要因分散分析を行うことで，各グループの特徴を探ろう.

最初に各群の基本統計量を算出し，箱ひげ図を描いてみる.

```
describeBy(x[,c("PA1","PA2")],group=x$groups) #クラスタごとの基本統計量
boxplot(PA1 ~ groups, data=x)
boxplot(PA2 ~ groups, data=x)
```

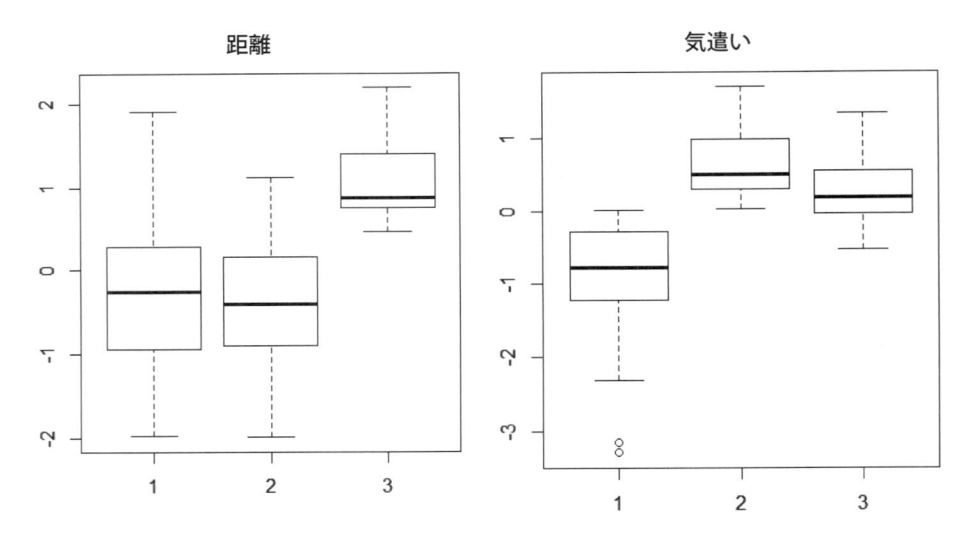

```
Descriptive statistics by group
group: 1
    vars  n  mean   sd median trimmed  mad   min  max range  skew kurtosis   se
PA1    1 75 -0.25 0.86  -0.25   -0.29 0.90 -1.96 1.91  3.88  0.33    -0.54 0.10
PA2    2 75 -0.85 0.71  -0.78   -0.77 0.68 -3.29 0.02  3.30 -1.20     1.59 0.08
--------------------------------------------------------------------------------
group: 2
    vars  n  mean   sd median trimmed  mad   min  max range  skew kurtosis   se
PA1    1 80 -0.37 0.64  -0.41   -0.36 0.78 -1.99 1.12  3.10 -0.03    -0.77 0.07
PA2    2 80  0.67 0.46   0.50    0.63 0.40  0.02 1.71  1.69  0.67    -0.77 0.05
--------------------------------------------------------------------------------
group: 3
    vars  n  mean   sd median trimmed  mad   min  max range  skew kurtosis   se
PA1    1 45  1.07 0.46   0.87    1.02 0.29  0.46 2.21  1.75  0.90    -0.44 0.07
PA2    2 45  0.24 0.44   0.19    0.22 0.49 -0.54 1.34  1.88  0.39    -0.20 0.07
```

● 結果

　クラスタごとの平均値からみると，第 1 クラスタの**距離**は 3 群の中で中程度の値であり，**気遣い**が 3 群のなかで一番低い値となっている．第 2 クラスタの**距離**は 3 群の中で一番低く，**気遣い**が一番高い値となっている．第 3 クラスタの**距離**は 3 群の中で一番高く，**気遣い**も高い値となっている．

■クラスタの特徴を掴む 1 要因の分散分析

　関数 anovakun を利用して，1 要因の分散分析（As 形式）を行ってみよう．最初に，groups 変数を並び替える．次に，anovakun を使っての分散分析のためのデータセットを準備する．そして，

anovakun_482.txt のファイルを lessonChap12 のフォルダに保存してから anovakun を読み込む.

```
x1 <- x[order(x$groups),]    # anovakun の利用のため ,groups 変数を並べ替え
x1$groups                    # 並び替えの確認

gpa1 <- x1[,c("groups","PA1")]    # 分析するデータセットの準備
gpa2 <- x1[,c("groups","PA2")]    # 分析するデータセットの準備

source(paste0(wd,"/anovakun_482.txt"))  # anovakun の読み込み
```

anovakun を読み込んだら As 形式の 1 要因の分散分析を実行する.

```
anovakun(gpa1, "As",3, eta=T)    # 距離を従属変数とした分散分析
anovakun(gpa2, "As",3, eta=T)    # 気遣いを従属変数とした分散分析
```

● 距離を従属変数とした分散分析の結果

```
<< ANOVA TABLE >>

== This data is UNBALANCED!! ==
== Type III SS is applied. ==


---------------------------------------------------------------
Source       SS df     MS F-ratio  p-value      eta^2
---------------------------------------------------------------
    A  67.3159   2 33.6579 68.7716   0.0000 *** 0.4111
 Error  96.4149 197  0.4894
---------------------------------------------------------------
 Total 163.7308 199  0.8228
                +p < .10, *p < .05, **p < .01, ***p < .001
```

距離を従属変数とした分散分析の結果は, 0.1%水準で有意である.

```
<< POST ANALYSES >>

< MULTIPLE COMPARISON for "A" >

== Shaffer's Modified Sequentially Rejective Bonferroni Procedure ==
== The factor < A > is analysed as independent means. ==
== Alpha level is 0.05. ==


---------------------------
 A   n    Mean    S.D.
---------------------------
a1  75  -0.2512  0.8570
a2  80  -0.3678  0.6424
a3  45   1.0725  0.4637
---------------------------
```

```
 ---------------------------------------------------------------
  Pair    Diff   t-value  df       p    adj.p
 ---------------------------------------------------------------
  a2-a3  -1.4403  11.0488 197  0.0000  0.0000  a2 < a3 *
  a1-a3  -1.3237  10.0342 197  0.0000  0.0000  a1 < a3 *
  a1-a2   0.1167   1.0376 197  0.3007  0.3007  a1 = a2
 ---------------------------------------------------------------
```

Shaffer 法による多重比較（5％水準）の結果は，**距離**は第 3 クラスタがほかの 2 つのクラスタよりも有意に高く，第 1 クラスタと第 2 クラスタの間は有意でなかった．

● 気遣いを従属変数とした分散分析の結果

```
<< ANOVA TABLE >>

== This data is UNBALANCED!! ==
== Type III SS is applied. ==

 ---------------------------------------------------------------
 Source      SS  df     MS  F-ratio  p-value      eta^2
 ---------------------------------------------------------------
     A  92.5199   2 46.2599 146.8630   0.0000 *** 0.5986
 Error  62.0524 197  0.3150
 ---------------------------------------------------------------
 Total 154.5723 199  0.7767
              +p < .10, *p < .05, **p < .01, ***p < .001
```

気遣いを従属変数とした分散分析の結果は，0.1％水準で有意である．

```
<< POST ANALYSES >>

< MULTIPLE COMPARISON for "A" >

== Shaffer's Modified Sequentially Rejective Bonferroni Procedure ==
== The factor < A > is analysed as independent means. ==
== Alpha level is 0.05. ==

 ---------------------------
  A   n    Mean    S.D.
 ---------------------------
 a1  75  -0.8526  0.7067
 a2  80   0.6659  0.4594
 a3  45   0.2371  0.4375
 ---------------------------
```

```
--------------------------------------------------------------
 Pair      Diff   t-value  df       p     adj.p
--------------------------------------------------------------
 a1-a2   -1.5185  16.8333  197   0.0000   0.0000   a1 < a2 *
 a1-a3   -1.0897  10.2971  197   0.0000   0.0000   a1 < a3 *
 a2-a3    0.4287   4.0996  197   0.0001   0.0001   a2 > a3 *
--------------------------------------------------------------
```

Shaffer 法による多重比較（5％水準）の結果は，**気遣い**は第 2 クラスタが一番高く，次に第 3 クラスタが高く，第 1 クラスタが最も低かった．

距離：$F(2, 197) = 68.77$，$p < .001$，$\eta^2 = 0.41$ **気遣い**：$F(2, 197) = 146.86$，$p < .001$，$\eta^2 = 0.60$

以上の結果から，それぞれのクラスタは次のような特徴をもつといえる．

> **第 1 クラスタ**：友人との距離は近く，気遣いをしない群　　　　→　**親密関係** 群
> **第 2 クラスタ**：友人との距離が近く，もっとも気遣いをする群　　→　**気遣い関係** 群
> **第 3 クラスタ**：友人との距離が遠く，気遣いをする群　　　　　　→　**距離維持** 群

3−4 　注目・賞賛欲求の群間比較（1 要因分散分析）

では，3 つの友人関係スタイルで注目・賞賛欲求の得点に差があるかどうかを 1 要因分散分析で検討してみよう．

最初に各群の基本統計量を算出し，箱ひげ図を描いてみる．

```
describeBy(x[,"need"],group=x$groups)
boxplot(need ~groups, data=x) #箱ひげ図を描く
```

```
 Descriptive statistics by group
group: 1
    vars  n mean   sd median trimmed  mad min max range  skew kurtosis   se
X1     1 75 31.13 8.74     32   31.66 7.41  10  50    40 -0.54     0.19 1.01
--------------------------------------------------------------------------
group: 2
    vars  n mean   sd median trimmed  mad min max range  skew kurtosis   se
X1     1 80 35.17 7.17     35   35.38 7.41  14  50    36 -0.35     0.38 0.8
--------------------------------------------------------------------------
group: 3
    vars  n mean   sd median trimmed  mad min max range  skew kurtosis   se
X1     1 45   31 7.16     31   31.08 7.41  10  45    35 -0.29     0.29 1.07
```

● 結果

　グラフと「記述統計」を見る．第 2 クラスタ：**親密気遣い関係**群が他の群に比べて注目・賞賛欲求の得点が高い傾向にあることがわかる．

　続けて分散分析を行ってみよう．

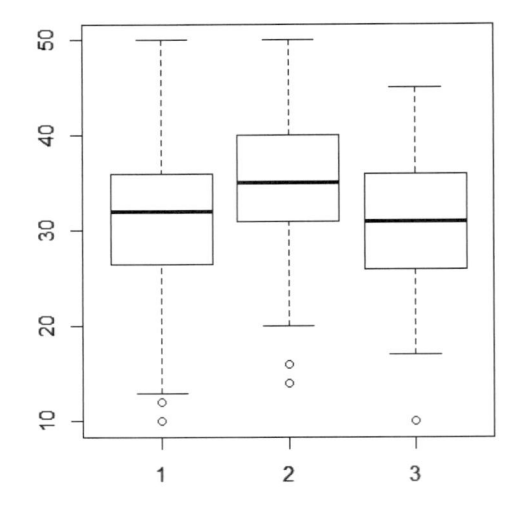

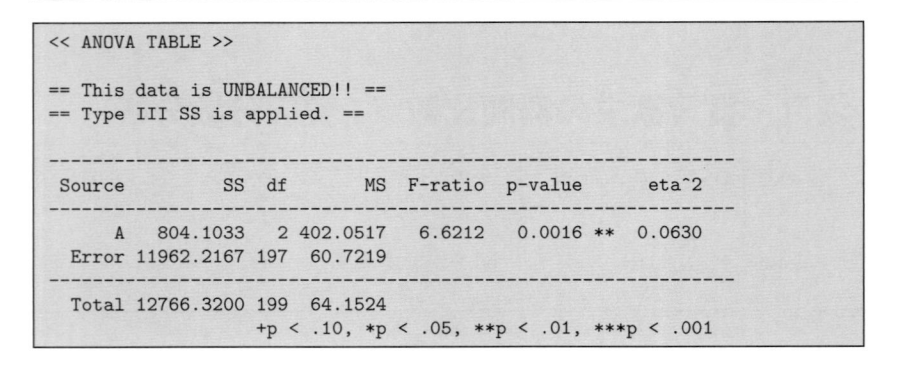

分散分析の結果は 0.1%水準で有意であった．$F(2, 197) = 6.62$, $p < .01$, $\eta^2 = 0.06$

```
<< POST ANALYSES >>

< MULTIPLE COMPARISON for "A" >

== Shaffer's Modified Sequentially Rejective Bonferroni Procedure ==
== The factor < A > is analysed as independent means. ==
== Alpha level is 0.05. ==

--------------------------
  A   n     Mean     S.D.
--------------------------
  a1  75   31.1333  8.7353
  a2  80   35.1750  7.1667
  a3  45   31.0000  7.1637
--------------------------


-----------------------------------------------------------
  Pair    Diff   t-value  df       p    adj.p
-----------------------------------------------------------
  a1-a2  -4.0417  3.2270  197  0.0015  0.0044  a1 < a2 *
  a2-a3   4.1750  2.8753  197  0.0045  0.0045  a2 > a3 *
  a1-a3   0.1333  0.0907  197  0.9278  0.9278  a1 = a3
-----------------------------------------------------------
```

　多重比較（5％水準）の結果を見ると，第2クラスタ：**気遣い関係**群は，第1クラスタ：**親密関係**群および第3クラスタ：**距離維持**群よりも有意に高い得点差が見られた.

■結果の記述

　ここでは,クラスタ分析から分散分析までの結果を記述する. 表とグラフは必ず記載してほしい.

---

3. 友人関係による分類

　友人関係尺度の「距離」得点と「気遣い」得点を用いて，Ward 法によるクラスタ分析を行ない，3つのクラスタを得た. 第1クラスタには 75 名，第2クラスタには 80 名，第3クラスタには 45 名の調査対象が含まれていた. χ^2 検定を行なったところ，有意な人数比率の偏りが見られた（$\chi^2 = 10.8$, $df = 2$, $p < .01$）.

　次に，得られた3つのクラスタを独立変数，「距離」「気遣い」を従属変数とした分散分析を行なった. その結果，「距離」「気遣い」ともに有意な群間差がみられた（距離：$F(2, 197) = 68.77$, $p < .001$, $\eta^2 = 0.41$, 気遣い：$F(2, 197) = 146.86$, $p < .001$, $\eta^2 = 0.60$）. Shaffer 法（5％水準）による多重比較を行なったところ，「距離」については，第3クラスタ＞第1クラスタ＝第2クラスタ，「気遣い」については，第2クラスタ＞第3クラスタ＞第1クラスタという結果が得られた（Figure 1）.

第1クラスタは「距離」は近くであり，「気遣い」をしない群と考えられるため，「親密関係」群とした．第2クラスタは，友人との距離が近く，友人と親密な関係を形成する傾向にあるとともに，気遣いをしている群と考えられるため，「気遣い関係」群とした．第3クラスタは，友人との距離が遠く，「気遣い」がある程度高いことから，距離をとりながら関係を営んでいると考えられるため，「距離維持関係」群とした．各クラスタにおける平均値，および標準偏差はTable 3に示すとおりである．

Table 3　3群の友人関係得点と注目・賞賛欲求得点

群名	人数	距離得点 mean （SD）	気遣い得点 mean （SD）	注目・賞賛欲求得点 mean （SD）
親密関係群	75	−.25 （.86）	−.85 （.71）	31.13 （8.74）
気遣い関係群	80	−.37 （.64）	.67 （.46）	35.17 （7.17）
距離維持気遣い関係群	45	1.07 （.46）	.24 （.44）	31.00 （7.16）

4. 友人関係スタイルと注目・賞賛欲求の関係

　3つの友人関係スタイルによって「注目・賞賛欲求」の得点が異なるかどうかを検討するために，1要因の分散分析を行なった．分散分析の結果，群間の得点差は 0.1％水準で有意であった（$F_{(2, 197)} = 6.62$, $p < .01$, $\eta^2 = 0.06$）．Shaffer法（5％水準）による多重比較を行なったところ，「気遣い関係」群は，「親密関係」群および「距離維持関係」群の2群に比べて有意に高い得点を示していた（Figure 2）．

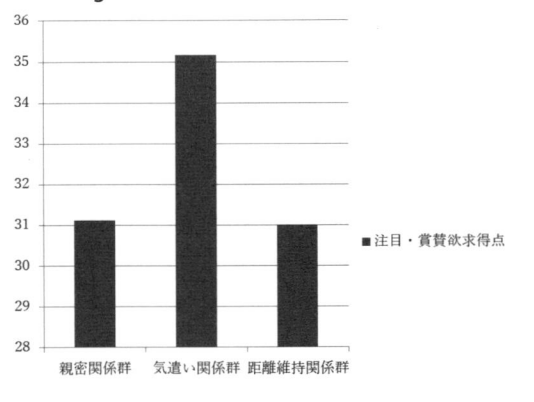

Figure1　3群の友人関係得点

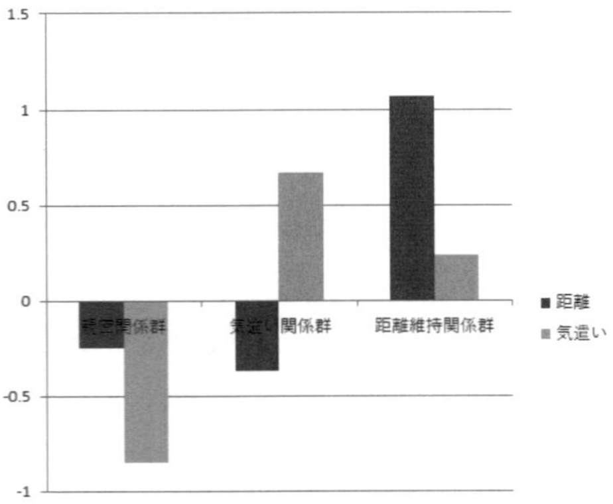

Figure2　3群の注目・賞賛欲求得点

以上に記載した結果は，小塩氏のテキスト[30]とは微妙に異なった結果となっている．これは因子分析手法を最尤法の代わりに主因子法を用いたからである．そのため論文には，どの因子分析手法や回転方法,因子得点の算出方法を必ず記載する．なお最尤法を用いた因子分析を行った場合，小塩[30]と同じ結果となることを確かめてもらいたい．

　これらの結果が妥当性を持ち，より一般化できるものとして認められるためには，他の研究の知見との関連，あるいは既存の理論との整合性などを検討するという考察部分が非常に重要になってくることを理解しておいてほしい．

■推薦図書──実際の研究に向けて　と　**引用文献**（友人関係尺度，注目・賞賛欲求尺度）
● 自分の研究にとりくむ前に，関連する論文を読み解くことが必要である．それを学べる本を紹介しておく．
[46] 浦上昌則・脇田貴文　2008『心理学・社会科学研究のための 調査系論文の読み方』東京図書
● 実際に調査をするにあたって質問紙作成の仕方や依頼文書の書き方が詳しく学べる次の本を強く勧めたい．
[47] 小塩真司・西口利文（編）2007『質問紙調査の手順』ナカニシヤ出版
● 以下の翻訳書は，心理学の研究についてしっかり学べる本として，読み応えもある．ぜひ読んでもらいたい．
[48] William J. Ray, 岡田圭二（訳）2013『改訂エンサイクロペディア心理学研究方法論』北大路書房
● 本書では統計学そのものの解説はしていないので,各章で紹介したものも含めて，次の4冊を勧めておく．
[5] 南風原朝和　2002『心理統計学の基礎──統合的理解のために』有斐閣
[6] 山田剛史・村井潤一郎　2004『よくわかる心理統計』ミネルヴァ書房
[7] 南風原朝和ほか　2009『心理統計学ワークブック−理解の確認と深化のために』有斐閣
[8] 南風原朝和　2014『続・心理統計学の基礎−統合的理解を広げ深める』有斐閣
[49] 山田剛史・杉澤武俊・村井潤一郎　2008『Rによるやさしい統計学』オーム社
[50] Michael J.Crawley, 野間口謙太郎・菊池泰樹（訳）2008『統計学：Rを用いた入門書』共立出版
[51] 青木繁伸　2009『Rによる統計解析』オーム社
● なお，Web上でのRに関する情報については，付録のA–4（p.279）を参照してほしい．また，以下はこの章での引用文献で，友人関係尺度，注目・賞賛欲求尺度は，下記の文献によるものである．
[52] 岡田 努　1995「現代大学生の友人関係と自己像・友人像に関する考察」『教育心理学研究』43，354–363.
[53] 小塩真司　1998「自己愛傾向に関する一研究──性役割観との関連」『名古屋大学教育学部紀要 教育心理学科』45，45–53.
[32] 小塩真司　1999「高校生における自己愛傾向と友人関係のあり方との関連」『性格心理学研究』8，1–11.
[30] 小塩真司　2012『研究事例で学ぶ SPSS と Amos による心理・調査データ解析 第2版』東京図書

R と RStudio の導入

A-1 R のダウンロードとインストール

　最初に，R をダウンロードして，自分のパソコンにインストールして使えるようにする．必要なのはインターネットにつながる環境である．

　最新版の R は，以下の The R Project の Web サイトよりダウンロードをすることになる．

```
http://www.r-project.org/
```

英語のサイトだが，落ちついて見てもらいたい．左側に以下の部分がある．

```
[Home]

Download

CRAN
```

この CRAN をクリックし，あらわれた画面から以下の部分を探し，いずれかのダウンロード先を選ぶ．

Japan

https://cran.ism.ac.jp/　　　　　The Institute of Statistical Mathematics, Tokyo

http://cran.ism.ac.jp/　　　　　The Institute of Statistical Mathematics, Tokyo

https://ftp.yz.yamagata-u.ac.jp/pub/cran/　　　　　Yamagata University

いずれかのダウンロード先をクリックすると，以下の画面が表示される．

```
Download and Install R

Precompiled binary distributions of the base system and contributed
packages, Windows and Mac users most likely want one of these
versions of R:

 • Download R for Linux
 • Download R for (Mac) OS X
 • Download R for Windows

R is part of many Linux distributions, you should check with your Linux
package management system in addition to the link above.
```

■インストール

上記画面のなかの Windows を選ぶ.

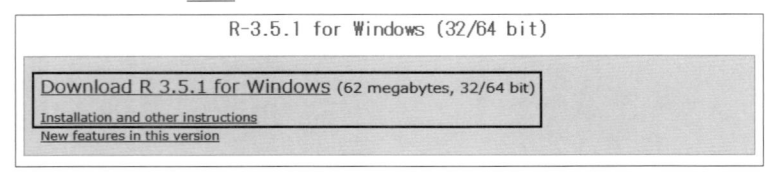

この画面上で，base をクリックすると，最新版がダウンロードできる画面になる.

（以下は，R–3.5.1 をインストールしている画面）

この画面では，Download R 3.5.1 for Windows をクリックしてダウンロードする.

★なお，この画面での R のバージョンは，その時点の最新のものになっている.

★外国製のソフトのため，「半角英数字」で「ユーザアカウント」及びインストール先フォルダへの「パス」でないと問題が生じる場合がある．そのため，ユーザアカウントが日本語名（漢字やかなである全角文字）の場合，「半角英数字」で新たなユーザアカウントを作って，そこにインストールすること.

　ダウンロードした，R–.3.5.1–win.exe のアイコンをダブルクリックで．インストールが始まる．その際に，Windows の警告パネル「このアプリがデバイスに変更を与えることを許可しますか？」がでるので，「はい」を選んで，インストールを実行する.

（以下，Windows 10 にて）

　以下，ていねいに順番を追って説明していくので，安心してインストールを進めていってってほしい.

下のパネルは，［日本語］で **OK** .

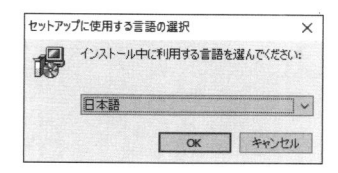

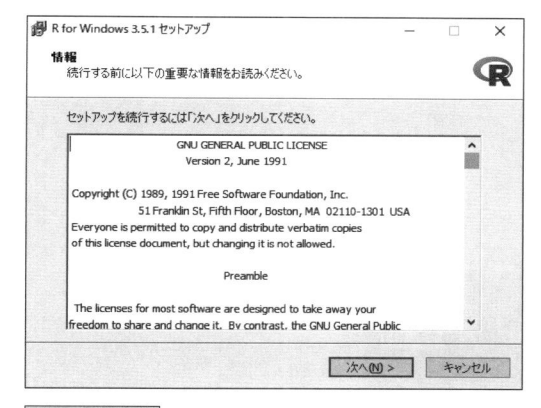

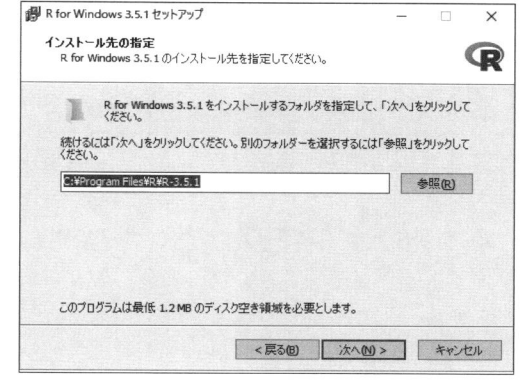

次へ (N) > で進む.

インストール先は，通常は何も変更せず，このままで **次へ (N) >** .

★日本語がパスの途中に入っているフォルダは避けること．その場合，「C:¥R¥R-3.5.1」などに変更する．

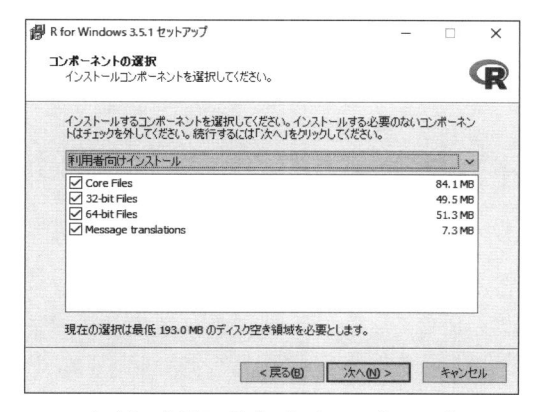

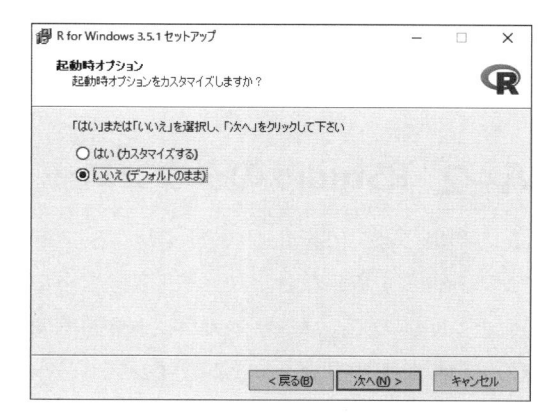

この画面も［**利用者向けインストール**］のまま，**次へ (N) >** .

このまま，「**いいえ（デフォルトのまま）**」で，**次へ (N) >** .

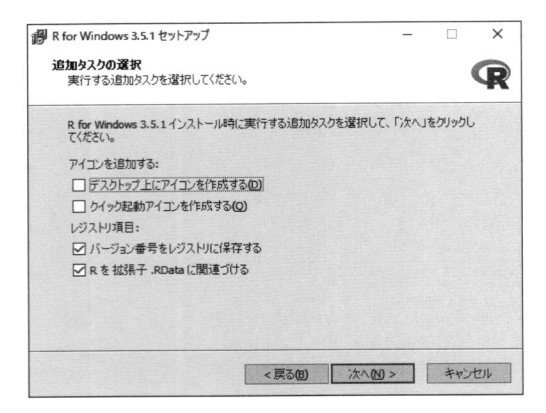

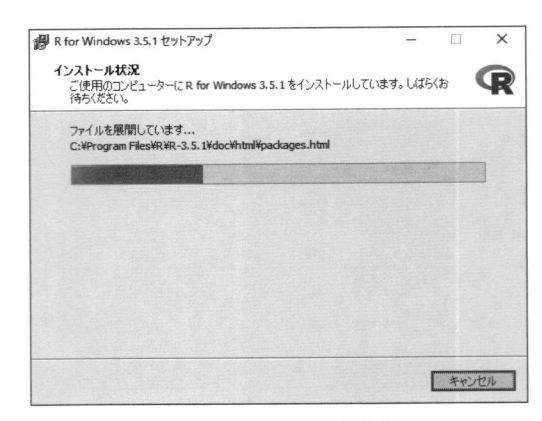

これもこのまま 次へ(N)> .

このように，インストールが始まる．

この画面が出たら 完了(F) をおして終了する．

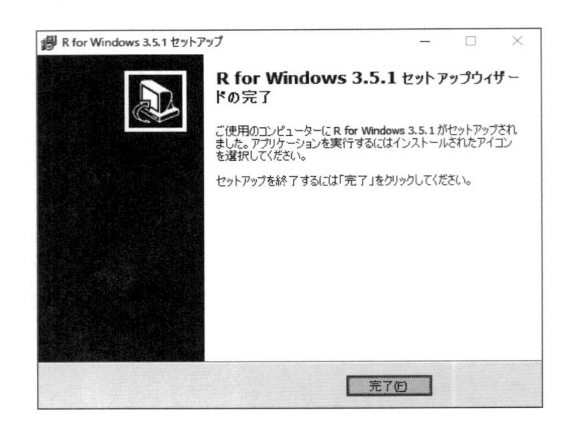

A-2 RStudio のダウンロードとインストール

Rの利用には，RStudio というインターフェースのソフトが便利である．ここでは，RStudio をインストールする．なお，ファイル名，フォルダ名，パスに，漢字かなの全角文字があると不具合がおきやすいので，ユーザアカウントが日本語名の場合，Rをインストールした時の新たな英数字でのアカウントでダウンロードとインストールをすること．

以下の，ダウンロード先のページを開く．

https://www.rstudio.com/products/rstudio/download/

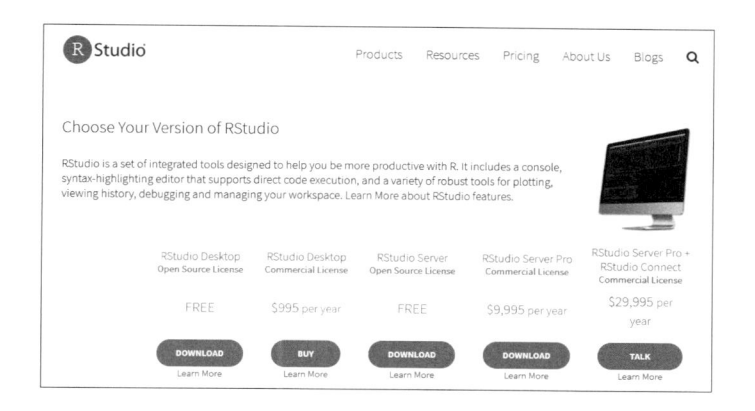

一番左側の「FREE」（無料）の DOWNLOAD をクリックする.

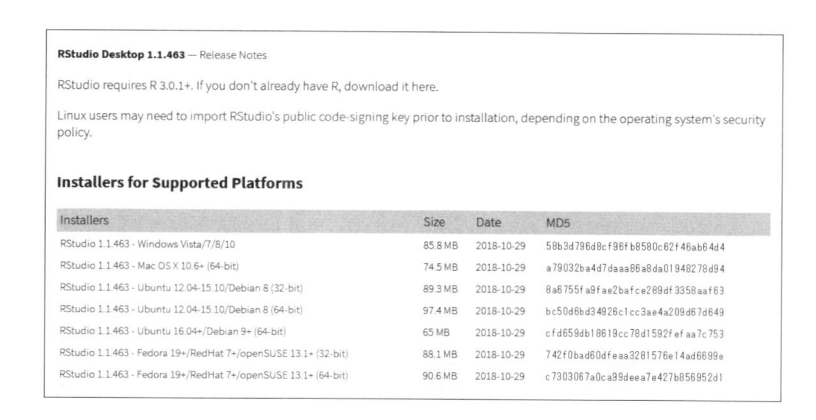

　上記の画面に移動するので，「RStudio 1.1.463–Windows Vista/7/8/10」を選択して，ダウンロードする.

　ダウンロードした RStudio–1.1.463.exe のアイコンをダブルクリックで，インストールが始まる. その際に，Windows の警告パネル「この不明な発行元からのアプリがデバイスに変更を与えることを許可しますか？」が表示されるので，「はい」を選んで，インストールを実行する.

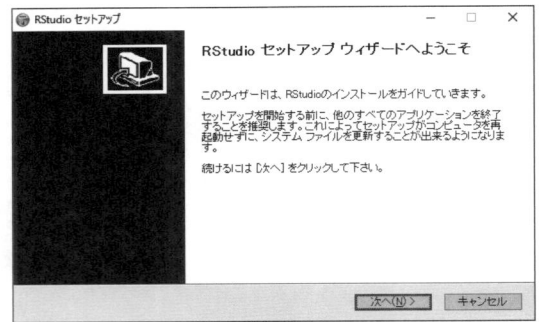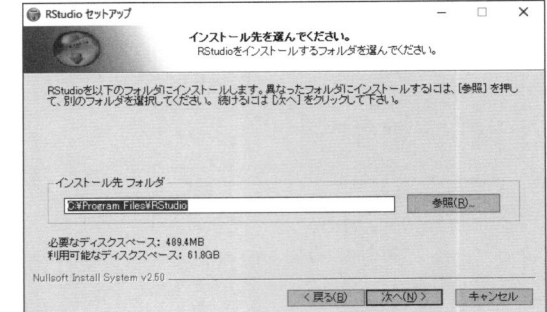

上の2つは両方ともこのまま 次へ（N）＞.

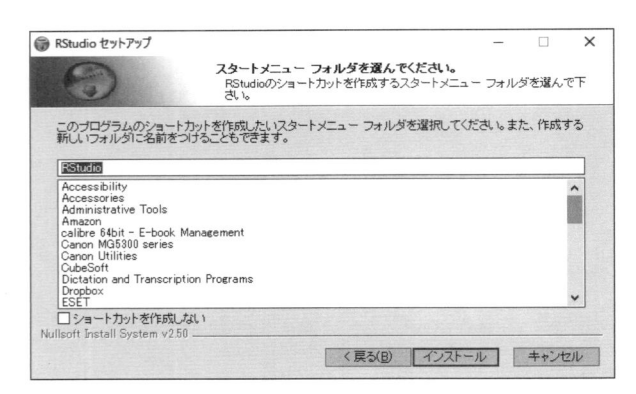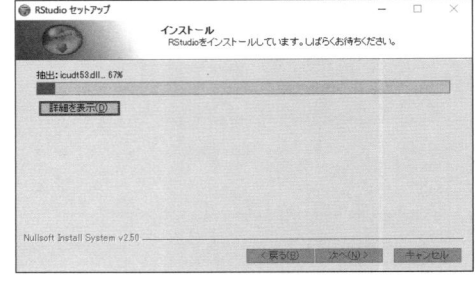

インストール中の画面.

このまま インストール.

この画面が出たら 完了（F） をおして終了する.

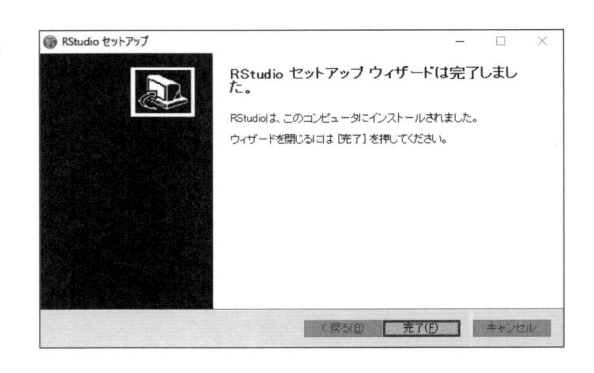

A–3　RStudio の起動とパッケージの追加

プログラムの一覧の R の場所に RStudio のフォルダがある．そのなかの RStudio をクリックすることで起動する（もし起動しないときは，右クリックして，「その他」→「管理者として実行」で立ち上げよう）．

問題なく起動すると，次の画像のようにアプリが立ち上がる．

左側に，コンソール画面，すなわち命令を実行する画面が表示される．右側は，上下に 2 つのパネルが表示される．

コンソール画面には，現在 RStudio で実行されている R のバージョンが表示されている．この画面の場合は，バージョン 3.5.1 である．

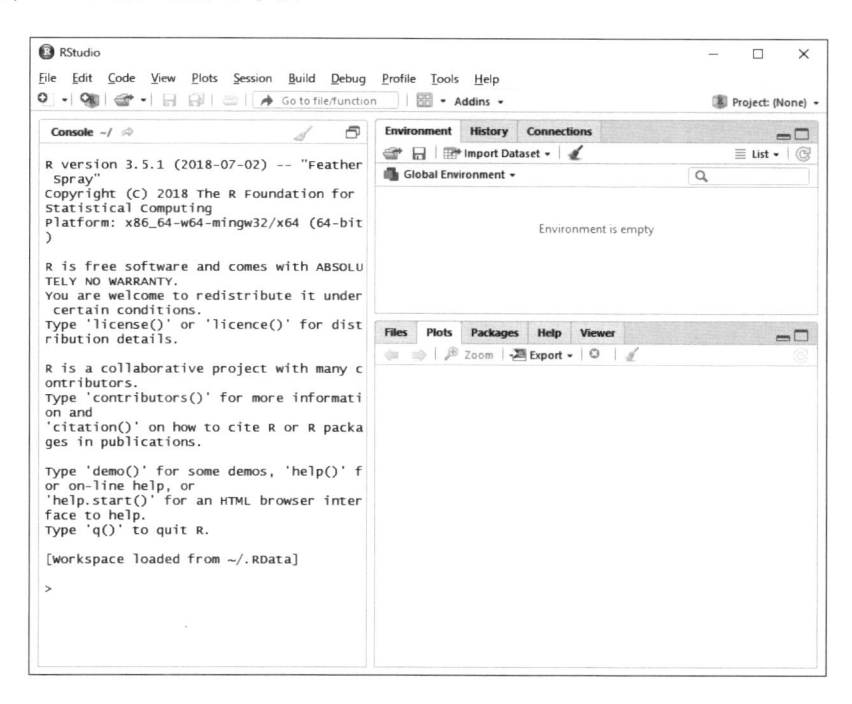

■ Help

わからない関数があったら，右下のパネルの Help のタブをクリックして，そこで検索をするとよい．

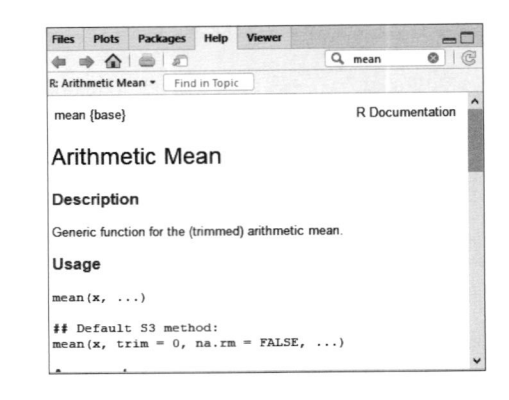

たとえば，mean 平均値を求める関数を検索しての表示が右の例である．

■パッケージの追加

さて下準備として，心理学関係に関する統計関数を追加しておく．R には基本的な関数だけが装備されており，多くの人たちが追加の関数パッケージを開発している．ここでは一括して，心理学関係の関数パッケージを一括して追加する方法を示す．

RStudio の左側，コンソール画面に，以下のスクリプト（文）を一行ごとに書き込んで実行（Enter キーをおす）してもらいたい．

```
install.packages("ctv")
```

をコンソール画面に打ち込んで，Enter キーで実行．

うまく実行されると，右図のような感じになる．続けて，

```
library(ctv)
```

を書き込み，実行する．

プロンプト記号，促進記号「>」のみが表示される．そこで，次のスクリプトを打ち込み実行する．

```
> install.packages("ctv")
Installing package into 'C:/Users/OGA2
013/Documents/R/win-library/3.5'
(as 'lib' is unspecified)
trying URL 'https://cran.rstudio.com/b
in/windows/contrib/3.5/ctv_0.8-5.zip'
Content type 'application/zip' length
427978 bytes (417 KB)
downloaded 417 KB

package 'ctv' successfully unpacked an
d MD5 sums checked

The downloaded binary packages are in
        C:\Users\OGA2013\AppData\Local
\Temp\RtmpEZcxlr\downloaded_packages
> |
```

```
install.views("Psychometrics")
```

すべてのダウンロードが終わり，パッケージの準備が完了するまで，おおよそ 10 分程度とかなり時間がかかるので，終了するまで忍耐強く待とう．

A-4 R に関する情報について

　インターネット上にはさまざまな R に関する情報があふれている．R と統計という用語で検索をしてほしい．また，さまざまな R 本も出版されているので，疑問は解消されやすい環境にあるだろう．以下はぜひ見てもらいたいサイトである．

- 岡田昌史先生が管理している「RjpWiki」 http://www.okadajp.org/RWiki/
  リンク集と R 関連本のリストがある．疑問点はこのサイト内を検索すれば，答えが見つかるだろう．

- 青木繁伸先生による「R による統計処理」 http://aoki2.si.gunma-u.ac.jp/R/index.html
  （この Web の内容が元になったと思われる，青木 [51] が出ている）
  ここにはさまざまな関数がそろっている．

- 奥村泰之先生による「無料統計ソフト R で心理学」
  http://blue.zero.jp/yokumura/R.html
  南風原先生によるテキスト，南風原 [5] の例題を R で解いている．

- 間瀬茂先生による「R 基本統計関数マニュアル」（PDF ファイル）が，以下の URL で公開されている．日本語で読むことのできる，400 ページほどの詳しいマニュアルで，重宝するだろう．
  https://cran.r-project.org/doc/contrib/manuals-jp/Mase-Rstatman.pdf

- 舟尾暢男氏による「R-Tips」
  http://cse.naro.affrc.go.jp/takezawa/r-tips/r2.html
  見るとぜったいに役立つサイトである．PDF ファイルもダウンロードできる．

- 以下は英語のサイトであるが，お勧めである．
  Quick-R　　　　　　　　　　　http://www.statmethods.net/index.html
  Using R for psychological research　　http://personality-project.org/r/r.guide.html

★ R だけでは検索が難しい．「R」と「統計」など検索キーワードを組み合わせて検索するとよい，また seekR（http://seekr.jp/）という R に特化した検索ページも活用するとよいだろう．

【推薦図書】

[5] 南風原朝和　2002『心理統計学の基礎——統合的理解のために』有斐閣
[51] 青木繁伸　2009『R による統計解析』オーム社

あとがき（第2版）

　Rはすばらしいソフトである．常にどんどん進化しているし，世界中にRに関する情報がある．また今現在は RStudio という UI も出ており，とても使いやすいものになっている．筆者自身の研究室には商用の統計ソフトももちろんあるが，学生・大学院生には高額なため購入を強く勧めることは現実的に難しい．そのようななか，オープンソースとして開発され無料で使えるRは実にありがたいものである．

　本書ではまったくの初心者がRに触れて，まずは使えるようになることを目的としたことと，ページ数の関係とで，シンプルな使い方と主な分析手法しか載せていない．ぜひ本書によってRに対する関心が湧き，そしてさらにいろいろなことを学んでいってもらえたら筆者にとってうれしい限りである．その際，ぜひ心理統計学そのものについての学習もかかさないでほしい．また心理学を学ぶ学生のなかには臨床心理士・公認心理師を目指す人もいるだろう．臨床の現場で働くということは，感情や直感，イメージという自らもつこころの道具だけではなく，仮説検証的な考える力もきわめて必要であり，重要である．ぜひ忍耐強く，試行錯誤しながら，こころのみならず頭をしっかりと回転させる学びをしてもらいたい．そのためにもRはとても良い教材となるだろう．

　さて筆者自身は統計学にもプログラミングにも造詣が深いわけではなく，まったく何の貢献もしていない．そのような立場なので，心からRの開発者のみなさん，そしてRについての情報をネット上に公開している人びとに深く感謝申しあげます．

　最後に，筆者の専門は心理統計学ではないにもかかわらず，不思議な縁で，このような本を出版することになった．初版出版の機会を与えていただいた東京図書の則松直樹氏と，本書の原案になった著書とHPの活用をお認めいただいた小塩真司先生に心よりお礼申しあげます．さらに，改訂版となる第2版の提案と編集をしていただいた河原典子氏に感謝申し上げます．

2019年8月

緒賀　郷志

事項索引

● 欧字 ●

AGFI	227, 229, 230, 236, 237
AIC（赤池情報量基準）	
	144, 145, 227, 229, 230, 237
ANOVA 君	102, 107
CFI	227, 229, 236
Cohen の d	87
GFI	229, 230, 236, 237
Greehnouse–Geisser のイプシロンによる自由度の調整	108
Group 別の箱ひげ図	86
MAP（Minimum Average Partial）	182
Mendoza の球面性検定	108
regression 法	256
RMSEA	227, 229, 236
Shaffer 法による多重比較	
	106, 108, 264, 265
VIF	143
VSS 基準	182
Ward 法	267
Welch の検定	84

● ア ●

α 係数	15, 195, 196, 197, 198
イェーツの補正	75
1 要因の分散分析	
	14, 98, 101, 248, 263, 268
一般化イータ 2 乗 η_g^2	107, 120

一般線形モデル	146
因果関係	141, 214
因果モデル	218
因子間相関	199
因子間相関の表	175
因子寄与	169, 254, 255
因子寄与率	169, 254
因子軸の回転	171
因子数の決定	167
因子スコア	256
因子抽出法	183
因子得点	198, 248, 250, 258
因子得点の算出	256
因子の解釈	193
因子負荷量	169, 170, 183, 255
因子負荷量の行列：パターン行列	191
因子分析	
	15, 130, 164, 180, 253, 254
因子を命名	193
ウィルコクソン検定	93
ウィルコクソンの順位和検定	
	14
ウォード法	153
F 検定	66
円グラフ（pie chart）	70
大きな効果	55
重み	208
重み付け最小 2 乗法	193

● カ ●

回帰分析	14
回帰分析（単回帰分析）	134
回帰法	256
解釈可能性	182
下位尺度間相関	199
下位尺度得点	198, 250
外生変数	215, 216
回転性	183
χ^2（カイ 2 乗）検定	15, 66,
	69, 226, 229, 236, 261, 267
カウンターバランス	98
確認的因子分析	180, 202
仮説	13
間隔尺度	11
観測変数	214, 216, 233
危険率	17, 18
疑似相関	58, 143
基礎統計量の確認	91
基礎統計量	42, 86, 258
基本統計量	261
帰無仮説	16
帰無仮説を棄却する	16
逆転項目	195
球面性検定	121
共通因子	164, 165
共通性（Communality）	
	169, 183, 189, 254, 255
共分散構造分析（SEM）	146,

214, 218, 219, 223, 231, 234, 239

共分散分析（ANCOVA） 15

共変関係 214

曲線相関 54

距離（類似度） 153

寄与率 256

組み合わせの効果 111

クラスカル・ウォリス検定 14

クラスタ分析 15

クラスタ解析

130, 152, 248, 250, 259, 261, 267

クロス表 51, 69

クロス表（分割表） 50

欠損値 32

決定係数（R^2）

135, 139, 140, 149, 221, 228, 235

検証的因子分析 202

検定力分析 19

ケンドールの順位相関係数 60

効果量 19, 77, 87, 92

効果量 η^2（イータ2乗） 104

効果 110

交互作用 110, 115, 117

構造変数 215

構造方程式 217, 224, 234

誤差変数 215, 216, 219

誤差 233

固有値 167, 188, 190, 253

コレスポンデンス分析 15

混合計画 119

● サ

最小値 39, 42

最大値 39, 42

最頻値 38

最尤法 168, 193

残差 Residuals 105

残差分析 77

（算術）平均 38

散布図 50, 51

散布度 38, 40

3 要因の分散分析 14

事後比較 100

実験計画 13

質的データ 12, 69

四分位数 40

四分位範囲 40

四分位偏差 38, 39

尺度水準 11

尺度 11

尺度の検討 248

尺度の信頼性 195

尺度の内的整合性 195

斜交回転

172, 173, 174, 175, 176, 182

主因子法 168, 193, 254

重回帰分析 14, 15, 130, 214

（重）回帰分析 218

重相関係数の平方 221, 228

従属変数 13, 96

自由度調整済みの決定係数 139

周辺度数 69

主効果 110

主成分寄与率 208

主成分分析 15, 130, 205, 206

主成分累積寄与率 208

順位相関 14

順位相関係数 60

順序尺度 11

情報量基準 227

水準 96

スクリープロット

167, 188, 189, 190, 253, 254

スピアマンの順位相関係数 60

正の相関関係 54

切断効果 57

先験的比較 100

潜在的な変数 164

潜在変数 215, 216, 233

潜在変数間の因果関係 223

尖度 38, 42

尖度・歪度 15

相違 66

相関 54, 258

相関関係 214

相関係数 54

層別相関 57

層別分析 144

双方向の因果関係 231

測定変数 219

測定方程式 217, 224, 234

● タ

第1種の誤り 17, 18

対応のある t 検定 14, 66, 84, 91

対応のない t 検定 14, 84, 89

第2種の誤り 17, 18

代表値 38, 39

対立仮説 16

多項ロジスティック回帰 15

多重共線性 143, 144, 259

多重コレスポンデンス分析 15

多重比較　　　66, 77, 99, 105, 111, 248, 267, 268
多変量解析　　　13, 130
多変量共分散分析（MANCOVA）　　　15
多変量分散分析（MANOVA）　　　14, 66
多母集団の同時分析　　　239
ダミー変数　　　133
単回帰分析　　　134
探索的因子分析　　　202
単純主効果　　　116
単純主効果の検定　　　117
小さな効果　　　55
中央値　　　38, 39, 42
中程度の効果　　　55
調整された p 値　　　137
調整変数　　　144
直接確率計算法　　　75
直交（バリマックス）回転　　　166, 172, 182
ツリーダイアグラム　　　154
t 検定　　　66, 84
データ数　　　42
適合度 BIC　　　160
適合度指標　　　226, 237
適合度の確認　　　204
天井効果　　　181, 252
デンドログラム　　　152, 154, 259
統計的検定　　　16
統制変数　　　13
独自因子　　　164, 165
独自性（Uniquenesses）　　　169, 255
得点分布　　　15

独立変数　　　13, 96

ナ

内生変数　　　215, 216
二峰性　　　181
2 要因の分散分析　　　14, 99, 110, 119
2 要因の分散分析（混合計画）14
2 要因の分散分析（ともに対応なし）　　　14
ノンパラメトリック検定法　　　69

ハ

箱ひげ図　　　36, 102, 113, 252, 261
パス　　　214
パス解析　　　214
パス係数　　　214, 228
パス図；パス・ダイアグラム　　　139, 214, 218, 233
外れ値　　　57
パターン行列　　　189
バリマックス回転　　　170, 254
範囲　　　38
判別分析　　　15
ピアソンの積率相関　　　14
ピアソンの積率相関係数　　　55, 58, 62
被験者間要因　　　98, 99, 120
被験者データ　　　27
被験者内要因　　　98, 120
ヒストグラム　　　34, 186, 252
非標準化推定値　　　221
標準化された推定値のパス係数　　　241

標準化推定値　　　221, 234, 235
標準得点　　　57, 152
標準偏回帰係数（β（ベータ））　　　135, 138, 139, 140, 149, 214
標準偏差　　　15, 38, 41, 42, 108, 252
標本（サンプル）　　　15, 16
比率尺度　　　11
フィッシャーの正確確率計算法　　　78
フィッシャーの直接法　　　75
負荷量平方和　　　208
負の相関関係　　　54
フロア効果（床効果）　　　181, 252
プロマックス回転　　　170, 172, 174, 176
分割相関　　　57
分割表　　　69
分散　　　38, 41
分散分析　　　66, 84, 96, 156, 157, 248, 267
平均情報量　　　38
平均値　　　8, 15, 39, 42, 108, 252
偏イータ 2 乗 η_p^2　　　114
変数名　　　26
偏相関係数　　　58
母集団　　　15, 16

マ

マン・ホイットニーの U 検定　14
無相関　　　54
無相関検定（相関の有意性検定）　　　55
無相関検定　　　58, 62, 137
名義尺度　　　11

メタ分析	19	準	138	量的データ	12, 164
モザイク図	76, 77	有意水準	16, 222	累積寄与率	169, 188, 254, 256
モデル式の指定	220	ユークリッド距離の平方（2乗）		累積明率	167
モデル全体の評価	226, 236		153	レンジ	42
モデルの改良	228, 237	有効数字	46	連続変量	12
モデルの部分評価	226, 236	要因	96	ロジスティック回帰	15
モデル評価	225	要因配置	96		

◀ヤ▶

有意確率	221, 222, 228
有意確率で示されている有意水	

◀ラ▶

ランダムサンプリング	16
離散変量	12

◀ワ▶

歪度	38, 42

R 操作設定項目索引

◀記号▶

$マーク	31
<-	4
=〜	202

◀欧字▶

alpha 関数	196
Anderson 法	257
anovakun（データの名前，"要因計画の型"，各要因の水準数の明記，効果量の指定）	104
ANOVA 君	157
Bartlett 法	257
boxplot 関数	36, 156

byrow＝T	74
cbind 関数	155
cfa 関数	202, 203
chisq.test 関数	70, 72, 74
citation()	118
class 関数	113, 120
cohen.d 関数	88, 92
colnames 関数	76
cor.test 関数	59
corr.test 関数	58, 60, 136, 239, 258
cor 関数	59
Ctrl＋A	44
Ctrl＋Enter	10, 29

cutree 関数	155, 260
c 関数	7, 73
data.frame 関数	30, 138
describe 関数	41, 136, 252
describeBy 関数	42, 86
diff 関数	40
dim 関数	30
dist 関数	153, 154, 259
effsize	87
eigen 関数	167
fa.parallel 関数	182
factanal 関数	168
factor	102
factor 関数	71, 260

factor 形式 　　　　　　　　86
fa 関数
　　168, 174, 189, 191, 198, 254, 256
fisher.test 　　　　　　　　78
fisher.test（変数 1, 変数 2）　78
fisher.test 関数 　　　　　75
fitMeasures 関数　204, 225, 241
　for（I in 1：23）｛繰り返し実行
　する関数｝　　　　　　187
for 文 　　　　　　　　　252
geta＝T 　　　　　　107, 120
getwd 関数 　　　　　　　26
hclust（距離, method＝" 手法 "）
　　　　　　　　　　　154
hclust 関数 　　　　153, 259
head（x） 　　　　　　　29
head 関数 　　　　　　　33
hist 関数 　　　34, 181, 186
ifelse（条件式, 真の場合の実行
　式, 偽の場合の実行式）　200
ifelse 関数 　　　　　　200
interaction.plot 関数 　　114
IQR 関数 　　　　　　　40
labels＝c（" ラベル名 1", " ラベ
　ル名 2"） 　　　　　　72
lavaan パッケージ　202, 217, 224
length 関数 　　　　　　7
library 関数 　　　　　　41
lm 関数 　　　　　　　138
ls（） 　　　　　　　　5
matrix 関数 　　　　　　73
max（） 　　　　　　　39
mclust 　　　　　　　160
mcnemar.test 関数 　　79, 80

mean 関数 　　　　　　39
median 関数 　　　　　39
min（） 　　　　　　　39
modificationindices 関数 　230
mosaicplot 関数 　　　　77
na.omit（x） 　　　　　33
names 関数 　　　　　30
ncol 　　　　　　　　74
ncol 関数 　　　　　　30
nrow 　　　　　　　　73
nrow 関数 　　　　　　30
order 関数　104, 113, 120, 157
packageVersion（" "） 　244
paired＝T 　　　　　　91
pairs.panels 関数
　　　　　52, 136, 239, 258
par（mfrow＝c（●,●）） 　35, 36
paratest 　　　　　　242
paste0 　　　　　　　26
paste0（wd,"/データ名 .csv"）　26
pequod パッケージ 　　145
peta＝T 　　　　　　114
pie 関数 　　　　　　70
plot（x$ 変数名, type＝"h"） 　33
plot（X 軸に置きたい変数, Y 軸
　に置きたい変数） 　　52
plot（Y 軸に置きたい変数〜 X 軸
　に置きたい変数） 　　52
plot 関数 　　　　52, 154
principal 関数 　　　　207
print 関数 　　　168, 189
psych パッケージ 　　41, 239
quantile 関数 　　　　40
R script 　　　　　　25

range 関数 　　　　　　40
read.csv 関数 　　　　26
rm（） 　　　　　　　6
rm（list＝ls（）） 　　6, 61
rm 関数 　　　　　　156
rownames 関数 　　　76
R project 　　　　　24
saq 関数 　　　　　186
scale 関数 　　　　138
sd 関数 　　　　　　41
sem 関数 　　　　220, 240
sessionInfo（） 　　　244
source 関数 　　　157
sqrt（） 　　　　　　8
standardizedSolution 関数 　241
stem 関数 　　　　32, 37
step 関数 　　　　144
str 関数 　　　　　29
summary 関数
　　　39, 138, 203, 220, 241
sum 関数 　　　　　8
t.test 関数 　　　87, 89, 91
table 関数 　　　　72, 78
tail（x） 　　　　　29
tenBerge 法 　　　　257
var.equal＝T 　　　89
var.test 関数 　　　89
var 関数 　　　　　41
vif 関数 　　　　　143
vss 関数 　　　　　182
"Ward.D2" 　　　　259
Welch の検定 　　　87
wilcox.test 関数 　　93
with 関数 　　　　37

write.csv（データセット名，"保存ファイル名の指定"，row.names＝F） 201

write.csv 関数 201

x$ 新たな変数名 ＜– with（x, 尺度得点の計算式） 199

x$ 変数名 33

x［指定行の値，指定列の値］ 32

xtabs 関数 79

◀和文▶

関数 anovakun 262

チルダ記号 37

データセット名［行の指定（指定がなければすべての行），列の指定（データセットにある変数の指定）］ 42

データフレームの男女別での分割 43

分析結果 ＜– cutree（クラスタ分析の結果，k＝分類する数） 155

■著者 紹介

緒賀　郷志（おが さとし）

　　1986 年　名古屋大学教育学部教育学研究科　卒業
　　1988 年　名古屋大学大学院教育学研究科教育心理学専攻博士前期課程修了（教育学修士）
　　1993 年　名古屋大学大学院教育学研究科教育心理学専攻博士後期課程単位取得後退学
　　　　　　　愛知医科大学医学部　講師
　　2001 年　岐阜大学教育学部　准教授（2007 年から名称変更）
　　2011 年より現在　岐阜大学教育学部　教授

■原案協力者 紹介

小塩　真司（おしお あつし）

　　2000 年　名古屋大学大学院教育学研究科博士課程後期課程　修了
　　　　　　　博士（教育心理学）（名古屋大学）学位取得
　　2001 年より　中部大学人文学部　講師，准教授を経て 2014 年より教授

ア ー ル　　　　　　しんり　　ちょうさ　　　　　　　かいせき
Rによる心理・調査データ解析 ［第2版］

2010 年 1 月 25 日　第 1 版　第 1 刷発行
2024 年 5 月 10 日　第 2 版　第 3 刷発行

著　者　緒　賀　郷　志
発行所　**東京図書株式会社**

〒 102-0072　東京都千代田区飯田橋 3-11-19
振替 00140-4-13803 電話 03（3288）9461
URL http://www.tokyo-tosho.co.jp

ISBN　978-4-489-02321-7

心理・調査データ解析の実用テキスト

SPSS と Amos による
心理・調査データ解析 第3版
因子分析・共分散構造分析まで

小塩真司 著

統計の基礎と様々な分析手法の実行手順を解説。知っておくべき分析前提、注意すべきポイントなど論文作成にも役立つ最強の統計処理本

研究事例で学ぶ
SPSS と Amos による
心理・調査データ解析
第3版

小塩真司 著

調査データの解析手順や解釈、さらに統計技法の「あわせ技」を駆使した論文やレポートの仕上げ方を、6つの研究テーマのプロセスを通して学べる！

論文を読み解くポイントが見えてくる

心理学・社会科学研究のための
調査系論文の読み方　改訂版

浦上昌則・脇田貴文 著

心理学・社会科学研究のための
調査系論文で学ぶ　R 入門

脇田貴文・浦上昌則・藤岡 慧 著